U0262133

四千年农夫 中国、朝鲜和日本的永续农业

[美]富兰克林·H.金 著　程存旺 石嫣 译

Farmers of Forty Centuries
or Permanent Agriculture in China,
Korea and Japan

人民东方出版传媒
People's Oriental Publishing & Media

东方出版社
The Oriental Press

图书在版编目（CIP）数据

四千年农夫／（美）富兰克林·H. 金 著；程存旺，石嫣 译. —北京：
东方出版社，2016. 8

书名原文：Farmers of Forty Centuries

ISBN 978-7-5060-9211-1

Ⅰ.①四… Ⅱ.①富… ②程… ③石… Ⅲ.①农业史—亚洲 Ⅳ.①S-093

中国版本图书馆 CIP 数据核字（2016）第 219531 号

四千年农夫

（SIQIANNIAN NONGFU）

作　　者：[美] 富兰克林·H. 金

责任编辑：袁　园

出　　版：东方出版社

发　　行：人民东方出版传媒有限公司

地　　址：北京市东城区朝阳门内大街 166 号

邮　　编：100010

印　　刷：北京联兴盛业印刷股份有限公司

版　　次：2016 年 12 月第 1 版

印　　次：2024 年 7 月第 12 次印刷

开　　本：880 毫米×1230 毫米　1/32

印　　张：13

字　　数：268 千字

书　　号：ISBN 978-7-5060-9211-1

定　　价：68. 00 元

发行电话：（010）85924663　85924644　85924641

目　录

CONTENTS

概　述 ·· 1

　　东亚民族的农业在几世纪之前就已经能够支撑起高密度的人口。他们自古以来就施行豆科植物与多种其他植物轮作的方式来保持土壤的肥沃。几乎每一寸土地都被用来种植作物以提供食物、燃料和织物。生物体的排泄物、燃料燃烧之后的灰烬以及破损的布料都会回到土里，成为最有效的肥料。如果向全人类推广东亚三国的可持续农业经验，那么各国人民的生活将更加富足。

第一章　日本一瞥 ··· 13

　　我们由美国出发到中国，途经了日本。此次航行的目的就是了解沿途国家的土地耕作以及作物种植的情况。在日本，我们发现了很多新奇的事情。比如，由人充当起重机的打桩三脚架、晾晒海带的平板、插在浅水底部的用来收集海带的竹竿以及被绑在一个平面上的梨树枝等。另外，初次来到这些古老的国家旅行的唯一感受就是拥挤。乡间的土地得到了充分的利用，田地里挤满了作物，没有一块闲置的土地。在去往长崎的路上，我们见到了以人力驱动的运煤传输装置。随后，我们参观了梯田菜园。

穿越朝鲜海峡之后，我们来到了中国。长江三角洲平原上点缀着许多长满草的土丘，这些土丘数量众多，杂乱分散在田野里，据说这些都是坟墓。在中国，坟地占用耕地的情况很多，而且比例很大，一部分被墓地占用的耕地还是比较肥沃的。中国人在丧葬方面的花费很大，这使他们在本已拮据的生活状况下承受了沉重的负担。如果这种丧葬制度继续下去，世界将面临窘境，丧葬制度需要改革。

我们继续航行到了美丽的香港港湾，这里的农民以惊人的毅力依靠自己的劳动养活了几百万人。之后我们离开香港前往广州，在这里，我们了解到中国人是怎样想尽一切办法利用阳光雨露不懈工作以养家糊口的。有一种施肥方法我们之前从没见过，那就是人们用小船收集大量的运河淤泥，将它们晒干后施用于田间。这种方法不仅可以培肥土壤，还可以改善运河排水，真是一举两得。虽然当地人使用的机械比较简单，但这还是可以证明中国拥有较高层次的生产制造能力。

　　西江是中国同时也是世界上最大的河流之一，当西江夹带着泥沙从高原奔流而下与北江和东江汇聚时，它已经进入了巨大的三角洲平原。人们曾在这片平原上开凿运河、修建堤坝和排水系统，将其转化为最多产的沃土，单位土地上每年至少种植 3 种作物。在三角洲平原上向西行进，就到了桑树种植地区。离开三角洲平原后，我们又穿过了一个山区到达梧州，复杂的地势让我们的旅途更加充实。返回广州后，我们乘火车继续旅程，并考察沿途的农田。

　　生活在三角洲平原的人们建造堤坝、挖掘运河，利用携带丰富养料的河水灌溉，利用富含有机质的淤泥肥田。中国拥有庞大的运河工程，其中一条大运河总长超过 800英里，而且运河分布极广。为了有效控制运河洪水，在沿岸除建有大型防洪堤外，还建有许多蓄水的水库。通过运河，这个世界上最古老的国度扩大了其沿海平原的面积，沿岸几百平方英里的土壤因此变得肥沃而持久。另外，中国人抑制水土流失的方法改善了灌溉系统，并将径流中可培肥地力的物质保留在了农田里。

　　上海的普通劳动者终日高效率地忙于工作，却得到较低的工资，但他们依然诚实而节俭，并且感到幸福和满足。在这里，我们看到了一种弹棉花并将其制成床垫或被子内芯的方法。我们参观了上海的集市，市场上的东西都是论斤出售，每个买菜的人都自带一杆秤，以避免买卖中缺斤短两的问题。中国人日常饮食中蔬菜所占的比重让我们深感吃惊。相对于西方国家来说，他们是更严格意义上的素食主义者。蔬菜容易被消化，而肉类中的营养成分只有很少的部分能被吸收。他们的饮食结构更好地继承和保护了中国的农业。

第七章　燃料、建筑及纺织材料

东方人解决燃料和保暖的方法再次让我们感到震惊，农民用衣服来保暖减少了对燃料的依赖。翻新土炕时，替换下来的废弃砖成为珍贵的肥料。人们还将燃烧木材后产生的烟灰储存起来，用于培肥土壤。还有，秸秆和松树枝也为解决燃料问题贡献了一份力量。中国人会定期种植一些树木作为燃料，以保护森林。这些东方国家广泛使用的建筑材料有稻草、高粱或小米秸秆以及用泥土烧制成的砖。此外，还有用于纺织品生产的作物被大量种植。这些民族崇尚节俭的美德值得人们学习。

第八章　漫步田野之间

漫步田野之间时，我们第一次近距离地观察到了将运河中的淤泥用作肥料的具体方法。施用大量淤泥的优点是将大量石灰加入了土壤，增加了土壤中的微量元素，还带来了含有大量营养物质的螺蛳壳。除了直接用作肥料外，人们还将淤泥与马粪或苜蓿这样的有机物混合形成肥料，然后再施用于田间。有机质与泥土一起能腐烂得更快，从而释放其中的可溶解性植物肥料。我们还有幸看到了一次孵化过程。人们用孵化器将蛋孵化，再出售家禽的幼崽，不能孵化的蛋被挑出并及时卖掉。

第九章　废物利用

东方人自古以来一直延续的施肥方法就是利用人类的粪便，这种做法可以保护土壤肥力以及提高作物产量，还可以避免对环境的污染。西方人焚烧垃圾、将污水排入大海，而中国人将两者用于肥料。他们将人类粪便和生活垃圾埋在干净的土壤中自然净化，同时培肥土壤。粪便大都被储存在石质容器里，用长柄勺倒入田里。此外，远东地区的农民还燃烧耕地以及山上种植的植物以得到草木灰来增肥土壤。在日本的实验站我们还见到了堆肥房，这种堆肥房可为两英亩半土地供肥。

第十章　在山东

我们乘船来到山东，在这里，我们看到了能适应糟糕路况的独轮车，设计巧妙的小型条播机。之后，我们前往一个繁华的村庄去了解制作肥料的方法。人们在村子里修建堆肥池，将人的粪便、植物的秸秆以及从田里收集到的各种废料倒进池里，还不时地往池里加水以控制发酵过程。堆肥池的目的是将所有有机质完全瓦解，最终的结果是变成灰浆一样的黏稠物质。待发酵之后，人们会将其倒在街上铺开晒干，再将它与新鲜的泥土、草木灰混合施用于田间。此外，还有一种在土里形成硝酸盐的方法也被中国农民广泛使用，这种房屋地面的硝酸盐可以作为一种肥料直接施用。

第十一章　东方，"拥挤"的时空

东方的农民是世界上最懂得利用时间的，他们能以一种更迅速有效的方式保证同样的收成。这种节约时间的农耕方法是套种。江浙一带的农民会在小麦完全成熟之前套种棉花，用这种方式种下的棉花要比用传统方式种植的生长时间多 30 天。许多地方还会采用复种的方法，这种做法使田里的作物变成了多熟制，利用生长季节的每分每秒促进作物的生长。同时，农民利用所有可能的时间来照顾作物。

第十二章　东方的稻米种植

中国、日本、朝鲜选择水稻作为他们的主要作物。在中国的广东，我们首次看到了水稻苗床。当地的农民将小块土地作为育苗的苗圃，待稻苗长得很强壮时，再将其移植到经过精心施肥的田里。但在移植水稻之前一定要往田里施肥以及灌溉和犁耕农田，在一切准备就绪后，妇女将稻秧从苗圃中拔出，绑成小捆，插到稻田里。水稻移苗之后还要不时地锄地、施肥以及灌溉。东方民族用篮子、抽水泵或水车来灌溉稻田。在作物成熟之后，要抽干地里的水，将稻谷悬挂在竹竿上晾干。之后人们会用打谷机、风选机或用木槌击打稻谷的方式将谷壳剥去。此外，稻谷的秸秆还可用于广泛的用途，给农民带来大量收益。

第十三章　丝绸文化 ………………………………………… 267

东方有一个最了不起的行业就是丝绸生产，这一产业起源于中国，原料是蚕丝。在中国和日本都有大量人口从事桑蚕养殖。在桑园里，人们经常修剪树枝以促进树枝的不断生长。并不是所有的丝绸都是依靠家蚕生产出来的，还有相当一部分是依靠野蚕。这些古老国度的农民通过种植桑树和养蚕，创造了一笔可观的出口贸易额，还生产出了制作衣服、用作燃料和肥料以及充当食物的原料。

第十四章　茶产业……………………………………………… 277

在中国和日本，茶叶种植是继桑蚕养殖之后又一伟大的行业。中国茶叶的年产量远大于日本。茶树常被分散种植在小块土地上，但也有很多种植在宽广的种植园里。茶叶通常都是手工采摘的，之后送到炒茶房进行加工。在日本，我们参观了茶园，还目睹了制作茶末的过程。

第十五章　关于天津 ………………………………………… 285

我们乘船前往天津考察。在那里，我们看到了盐场，人们通过利用风力、潮汐、太阳能以及便宜的劳动力创造出大量的盐。在中国，制盐业受到政府监管，生产出的盐要么被卖给政府，要么被卖给某个地区有运营权的商人。

政府明令禁止进口盐，以及产盐地之间的交易。天津沿岸的土地盐碱化程度很高，极不适合作物生长。人们通过开凿运河、改善排水以及改进灌溉，降低了盐碱化程度并提高了土地的生产力。在这里，我们还了解到一种保存水果的方法，即将水果用纸包住，然后将其保存在恒温的泥窖里。人们还用同样的方法储存蔬菜。

我们离开天津前往中国东北，那里的降雨量很小，但是降雨主要集中在作物生长急需水的时节，因此效用很高。辽河平原土层深厚、土壤肥沃，因此农业主要分布在这些平原以及一些小河的河口。东北的森林覆盖率很高，草地面积广阔，矿产资源丰富。在东北地区，人们将小米和高粱作为主要作物，其秸秆还被广泛用于燃料和建筑材料以及包装材料。辽河平原以南地区种植的作物主要是小米和大豆。之后我们来到朝鲜，这里所有的作物，包括小麦、黑麦、大麦和燕麦，也是成排种植的。这些地方特有的耕作方式是用马而不是用牛来耕作，他们使用的抽水设施也很特别。

当第一个雨季来临时，我们回到了日本。我们参观的第一站是长崎县立农业实验站。在明石农业实验站，我们了解到日本实行的一些水果种植方法。我们向东北方向前行，去了奈良实验站和京都实验站。随后，我们来到了静冈县实验站，这里致力于研究园艺学以及生产果酱。我们有幸参观了位于东京附近的西原皇家农业实验站，当时实验站正在进行国家级的常规农业和技术农业研究工作。另外，专家们还在对土壤和底土进行精心的化学和物理研究。经过考察，我们发现日本的耕地面积还不到其土地面积的14%，每个家庭能耕作的土地只有2.6英亩，还要承担繁重的赋税。因此甚至在70岁后，人们还要辛勤劳作。

再版序言　中国农业的困境与出路

2011 年这本书第一版问世的发布会，是在浙江遂昌县的一个青山绿水的湖畔躬耕书院里举行的。翻译此书的我那两个立志务农的奇葩博士生之所以要到那里去办会，乃是要与当地敢为天下先的书记的"壮举"做个呼应——这个县以人民代表大会决议的最高权威形式通过了"全面启动实施三年内告别合成农药化肥"的决议！

5 年之后，不仅此书因畅销而有第二版问世，而且译者之一石嫣还在 2015 年成为达沃斯论坛评选出的"世界十大青年领袖"、当选世界 CSA 联盟的副主席，以民间力量为主在北京筹办了世界社会化生态农业大会！在新世纪初的十几年里，我们 2005 年提出的"生态农业环保农村"已经被社会接受；我们 2009 年开始推行的社会参与式生态农业 CSA 发展到数百家。天佑华夏！各地类似遂昌县官方的"壮举"，已经随着中央政府把生态文明作为国家发展战略而遍地开花！如今最值得关注的新形势：一方面在城市产业资本危机爆发的压力下，到处是大学生的返乡创业和打工者的乡村回流；另一方面，已经有 30 个省市放开辖区内的城乡户籍限制，市民下乡、农民进城——广大市民与农民之间的融合互动蔚然成风。

诚然，当前中央与各地政府应对危机的决策体现了实事求是和与时俱进，但也要看到"形势比人强"！任何人违背客观规律都是要付出巨大代价的，只不过代价往往被主流转嫁给社会和环境。

不妨先简述生产过剩大危机压力下的资本下乡，合乎规律地造成农业过剩：

中国人在 1998 年遭遇到东亚金融风暴，外需大幅度下降，迅疾转化成第一次"生产过剩"大危机。此时的情况与美国人 1929 年遭遇生产过剩用工业资本改造农业、随之发生 20 世纪 30 年代的农业过剩的情况如出一辙；中国也是工商业资本纷纷下乡，有关部门推出了"农业产业化"政策服务于资本下乡；接着也客观上造成了新世纪以来的农业过剩。2008 年华尔街金融海啸诱发 2009 年全球危机之后，中国出现第二次"生产过剩"大危机，已经处于恶性过剩压力下的城市资本再度涌入农村，不再顾忌甚至不做掩饰地直接圈占土地、山林、水面、滩涂乃至农村地产和农民房产……

就是因为有了这样的经验过程，长期从事农村调研、强调"三农"问题的人才逐渐认识到，并非百年前富兰克林·金博士关于东亚传统农业的真知灼见未被后来者重视，而是世界上所有遵循农业直接与自然结合才能保障人类可持续生存规律的前辈和后人都属于弱势群体，都不可能抗拒资本下乡对传统农业与资源环境的"摧枯拉朽"。如果说百年前的金博士不可能通过介绍亚洲农业的正外部性而改变美国农业的资本深化、破坏资源环境的大趋势；那么，百年后的我们也不可能改变中国农业资本深化陷入困境的趋势……

一、对当前经济形势及农业问题的判断

对经济形势，媒体已经从 2013 年宣传的"新常态"概念，演变为 2015 年的经济"下行期"，并且也认同了"L 型"下滑的

说法。很多观点认为，2016 年应该是中国经济下滑到底的一年，工业领域产能过剩的话题这几年也一直在讲。但，直到现在仍没有对"农业过剩"的官方认可。其实，早在 1996 年粮食产量超过 1 万亿斤的时候，我就曾经提出粮食增产和人口增加的曲线并行本是常态；粮食总产量与气候变化同步发生"两丰一欠"的 3 年小周期，或"两丰两平一欠"的 5 年大周期更是常态。在中国没有完全开放农产品市场的条件下，以国内的粮食生产为主来保证国内的需求，如果粮食连续增产超过人口增长速度，就会出现相对的总量过剩。

不幸言中的是：我们多次发生违背规律的政策强刺激却至今无人反思。于是马克思就从画像里走出来说：历史上大的事件往往重复出现。如果第一次是悲剧，那么第二次就是笑剧！

20 世纪 90 年代出现过"粮食四连增"，曾经导致库存费用过高、财政补贴、银行占压等一系列宏观经济难题。进入新世纪，当我们开始把"三农"问题简单化为加强农业投入时又出现了"粮食十二连增"，当然也发生了类似宏观问题。于是，财政部站出来，宣布压减农业补贴。同时的一个说法是："三农"支出现在是国家财政支出的最大项，2014 年已超过 11300 亿元，2015—2016 年进一步增长，大概每年有 10% 的增长率。客观来看，国家对农业的投入和补贴都非常大。但是，我们必须看到补贴也是成本，综合计算已经使国内农产品的生产成本的"地板价"（最低价）长期在国际价格的"天花板"（最高价）之上，这种倒置的结构很难持续。但是，如果不考虑综合配套的三农政策，而仅从长期粮食过剩，无法再增加库存的角度出发，从 2016 年开始减少补贴，包括粮食补贴、化肥补贴、农药补贴等，那就会产生连锁反应，不仅粮食生产者的积极性被打压，农资企业受到不利影响，而且反过来会因过多依赖国际市场而导致"中国人的饭碗"不在自己手里。

之所以强调综合配套的三农政策，是因为中国在这个领域中长期"条块分割尾大不掉"。例如国际贸易，我们跟那些"资源扩张性"的大农场模式的国家（比如澳洲）陆续签了自由贸易协定，这就对国内农产品形成了市场空间的挤压，因为澳大利亚主要依靠天然资源的农产品价格低、质量好，而国内农业的资本深化，成本很高。

总体来看，2016年经济下行期的农业面对的国内、国际情况都是不利的。

二、"去工业化"趋势的加剧及中国农业困境的成因

纵观中国和世界经济，从2009年全球危机以来都出现了"去工业化"趋势，也就是国内说的工业出现了下行趋势。连带发生的一个在农业上的突出表现就是，那些用工业化的模式改造农业的企业，目前的处境都不太好。

国际经验看，西方应对"去工业化"问题的策略是"代价转移"，就是向国外转移国内的经济矛盾。比如20世纪90年代以来西方主流进入金融时代的国家，从生产过剩转变为生产短缺和金融过剩，唯有通过强权压制和诱发意识形态革命的方式，向发展中国家转移矛盾，才能维持自己的旧秩序。

那么，我们面临的几乎同样是金融资本、产业资本和商业资本这全球三大资本过剩的问题，但却不能对国外转嫁成本，于是就在三农领域形成派生的问题。

　　金融资本过剩，表现为金融资本通过原材料和农产品期货投资加剧价格波动的方式，向农业生产者与消费者转嫁危机。产业资本过剩，表现为大量采用通过拉长产业链的方式吸收过剩产能，导致全球食物产量和食物热量的供给过剩，而生产者收益在食物支出中所占比例逐渐减少，也就是说，农民越来越难赚钱了。而商业资本过剩，表现为多重流通摊薄了利润，进一步激化了食品流通环节的恶性竞争，甚至假冒伪劣横行无忌。

　　这三大资本过剩共同导致了农民收入低、食品质量不安全、信用缺失、监管失效、食品浪费与贫困人群饥饿并存等一系列严峻问题。

　　在我而言，这是老话重提。1995 年我说："农业是问题，但不是农业的问题。"现在则认为全球化与市场化进程中的成本转移，是造成中国农业困境的根本原因。

　　首先，农业并没有对自己所需生产要素的定价权，越是在统一市场中，农业所需的土地、劳动力、资本等生产资料的价格，越是由外部市场决定，这就是外部定价权。而利润本已被摊至极薄的实体农业生产，怎能支付得起这些被过剩的资本推高的要素价格？后果必然是土地、劳动力和资本的长期大量外流，农业的竞争力愈加丧失殆尽，人口老龄化加剧行业凋敝，这一点，是东北亚各国现代化过程中农业现在面临的普遍困境。

　　其次，采用资本深化的集中方式发展农业，也就是借助产业资本来推进大规模的、"二产化"的专业生产。固然这提高了劳动生产率，但不提高土地产出率；而且单一品类的生产规模越大，市场风险也就越大，表现为一方面是农民"倒奶"、"菜烂在地里"等；另一方面是大规模的农业产业化龙头企业依然不能盈利，更何况是中小企业。

再次，以追求资本收益为唯一目标的资本化农业生产模式，会漠视其所造成的水土资源污染和环境污染，更会漠视食品质量安全问题，农药化肥、饲料兽药的无节制使用，导致食品安全陷入危机，社会对食品质量的信任跌入低谷。

三、认清世界农业形势及中国农业现状

在我们高校以往的农业教学中，使用的教科书基本是西方的，并且是以美国学者舒尔茨的资本主义条件下的理性小农假说为立论基础的。显然，这种至今未在发展中国家被验证过的假说，实在无法解释世界的农业形势到底如何。

根据我们的研究，应该将世界上的农业经营分为三类：

第一类是前殖民地国家的大农场农业，即典型的"盎格鲁-撒克逊模式"。现在很多人主张中国的农业现代化要走美国大农场的道路。但是，大农场农业是因为美洲和澳洲被彻底殖民化造成资源规模化的客观条件而形成的，主要包括加拿大、美国、巴西、阿根廷、澳大利亚、新西兰等国家。而我国是世界上最大的原住民人口大国，亚洲是世界最大的原住民大陆，就都不具备搞大农场的客观条件。东亚的工业化国家，如日本、韩国都是单一民族的原住民国家，也都没有大农场。日本现在要加入TPP，最大的难题就是农业，一旦加入，面对着大农场低价格的农产品竞争，本国农业则必垮无疑。东亚的原住民社会不可能与殖民地条件下的大农场农业进行直接竞争，因此，今天我们讲全球化竞争，但农业是不能加入全球竞争的，除非另辟蹊径。

第二类是前殖民主义宗主国的中小农场模式，即以欧盟为代

表的"莱茵模式"。因为大量地向外溢出人口，在殖民化之后造成人地关系相对宽松，虽然形成中小农场，但也同样没有跟殖民化大陆的大农场进行竞争的条件。只要签订自由贸易协定，欧盟国家的农产品就普遍没有竞争力，农民收入就下降，农业自然也维持不下去。因此，欧洲在农业保护上的要求非常强烈，设置了很多非贸易壁垒，绿色主义和绿党政治也在欧洲兴起。

第三类是以未被殖民化的原住民为主的小农经济，即"东亚模式"。东亚小农模式因人地关系高度紧张，因此唯有在国家战略目标之下的政府介入甚至干预，通过对农村人口全覆盖的普惠制的综合性合作社体系来实现社会资源资本化，才能维持"三农"的稳定。

但，中国本来是东亚原住民国家，但又不实行"东亚模式"，而试图效仿殖民化的美澳大农场模式，常识告诉我们，原住民的小农经济资源环境客观条件有限，不可能去跟殖民地条件下的大农场竞争。如果不把这个问题搞清楚，在农业政策领域以及企业战略上就会犯根本错误。

四、农业产业化与不可逆的四大经济规律

当代农业现代化发展到现在，我们遭遇到的农业产业化问题是四大经济规律不可逆的约束作用。

一是根据"要素再定价"规律可知：由于符合农村外部资本要求的、规范的土地流转占比很低，导致能够用于支付农业资本化的成本所必需的绝对地租总量并没有明显增加；同期，加快城市化造成农业生产力诸要素更多被城市市场重新定价，在这种"外部定价"作用下的农业"二产化"所能增加的收益有限，根

本不可能支付已经过高且仍在城市三产带动下攀高的要素价格。于是，农村的资金和劳动力等基本要素必然大幅度净流出。农业劳动力被城市的二产、三产定价，农业企业家进入农业跟农民谈判，其提供的一产劳动力价格就不可能被农民接受。农业劳动力的老龄化表明其竞争力丧失殆尽。这个规律告诉我们，农业的基本生产要素（包括劳动力、土地等）现在已被其他产业定价了，不能再按照农业去定价，这就是现代农业的困境所在，农业产业化就失败在支付不起外部市场对农业要素确定的价格。

二是根据"资本深化"规律可知：只要推行农业产业化，就内涵性地体现着"资本增密排斥劳动"、同步带动农业物化成本不断增加的规律约束。孤注一掷地推行美国舒尔茨《改造传统农业》的理论带来的相应后果，则是大部分过去在兼业化综合性村社合作社通过内部化处置外部性风险条件下还能产生附加值的经济作物、畜禽养殖，一旦交给产业资本开展大规模"二产化"的专业生产，就纷纷遭遇生产过剩；单一品类生产规模越大、市场风险越高。如今，一方面是农业大宗产品过剩的情况比比皆是；另一方面则是在城市食品过分浪费的消费主义盛行情况下，大部分规模化的农业产业化龙头企业仍然几无盈利，中小型企业甚至债台高筑转化成银行坏账。

三是根据"市场失灵+政府失灵"规律可知：政府招商引资和企业追求资本收益的体制下，外部主体进入农村领域开展的农业经营，一方面会因为交易费用过大而难以通过谈判形成有效的契约，双方的违约成本转化为市场的制度成本。另一方面，大多数规模化农业都会造成"双重负外部性"——不仅带来水土资源污染和环境破坏，也带来食品质量安全问题。也正是因实际上无人担责的"双重失灵",遂使愈益显著的"双重负外部性"已经不断演化为严峻的社会安全成本。

四是根据"比较制度优势"规律可知:农业企业走出去之所以遭遇很多失败,究其原因,在于中国经验的意识形态化解读,致使在话语权和制度建构权等软实力领域目前尚难以占据比较优势。何况,很多地方政府亲资本政策加速企业原始积累阶段形成的企业文化,根本不适应国际市场上更多强调"社会企业"的主流趋势。走出去的企业家如果只会讲国内的主流意识形态,必然在海外遭遇尴尬。

因此,在目前资本全面过剩的条件下,我们要及时了解世界范围内的农业企业都在做什么改变,他们大都在强调改变过去的市场化发展模式,正在向综合化、社会化和生态化这一新的方向演进。这恐怕是解决中国农业问题的出路所在,需要我们给予足够的重视。

五、世界农业原生于欧亚大陆两端的两个差异显著的"两河流域"

我们应该知道的基本常识是,人类的原生农业是在欧亚大陆两端同时期发生的。因所处气候带不同,造成浅表地理资源不同,而有差异极大的农业文明。

现在西方了解的都是在亚洲大陆西端的两河流域一万年前形成的早期的"原生农业",西亚的两河间距很窄、流域面积狭小,以单一作物小麦种植为主,属于气候条件极好的半岛型农业,可以漫坡种地而无需搞水利建设。后来扩展到欧洲西部,形成了欧洲的次生农业,也是以相对单一的作物为主。后来,这个以种植小麦和吃面粉为主的农业和食物方式，就是欧洲人通过殖民化带向世界的。现在的澳洲、美洲、非洲，只要是西方人推行殖民化的地方，都以吃面包为主。

但西方人对欧亚大陆的东端并不了解。在欧亚大陆的东端也是"两河"：长江、黄河。而中国这边的两河间距很大，属于三大气候带覆盖下的浅表地理资源差异极大的大陆型农业。简单化按地区分：北方是旱作，南方是水作。中国从一万年之前开始处在原生农业时代，就是作物与食物多样化。亚洲则长期是多样化的农业与杂食的生存方式。

我们本来不必将亚洲原住民大陆所赖以生存下来的多样化生态文明、社会化和生态化相结合的农业方式，再按照西方历史改造成单一化的大规模资本化农业，否则就脱离了本土的、历史的条件。

从这个角度看中国历史上游牧民族跟中原农耕民族之间的关系演变，就很清楚了，大都跟气候冷暖变化所带来的农业产出多少有关。而气候变化虽然复杂，也是符合周期性规律的，是不以人的意志为转移的客观现象，人类社会只能做适应性改变。东亚大陆上人类赖以生存的农业，主要是被自然、地理、气候等条件决定的，不是制度或人为决定的，更不是哪个朝代的昏君或明君的主观作用。

六、出路：中国的农业如何从 1.0 向 4.0 演进

世界万年农业文明史上，农业从来不是"产业"。只有因殖民化产生的"盎格鲁-撒克逊模式"、在殖民化和奴隶制的条件下，才能将农业作为"第一产业"。而且，这种农业 1.0 版现代

化的作用，主要通过土地规模化获取更多绝对地租，借以形成剩余价值，为工业化提供原始积累。由此，就在 21 世纪金融资本虚拟扩张阶段引申出另一个"农业 1.0+农业 3.0"的路径：立足于殖民化大农场，就有了"农业金融化"的方向。很多农业企业关注的 ABCD 四大跨国农业公司（美国 ADM、美国邦吉 Bunge、美国嘉吉 Cargill、法国路易达孚 Louis Dreyfus），它们的优势就在于，立足于一产化的大农业，直接进入金融化，即与一产化大农业紧密结合的金融化。这四大公司的收益，并不来源于大规模农业，而是来源于在资本市场上产生的投机性收益。而且，从 20 世纪 80 年代新自由主义问世以来，历经 20 年的战略调整，美国农业跨国企业的收益早就不再以农业为主了，而是以金融投资收益为主。

那么，2.0 版农业现代化意味着什么？

意味着用工业的生产方式改造农业，也叫作设施化农业、工厂化农业。中国现在则是农业产业化。亦即要在规模化和集约经营的基础上，拉长产业链，形成农业的增值收益。"二产化"的农业应该叫农业 2.0 版的现代化。但，这个农业 2.0 版不仅在大多数国家面临亏损；并且在欧洲和日本，"二产化"农业因严重污染，造成对资源环境的严重破坏，因而正处在退出阶段。中国现在强调的农业产业化，很大部分的内容是指农业"二产化"，拉长产业链虽然可能产生一些收益，但即使在美国，这个收益能留在农民手里的一般不到 10%。在中国，农业产业链中农民得到的收益恐怕 8% 都达不到。

"二产化"农业带来的直接后果是生产过剩。中国农业大宗产品的产量很多都是世界第一：我们生产全球 70% 左右的淡水产品，67%的蔬菜，51%的生猪，40%的大宗果品，这些产品都过剩。我们现在的粮食产量占世界的21%，人口占世界的19%，还有两个点的余量。即使粮食不再增产，只要节约，就足够养活未来的新增人口。"二产化"可以拉长产业链，产生收益，但农业劳动力的收入并不同步增长，农村存款来源不足，并没有产生现代经济发展所需的金融工具的条件，由此造成三农金融困境，难以被体现工具理性的金融改革化解。同时，农业"二产化"又对资源环境造成严重破坏。现在农业造成的面源污染大大超过工业和城市，是面源污染贡献率最高的领域。

我的建议是：已经进入农业的企业要注意培育非农领域的3.0版三产化的业务。如果只在农业领域发展，很难以现有的资源条件和现有的价格环境产生收益。何况，农业"二产化"并不是必然的，像北美、澳洲的农业就都是靠天然资源维持农业，并不进入"二产化"，而是直接进入金融化。而欧盟、日韩则是2.0版现代化，以设施农业为主。中国农业的"二产化"也是设施化、工厂化，已经是世界最大的设施化农业国家，全球超过70%的农业大棚都在中国。

农业的3.0版，是我们多年来提倡的综合性农协为载体的农业的三产化，因为三产收益一般都高于二产。近年来，甚至还有人借鉴日本提出的"农业六次产业"概念来解释农业的结构升级。早在中央政府2006年的"一号文件"中就强调了农业的多功能性，提出第三产业跟农业结合；2016年的"一号文件"则明确了农业要一二三产业融合的指导思想。

第三产业和小农经济直接结合的可能性本来有丰富经验，但也有政策障碍。我们二十几年的基层试验表明：因为第三产业的主要部门——金融、保险、流通等，自90年代以来就都是被金融资本和商业资本控制的，如果不采行日本综合农协为主的"东亚模式"，第三产业跟农业的结合就只能是旅游、养生、景观这些资源业态，所产生的综合收益并不高。因此，靠3.0版的农业三产化来解决"三农"问题，农民得到的好处并不很大。

农业4.0版是我们在新世纪第二个十年提出的。我的看法是，传统社会特别是亚洲这种原住民社会，农业从一万年前开始的时候就是多样化的原生农业；当代强调可持续发展，也应该是农业3.0与4.0构成有机结合的社会化生态农业体系。一方面在手段上是要借助互联网+，另一方面在理念上更强调社会化的、城乡合作的互动的、生态化的农业。当然，如何让农业体现出中央倡导的生态文明战略，这是下一步农业3.0版和农业4.0版要考虑的问题。

农业4.0确实需要与互联网+这个工具密切结合，使用互联网+本地化的题材、景观、本地化的标志、休闲旅游等。其实，更大程度是要利用互联网内在体现的各阶层公平参与，实现市民与农民都能够广泛参与的"社会化生态农业"，而社会化生态农业本身又是中华文明传承之载体。也就是要进一步借助互联网工具，实现农业的社会化+生态化。

富兰克林·金博士百年前考察东亚形成的思想，在当代也有对照。西方人在20世纪90年代的"中国崩溃论"成为新世纪的笑柄之后，有了很多赞许和热议。现居韩国任亚洲研究所主管的美国人贝一明（Emanuel Pastreich）最近发表了一篇文章，题目是"为治愈积重难返的西方文化，很多西方人士在中国寻找良药"（2016年9月28日 17：17 来源：凤凰国际智库）。他认为：

西方生活必将走向崩溃，中国不能重蹈覆辙……因为，"中国所拥有的伟大智慧、深厚的文化、长远历史的可持续农业传统以及理性化低消费观的悠久传统，可以为人类发展引领另一种模式——即利用其生态和政治伦理传统，作为形成一种新的世界观的基础，替代当前以'经济增长'和'消费主义'指标为基础的世界观，构建一个崭新的国际社会和全球治理机制。中国拥有着能构建新世界观价值体制所需要的哲学基础，甚至是艺术才能"。诚然，贝一明当然也看到眼下的中国消费主义盛行、资本控制的产业化农业过度消耗了资源环境。于是，他用提问的方式表达了自己的批评：中国能否从积聚财富和权力的激情之中回归，从往昔重视人性和智慧为先的可持续农业与经济之中寻找灵感，探索能真正融合经济发展和环境保护的另类发展模式呢？

这是个批评，也是个挑战。须知：中国只有下功夫清理在百年激进现代化之中已经形成的既得利益集团，才能有应对挑战的自觉性。

温铁军

2016 年 9 月 18 日

中文版序言　理解中国的小农

2011年时值辛亥百年，恰逢《四千年农夫》英文原版书出版百周年纪念。

自中国倡导"洋务运动"以来，这百年间食洋不化之辈甚多，而认真反思现代化历程中变迁成本的中国人甚少。由我的两位博士生翻译的《四千年农夫》的中文译本在此时出版，可谓是罕见的空谷清音！

在殖民者对美洲大陆进行开发的短短不到一百年的时间里，北美大草原的肥沃土壤大量流失，严重影响了美国农耕体系的可持续发展。也正是美国农业面临的严峻挑战，使得美国农业部土壤所所长、威斯康星州立大学土壤专家富兰克林·金萌生了探究东亚国家农耕方式的想法。

1909年春，金教授携家人远涉重洋游历了中国、日本和朝鲜，考察了东亚三国的古老农耕体系，并与当地的农民进行了深入的交流。他们急切地希望了解在人口稠密的东亚三国，农夫是如何利用有限的土壤生产出足够的粮食的。

在这次旅行中，金教授发现了东亚农业模式与美国的区别、两者的资源禀赋差异以及东亚模式的优越性。东亚传统小农经济从来就是"资源节约、环境友好"的，而且是可持续发展的。东亚三国农业生产的最大特点是，高效利用各种农业资源，甚至达到了吝啬的程度，但唯一不惜投入的就是劳动力。

众所周知，中国耕地资源仅占世界的7%，水资源占世界的

6.4%，而水土光热配比的耕地不足国土面积的 10%。由于这种人口与资源配比的不平衡，导致 2/3 的中国人生存资源极度缺乏。何况，中国大部分国土位于干旱地带，若非太平洋季风带来季节性降水，中国大部分地区都不适宜作物生长。

在资源匮乏、总体自然条件不适宜农业生产的情况下，若没有农民的辛劳和智慧，任凭什么先进的理念和制度设计，恐怕都无法让中国养活占世界 20% 的庞大人口。

正是短缺的自然资源和庞大的人口之间的矛盾造就了中国农民极端节俭、克制欲望、任劳任怨的品性，以及资源节约、循环利用、精耕细作的中国传统农业生产模式。长期以来，无论是分成租，还是定额租，名义地租率都在 50% 左右变动，而精耕细作生产模式下的实际地租率则在一般情况下都低于 50%。由此可见，尽管人口众多，劳动力仍然是中国传统农业生产中最关键的要素，其要素回报率甚至长期高于土地。

由此可知，小农的"家庭理性"作用与农户人口增加存在相关关系。如果增加了男性，即意味着在未来可从农业生产中获取相对低风险的、稳定的收益的预期；如果增加了女性，则意味着她们能够在农闲时期参与到商品化和货币化程度更高的养殖业、手工业和经济作物的生产、流通等工作中，换取短期收入以补贴家用。这种能够将外部风险内化的小农经济的"家庭理性"之特点，在于农户内部劳动力组合投资机制的发挥，这一机制是建立在"精耕细作＋种养兼业"所促发的土地生产率高企的基础之上的。

结合小农家庭内部劳动力组合投资机制来考察农业经济时代中国发达的商品经济，则不难理解小农家庭人口生产派生的过剩劳动力，愿意以极低的报酬进入农业之外的生产领域进行工作的原因。每当王权能够保障社会基本稳定，则过剩的劳动力就会很大程度地被农村内部的五行八作所吸纳，即使村社不能吸纳过剩劳动力，它也会被城市和集镇的民间三百六十行所吸纳。

当时局动荡、百业凋敝时，过剩的劳动力回流到农村和农业部门，加剧小农家庭人口资源紧张关系的同时减轻了城市商品经济吸纳就业的压力。待外部制度调整到位、百业待兴之时，小农家庭过剩劳动力再次流出。但是，这一调整过程并不总是能够顺利完成。不利气候因素长期大面积影响农业生产，或者王权未能及时控制吏治腐败、官僚豪强兼并土地之势，或者遭遇外部侵略之时，这些外部非经济因素往往交织在一起共同作用，导致小农家庭不堪重负土崩瓦解，最终引起农民起义和王朝更替。

由此可见，东亚国家的小农家庭和村社群体实际上发挥着劳动力"蓄水池"的作用，稳定时期为经济发展源源不断地提供廉价劳动力，困难时期则成为各种社会危机转嫁的承载底线。

进一步深入分析"蓄水池"作用，我们则不难发现农业生产率构成了小农家庭劳动力蓄水池效应的物质基础和主要影响因素，良好的村社治理和宏观制度设计也对提高小农村社制的蓄水能力有所裨益。实际上，小农家庭人口生产与这些因素之间是相互影响的。由于人口相对其他资源更加丰富，因此东亚三国才可能衍化出劳动密集型的精耕细作的农业生产模式。

这种小农与村社的内在"经济理性"，促进着各行各业和基础设施建设的蓬勃发展，最终铸就了中华民族的整体繁荣。

金教授当年未必就有这些分析。于是，他在反思美国农业生产模式之后陷入了迷思，不知道美国农业生产模式该有的发展方向。尽管美国因农业从业人口过少、人工耕作技术落后而无法转向中国式的精耕细作，但是更深层的原因则是，西方殖民者通过掠夺带来空前宽松的土地资源，也促使农业生产模式转型缺乏动力。

百年前的学者即已认识到中美两国农业生产模式存在的巨大要素禀赋差异而不可能完全效法彼此。但是当前无论政策界、学术界，还是主流社会，坚持认为中国农业应该转向美国"大规模+集约化生产"模式的大有人在，实在令人对这种"无知者无畏"的泛滥感到惊愕，也不得不对农业政策中长期存在的偏差而带来的"双重负外部性"——生态环境损失和食品安全失控，而令人扼腕。

2010 年 2 月公布的《第一次全国污染源普查公报》显示，中国农业已经超过工业和生活污染，成为污染水资源的最大来源。中国大规模使用农业化学品不过短短的三四十年，就将以往能够消纳城市生活污染、长期创造正外部效应的农业，肆无忌惮地改造成为制造严重负外部性的产业。

日本作为金教授探访的东亚三国之一，早在 20 世纪五六十年代就曾因过度使用农业化学品和外部工业污染而导致了严重的环境破坏，不得不彻底放弃以往以"数量安全"为主要导向的农业政策，转而提出兼顾"数量安全、农村发展、质量安全和生态环境"等多重目标的强调农业多功能化的三农政策——1992 年发布"新的食物·农业·农村政策方向"，开始致力于环境保全型农业的推进，该政策所关注的对象已不再仅仅是"农业"，而变成了"食物、农业、农村"；政策目标已不再局限于提高农业生产率层面，发展路线也由单纯追求规模扩大和效率提高转变为重视农业的多功能性和自然循环机能的维持和促进。

2004 年日本的农业环境、资源保全政策被作为农业政策基本问题进行讨论，2005 年 3 月，新的"食物、农业、农村基本计划"提出了日本农业"全面向重视环境保全型方向转变"的方针。在此农业政策的引导下，传统农业生产模式很快得到恢复，并因融入现代科技而得到加强。

此外，值得中国人学习的是：农业政策转型得到了日本综合农协的有力支持。

综合农协是日本政府为保护小农家庭而进行的重要组织制度创新，其作为日本国家战略的地位早在日本法西斯对外发动侵略战争之前就已确立——战争需要从农村社区大量抽取青壮年劳动力和其他资源。政府为了避免农村社区衰败而"赤化"，不得不将留守人员组织起来，给予各项优惠政策，并且严禁任何外部主体进入三农而占有收益。

这项综合农协政策的延续，保护了日本农民的利益并促进了农村近百年的可持续发展。直到近几年，日本农业人口老龄化问题严重，政府才不得不放开保护政策，允许农村社区之外的自然人投资农业，但外部企业法人仍然被禁止介入。除了农业生产经营领域的保护，综合农协还获准垄断金融资本，通过资本运作获取高额利润再返还给作为农协股东的全体农民。这些优惠政策使得日本农民的人均纯收入长期高于市民的平均收入，而农民人均纯收入的 60% 以上，来源于日本政府给予的各项优惠和补贴。

只需稍微对世界农业发展的不同方向进行客观分析，则必然导向对人类文明现代化进程进行全面系统的反思。金教授即是如此。

　　他洞察了当时西方城市化过程中存在的诸多对人类可持续发展构成威胁的因素。而当时中国大城市人口密度居世界最高。像上海这样的城市却没有西方发达的下水道系统，城市人口的排泄物和污水完全依靠来自周边农村的农民每天清晨一桶一桶地将之运往农村，制作成为有机肥再施用到土壤里，最终完成城市废弃物的无害化处理。进一步估算可以发现，每天将一百万成年人的粪便施于田间可以给土壤带来一吨多（大约 2712 磅）的磷和两吨多（大约 4488 磅）的钾。金教授从农业生产物质循环角度出发认识到，西方的城市利用发达的下水道系统将人类粪便和生活污水直接排入水体，不仅造成环境污染和健康隐患，更重要的是浪费了其中可用于农业生产的宝贵资源。而中国城市废弃物的处理方式既能在减少化肥等外部投入的情况下培肥了土壤，又能利用土地无害化处理人类排泄物，避免废物直接排入外部水体导致污染和健康威胁，更创造了就业，完美体现了农业的多功能性。

　　若当年的西方国家及时采纳金教授的建议——学习东方农业生产和城市规划中对废弃物循环利用的原则——则可能避免密集分布在老欧洲和北美沿海岸线的因水体富营养化作用导致的死海区域的形成。

　　作为美国著名的土壤学家，金教授从未受到中国传统农耕文化的影响，不曾有过中国传统士大夫"采菊东篱下，悠然见南山"的情趣，但是他对东亚三国小农的赞美却是由衷的："这群人有很高的道德修养，足够聪明，他们正在苏醒，他们有能力利用近年来西方国家的所有科学和发明；这群人长年以来深深地热爱和平，但一旦遭到压迫，他们一定会，也有能力为了自卫而战斗。"同理，20 世纪 20 年代从美国毕业回国的晏阳初博士虽然初期给中国农民下了"贫、愚、弱、私"的偏颇判断，但随后他在深入农村的实践中改造了自我，提出"欲化农民，必先农民化"的主张，并积极开展影响深远的平民教育与乡村自治运动。

　　这两位均属西学功底深厚的学者，虽然从不同的学科视角审视小农，却得出了类似的认识，也使今人得以在先贤的认知基础之上去伪存真，拼凑出更加全面的小农脸谱。只有理解了小农及其赖以生存的自然农业和多功能村社，才具备理解中国历史和预见未来发展的基础。

　　谨以此书献给至今仍未被世人完全理解的中国小农。

温铁军　程存旺　石　嫣

2011 年 4 月

英文版序言

农耕是人类文明的基础，但是到目前为止，我们还没有整理出全部农耕经验。假如要集中所有的力量和工具来征服整个地球，我们就必须清楚地知道世界各地的人们在食物生产过程中都会碰到哪些问题，以及他们解决问题的方法。

真正的农业旅行家很少，真实地介绍伟大的乡村自然条件的书籍更少，而单纯介绍自然史历程，或者自然景点和事件的书却又太多了。毋庸置疑，已经有一些关于乡村研究和旅游的书，例如阿瑟·扬的《法国游记》，涉及社会、政治和历史。但是，关于农业旅游的书还屈指可数。在进行农业旅游时要坚持科学的探索精神，对各种征服自然的行为进行对比研究，之后再将研究得来的结果告知从事农业生产的人们。

这就是我阅读了金教授手稿之后获得的感悟。金教授是这方面的专家，他写这本书是为了记录和研究农业生产者真实的生活环境，而不是为了发现奇观或者是描绘自然风景，抑或是已被发现的奇迹。我们生活在北美，总是习惯于认为我们能够指导世界的农业生产，因为我们的农业财富巨大，我们对环境恶劣地区的出口额也很大。但是，我们农业产量大的首要原因是土壤肥沃，人均占有土地面积大，我们只是最近才开始了解一些好的耕作方法。农业耕作的首要条件是保持土壤的肥沃，东方各民族早已遇到此类问题，而且也已经找到了解决方法。对于这个问题，我们或许可以另辟蹊径，也能直接从他们的经验中获益良多。近来，随着个人需求的增加，一些历史较短的国家或许能够避免像日本和中国那样遭遇人口稠密的问题，然而他们保持土地资源的经验是我们应该学习的，这是我们向他们学习保护自然资源的第一课。这个便是金教授从东方带回来的重要信息。

这本关于农业的书应该有利于东西方的相互理解和交流。如果能像金教授建议的那样，有一些关于礼节和自然资源保护的交流，像体育运动、外交和商业方面的交流一样频繁，那么双方的人民将受益匪浅，这对双边友好也将产生不可估量的积极影响。

很遗憾，金教授没能完成最后一章"中国、日本对世界的启示"。要是能完成，这将是一部很有说服力的、系统地介绍东方农业和环境研究的著作。在此书即将出版之际，他突然逝世，他的探索也因此中途搁浅。但是，除了金教授已经留给世人的关于土壤、物理学和农业设备应用的著作之外，这是他留给我们又一部新的作品。在他研究所涉及的每个方面，金教授都增添了光彩。

L. H. 贝利

概　述

为了给读者最好的视角，有必要先简短地介绍一下中国、朝鲜以及日本的农业活动和习惯。需要牢记的是，现在用来描述、控制和支配西方农业以及工业运作的一些重要因素，对于一百年前的中日朝，甚至世界其他民族，都是不实际的。

同时也应该注意到，美国至今仍是一个地广人稀的、拥有广阔的未被开发土地的国家，无论男女老幼，人均土地占有量超过 20 英亩（1 英亩 =6.07 亩）。而那些拥有超过了 3000 年耕作历史的农民，人均只能占用大概 1 英亩土地，并且其中一半以上是不宜耕种的山地。

此外，在 20 世纪，一场大规模的货运活动展开，满载着饲料和化肥的货船驶往西欧和美国东部地区，使用化肥从来都不是中国、朝鲜和日本保持土壤肥力的方法，欧美国家使用化肥明显也是不可持续的。但是由于这样的进口活动存在，使得经过现代污水处理系统和其他错误做法导致的浪费有机肥料的行为变得可以容忍；但是东亚民族保存下了全部废物，无论来自农村和城市，还是其他被我们忽视的地方，收集有机肥料应用于自己的土地被视为神圣的农业活动。

我们将要共同探讨的农耕活动是一个充满活力的、拥有 5 亿人口的民族的伟大创举。他们 4000 年来不断积累农耕经验，并且这个势头还将保持下去。这群人有很高的道德修养，足够聪明，他们正在苏醒，他们有能力利用近年来西方国家的所有科学和发明；这群人长年以来深深地热爱和平，但一旦遭到压迫，他们一定会、也有能力为了自卫而战斗。

我们一直盼望着和中国、日本的农民见面，一起走过他们的田地。通过观察，学习他们的耕作方法，了解他们的农耕器具。这些世界上最古老民族的农民在长期的人口资源压力下逐渐采纳形成的实践经验，构成了这两个国家的农耕体系。这套农耕体系经过长达4000年的演化，在这块土地上仍然能够产出充足的食物，养活如此众多的人口，我们渴望了解这是如何做到的。现在我们终于有机会观察他们的农耕条件和活动习惯，并且几乎每天都能从展现在我们四周的景象中学到知识，甚至常有惊人的发现。在观察的过程中，我也为美国该转向哪种农耕体系感到困惑。我们从自己的发现以及所能联想到的这些国家数千年来对自然资源的保护和利用中受到教育，震惊于他们土地的高产，也惊愕于这些农民提供了如此有效率的劳动却乐意接受极少的报酬，这些报酬可能只是每人每天 5 美分的工资外加食物，或者是 15 美分而不含饭食。

1907 年日本的 3 个主要岛屿拥有 2 万平方英里的耕地，人口46977003。人地比率超过了每英亩三个人，每平方英里（1 平方英里 =2.59 平方公里）2349 人。然而，1907 年日本的农产品人均净进口总额不足 1 美元。如果假设荷兰的耕地为其国土面积的 1/3，那么荷兰 1905 年的人口密度不到日本三岛的 1/3。同时，日本每平方英里耕地喂有 69 匹马，56 头牛，这些牲畜基本上都被用作农业生产。然而，在 1900 年，在相同面积的耕地上，我们只能喂养 30 头左右的马和骡子等牲畜。

在日本，他们拥有 1650 万只家禽用于转化粗粮，合每平方英里825 只，然而大约每 3 个人才有 1 只。1900 年我们拥有 2506 万只家禽，但每平方英里耕地仅有 387 只，人均占有量超过 3 只。日本用于转换粗粮的动物有猪、山羊和绵羊，累计每平方英里有 13 只。把一只羊或者一头猪视为 1 个畜牧单位，则 180 位日本人才占有 1 个畜牧单位。在 1900 年的美国，改良过的农场每平方英里可拥有 95 头牛、99 只羊和 72 头猪，这些动物将草和谷物转化为奶和肉。根据对动物转化效率的估算，1 头牛可与 5 只羊或 5 头猪等价，因为奶牛的转化能力更强。据此估计，我们在每平方英里上供养的畜牧换算成日本畜牧单位超过了 646 个，人均占有畜牧单位超过 5 个，不像日本，180 人才占有 1 个畜牧单位。

我们无法得到关于中国的相应的精确统计数据。但是在山东省，我们跟一位来自拥有 12 口人的家庭的农夫交谈，了解到他在种有小麦、谷子、红薯和豆类的 2.5 英亩耕地上喂有 1 头驴、1 头母牛，这都是当地特有的农耕牲畜，另外还喂有两头猪。这样的群体密度相当于每平方英里 3072 个人、256 头驴，256 头牛和 512 头猪。在另一个例子中，一个来自拥有 10 口人的家庭的农夫在不到 2/3 英亩的土地上喂有 1 头驴、1 头猪。据此，这一农用土地的供养能力为每平方英里 3840 个人、384 头驴、384 头猪，或者说一个 40 英亩的农场供养 240 个人、24 头驴和 24 头猪，而我们的农民们认为 40 英亩对一个家庭来说太小了。我们考察了 7 个中国农民家庭，并且获取他们的数据，数据表明这些土地的平均供养能力为每平方英里的农用土地供养 1783 个人、212 头牛或驴、399 头猪——1995 个消费者和 399 头用于转换粗粮的动物。这些数据确切地反映了中国农村的人口规模。在 1900 年，以改良的农用土地为基准，美国的农村群体密度是每平方英里可供养 61 个人、30 匹马和骡子。在 1907 年，日本的农村群体密度为每平方英里 1922 个人、125 匹马和牛。

据官方统计，1902 年，地处长江口的中国崇明岛占地面积 270 平方英里，人口密度为每平方英里 3700 人。崇明岛上只有一个较大的镇，因此岛上的人口主要生活在农村。

假如能向世界全面、准确地解释仅仅依靠中国、朝鲜和日本的农产品就能养活如此多的人口的原因，那么农业便可当之无愧地成为最具有发展意义、教育意义和社会意义的产业。农业发展进程中，许多农业生产技术和操作习惯已经不复存在，这些消失的实践经验

概　述

一度被认为是落后的。但是几世纪之前，东亚三国的农业已经能够支撑起如此高密度的人口，并且持续发展至今，这个现象成为此项研究的一大亮点。现在，进行此项研究的时机已经完全成熟。由于世界各国正处于从相互隔绝向日益国际化转变的初期，在这个过程中，工业、教育和社会必然产生深刻的调整，因此此项研究又无法进行得太快。各个国家应本着相互协调和帮助，共同推动世界进步的精神去研究其他国家，通过相互协商与合作，使此项研究的成果为各国共享。

如果各国的高等教育机构在有力的领导下选派出最好的学生进行交流，那么，如何推广中国、朝鲜和日本可持续农业经验的问题就能够得到很好解决，这个方法对全人类都是有帮助的，也很合适，而不是仅仅通过棒球队来互相熟悉各自的礼仪习俗。还可以通过国际协定，组织一个既有东方成员又有西方成员的调查团队，以调查研究被搁置的推广问题。如果能由最有能力的年轻人精心构思并指导这样一个活动，那么世界各国彼此之间就会日益熟悉，那些有助于世界和平进步的知识将会得到传播，而且这种知识将会随着组织者的成熟而日渐丰富。如果像以上建议的那样采取国际行动，并且将扩充海军而准备的资金转作生存所需的费用，那么各国人民生活将更加富足。无论如何，这个行动的成本肯定比增加战备低许多，世界和平给人类带来的利益也将远远超过动乱。这样的行动一旦实施就会取得巨大的成功，它将增进人类团结、公平、公正的精神，弱化各国彼此疏离的感觉和损人利己的行为。

许多因素和条件共同作用才使得远东地区的农场和农民得以支撑如此高的人口密度，其中一些原因很容易被察觉到。中国、朝鲜和日本的部分地区拥有异常有利农业发展的地理条件。华南的广州和古巴的哈瓦那在同一纬度，而东北的奉天（沈阳旧称）和日本本

5

州岛北部与纽约市、芝加哥、加州北部的纬度相当。美国主要在北纬30°至50°之间,中国、朝鲜和日本这3个国家主要在北纬20°至40°之间,比美国偏南大概700英里(1英里=1.61公里)。这种地理位置的差异使得这三个国家农耕季节更长,也使得他们每年能在同一块土地上种植两种、三种甚至是四种不同的作物。在中国南部、台湾地区和日本的部分地区种植着双季稻,浙江省种有油菜、小麦、大麦、四季豆和三叶草,在仲夏时还能接着种棉花或者水稻。在山东,冬春两季种小麦和大麦,夏天则种小米、红薯、大豆和花生。天津在北纬39°,和美国的辛辛那提、印第安纳波利斯、斯普林菲尔德以及伊利诺伊州纬度相近。我们和当地的农民进行了交流,了解到有一位农民在土地上轮作小麦、洋葱和白菜,最后每英亩的净利润达163美元。另外有一位农民春天的时候种土豆,当土豆还很小的时候便将它们出售,之后种萝卜和白菜,最后每英亩的净利润达203美元。

将近5亿人始终保持着这样一种生存方式,主要依靠小块土地和少量产品来维生,土地面积甚至比美国经土壤改良后的优质农场面积还要小。以芝加哥为起点,往南至海湾,往西穿过堪萨斯州,这其中的土地面积比中国、朝鲜和日本的耕地总和还大,若按照他们的耕作模式,我们在这块土地上养活的人口可以达到现有规模的5倍。

这些国家的降雨量很大,甚至超过了一些大西洋和海湾国家,但主要集中在夏季,冬天降雨量少,因此夏季作物的生产效率可能达到最高,中国南方的年降雨量在80英寸(1英寸=0.025米)左右。在我们南方各州,降雨量接近60英寸,但6月到9月的降雨量不到全年的一半。从苏必略湖到得克萨斯州中部的地区,一年的降雨量大约为30英寸,但3月至9月之间只有16英寸的降雨量。在中国山东省，平均降雨量为 24 英寸多一点，其中的 17 英寸在指定的月份下，多数集中在 7 月至 8 月。研究显示，使用最好的耕作方式，在不损失水分的情况下，我们耕种的庄稼出产每吨干物质需要 300 至 600 吨水。显然，对于任何土壤来说，适时适量的水分都是高产的首要影响因素，在适当的时候灌溉，将是土壤和庄稼保持湿度的主要方式之一，因此，在遥远的东方，采用集约耕作获取巨大的土地产量是可能的。

这三个国家选择大米和小米作为主食，由此而逐渐演化发展的农业系统反映了他们对农业本质和原则的深刻把握，这样的成就对我们来说是惊人的，西方国家应该停下来反思我们对农业本质和原则的理解。

尽管这些国家的降雨量大，他们还是精选了可以充分利用水资源的庄稼。这些庄稼不仅可以充分利用雨水，还可以利用临近山区的大量地表径流，这些山区都不适宜耕作。在这些国家看不见闲置的稻田。在日本的三个主要岛屿，56% 的可耕地，约有 11000 平方英里，被用于种植水稻，从插秧一直到接近收获的这段时间，水稻始终浸在水中。在季节适宜的地方，收获水稻后，土地被烤干用来种植需水量少的陆地庄稼，以使土地处于干湿平衡状态。

几世纪前，凡学习过远东农业操作方法的人都会重视水对于提高庄稼产量的价值，这种经验是其他国家没有的。他们不断调整环境和庄稼的关系，直到彼此相互适应，水稻就是一种可在施肥强度高的情况下，既抗旱又抗涝，还能获得最大产量的谷物。我们这些拥有潮湿天气的西方国家的实践经验是：不论施多少肥，过了几年，稻谷总会减产，不论水分是否充裕。

无论是地图还是语言都难以充分说明开凿运河对于水稻文化的重要性。据保守估计，中国大地上绵延着 20 多万英里的运河，中国、朝鲜和日本的运河里程数甚至超过了美国铁路里程数。仅中国的水稻种植面积就和美国的小麦种植面积相当，而水稻的年产量是小麦产量的 3 至 4 倍还多，而且这些农民通常都会在种植水稻的土地上实行轮作，每年都会种上一到两种不同的作物。

即使是在干旱地区，或者降雨量很少的季节，这些农民也有一套做法确保产量。例如在山区等缺少地表灌溉水的地区，他们普遍选择小米这种成熟周期短、抗旱、允许中耕的作物，几个世纪之前便采取了护根保持土壤水分的做法。小米在炎炎夏日下茁壮生长，在干旱季节顽强生长，在大雨时节蓬勃生长。因此，我们发现在降水量比美国更大且分布更均匀，气候比美国更加温暖，耕种季节也比美国更长的远东地区，人们用他们的聪明才智将灌溉和旱作农业结合在一起，这种结合的完美程度远远超出了美国人的想象。通过这种方式，他们养活了如此密集的人口。

事实上，相比其他国家，这些国家的土壤要更深、更肥沃和持久。尽管如此，这些地方却到处都在进行适当、有讲究的施肥。直到最近几年，也仅仅是日本开始使用化肥。但是数百年来所有土地，包括邻近的山区、运河、溪流和大海都被最大限度地用于增加土壤肥力，并且成效显著。在中国、朝鲜和日本几乎所有的高山和山地一直被视为燃料、木材、绿肥和堆肥肥料的源泉，即使在家使用过的各种燃料形成的灰最终也被当作肥料。

在中国，运河带来的淤泥被用于田间耕作，使用量有时达到每英亩 70 吨甚至更多。在没有运河的地方，土壤和底土被人工搬运到村庄里，若有需要，人们将花费巨大的劳力把各种有机垃圾混合在一起，在使用之前再将它们粉碎并烘干，这样就成了一种自制的土家肥。无论是人类的还是动物的粪便都被细致地保存下来并作为肥料，这种施肥方法的效果远远比我们美国人的做法优越。据日本农业局统计，1908年近2400万吨粪便用于耕地施肥，平均每英亩1.75吨。同年在上海国际会议期间，一位中国承包商获得了每天早晨进入居民住宅区和公共场合扫除粪便的特权。这位承包商凭借收集来的7.8万吨的粪便获得了超过3.1万美元的收益。对于粪便，我们通常都是将它们扔掉，反而为此花费了大量的钱。

在日本，除了化肥，每年定期生产和使用的有机肥料达到每英亩4.5吨。6月18日我们经过山海关和满洲的奉天时看见几千吨高度硝化的土家肥堆放在田间，等待"滋养作物"。

直到1888年，由欧洲最优秀的一些科学家共同参与的，长达30多年的研究，最终发现根部有较为低级的生物体寄存的豆科植物对维持土壤中的氮素起了很大的作用。它们从空气中吸取氮，腐烂之后让氮重新回到空气中。但是，长期的耕作实践早就使得远东的农民掌握了这项技术，驯化和利用豆科作物对于保持土壤肥沃是不可或缺的。因此，在这三个国家中，为了使土壤能保持肥沃，人们自古以来便施行豆类作物和多种其他作物轮作的方式。

在水稻收割的前后，人们通常在土地上种植三叶草，因为它可以一直种到下一个插秧的时节。到了那个时候，它们要么被直接翻进土壤，要么被用从运河底挖出的泥土浸湿之后堆放在运河的边上，发酵二三十天后，再将它们用到地里。他们确实是这么做的，在不了解他们之前，也许因为这些古老民族的农夫使用的犁与我们不同，我们就认为他们很无知。但事实上，他们很早便认识到豆科作物的重要性，并将它们列入轮作作物之列，作为不可或缺的一种作物。

生命过程中包含了丰富的物理、化学和心理反应，而时间是所有这些反应的函数。农民就是一个勤劳的生物学家，他们总是努力根据农时安排自己的时间。东方的农民最会利用时间，每分每秒都不浪费。外国人嘲笑中国人总是长时间工作，却从不焦虑，不匆忙。

中国人也确实如此，但这也说明中华民族是个面向未来、走在时间前面的民族。他们早已认识到将有机物质转化为植物可用的养分需要很长的时间。虽然他们是世界上最繁忙的人，但是他们在使用有机物质之前还是要用土壤或底土分解这些有机质。尽管这项工作耗时又耗力，但它却延长了植物的生长季节，并且使人们能施行多熟种植制度。除此以外，再没有什么方法能够达到这些效果。在丘陵且实行中耕的地带，我们看到在一块地里种着三种不同作物是很平常的事，但这三种作物的成熟期完全不同，其中一种成熟了，另一种就紧跟着开始生长，剩下的一种作物还在土壤里处于育种阶段。农民们通过施足够的肥和必要时补偿灌溉等做法，让土地在作物生长季节发挥了最大作用。

在这些国家水稻种植面积每年都很庞大，在丘陵地带每一块地、秧田里每一束秧都用上了。这种做法耗费人力但是节约其他资源，而人力资源正是他们所富余的东西。这些地方的农民会为作物精心准备苗床、大量施肥且密切关注它们的生长过程，因而他们能在 30 到 50 天内在 1 英亩的土地上种植相当于 10 英亩地种植的作物，而且此时其他 9 英亩地上的作物或正处于成熟阶段或被收割或为适时种植水稻而被重新翻耕。这种做法事实上延长了生长季节。

丝绸文化是一种伟大的文化，甚至从某种程度上来说，丝绸产业是东方最为伟大的一项产业。丝绸极其轻薄，原料是经过驯化的蚕吐的丝。这项技术大约出现在公元前 2700 多年的中国，传承了4000 多年。期间丝绸交易不断，超过 100 万美元的货物在美国西部沿海地区上岸，再迅速地运往各地，以便赶上圣诞商机。以上种种，都使得丝绸驰名中外。

保守估计，中国生丝的年产量大约是 1.2 亿磅（1 磅 = 0.45 千克），加上日本、朝鲜等地，生丝产量将超过 1.5 亿磅，产值约 7 亿美元，相当于美国每年的小麦总产值。然而，用于丝绸生产的土地面积却不足小麦的1/8。

茶叶种植是中国和日本的又一大产业。在为人类创造福祉方面，它就算没超过丝绸产业，至少也是和丝绸平分秋色。毋庸置疑茶产业在中国具有产业基础，利用茶叶和沸水泡制可口的茶水是人们的基本需求。喝开水是这些国家人民普遍的习惯。而且在人口稠密的国家，饮用水中的病菌至今还是很难消除的，而喝开水正是一种防御疾病的有效方法。

参照目前最彻底的消毒措施且考虑到随着人口增长而大幅度增加的困难，显而易见，现代消毒方法最终必将失效。唯一绝对保障安全的方法就是煮沸饮用水，这种方法很早之前就被东亚民族采用。

1907年，日本有超过124482英亩的土地用于种植茶叶，生产的茶叶超过60877975磅。中国的年产量比日本要多得多，西南地区光四川一省运往西藏的茶叶就有4000万磅。1905年茶叶的出口量有176027255磅，1906年有180271000磅，如此看来，中国每年烘焙茶叶的出口量至少超过两亿磅，而年产量至少是年出口量的两倍。

对于这些国家能保持如此高的人口密度，相较于其他因素，更重要的是因为这些国家的劳动人民总是很努力地调整自己，使自己能尽快适应现在的生活水平。另外就是这些国家高度发达的农业产业以及各行各业经济的快速发展。

几乎每一尺土地都被用来种植作物以提供食物、燃料和织物。每一种可以食用的东西都被认为是人类或者畜禽的食物。而不能吃或者不能穿的东西则被用来作燃料。生物体的排泄物、燃料燃烧之后的灰烬以及破损的布料都回到土里。在处理这些废物之前，人们封装这些废物以免风化，凭借智慧，在1至6个月的时间内，将废物变成最有效的肥料。这些劳动人民认为，多付出一份努力就能多一份回报，雨天和酷暑并不能阻挡或是推迟他们的劳作。这似乎已经成为一条金科玉律，或者简单地说，是劳动人民的常识。

第一章

日本一瞥

我们由美国的西雅图出发去中国的上海，经由北线航行，于 2月 19 日到达日本横滨，3 月 1 日到达上海。此次航行的目的就是了解沿途国家土地耕作以及作物种植的一些情况，并且亲自或者通过翻译与当地的农民、园丁和果农进行交流。我们煞费苦心，在一季的不同休耕时间里对同一块地或同一个地区进行多次考察，以便知晓文化或者是耕作方式相同的地方，耕种阶段是如何随着季节变化而划分的。

2 月 19 日清晨我们第一次近距离地观察了日本，这时我们所处的位置离两年前"达科他"号太平洋客轮沉没的地点大约 3 英里，那次沉船没有任何人员伤亡。周围的高山都被森林笼罩着，华盛顿和温哥华的森林也是那样浓密，16 天前我们从那起航。6 月的时候，爱尔兰的高山也是如此翠绿，这种翠绿对乘客来说是极其赏心悦目的，我们早已厌倦了滚滚海洋的灰暗。这些高山的部分山体既没有森林覆盖，也缺乏灌木，但是这些地方的土壤深厚，长满了草本植物，而且这些土壤是在有利的气候条件下天然形成的，没有遭受任何侵蚀。这些是我们的第一大惊喜发现。

我们的船先向南航行，绕过最南端后北上，进入深水港湾的时候又发现了类似的高山。10 点钟的时候我们离开了浦贺港口，1853年 6 月 8 日海军准将佩里的船曾在这抛锚，船上有菲尔莫尔总统给日本幕府将军的一封信。这封信将日本的商业之门向世界各国打开，同时也表达了日本希望几百年传承下来的节俭和勤劳的习惯能给国民带来发展的机遇，使国民的生活变得更美好的愿望。

当土佐丸号渐渐靠近横滨码头的时候，天正下着大雨，一路穿着类似《鲁滨逊漂流记》中主人公鲁滨逊·克鲁索的大军，如图 1-1 所呈现的，在码头上随时待命，准备帮你把货物搬进海关。他只收取一两分美金，最多是 5 分美金的劳务费。我们返航回美国在西雅图卸货时，看不见任何像日本那样的搬运工。这形成了鲜明的对比。

图1-1　日本人的雨天装束。在中国、朝鲜也以类似蓑衣挡雨。该图还展现了日本农民在水稻田劳作的简单农具。

在土佐丸号船长哈里森的帮助下，我们通过无线电找来了一位翻译到船上交流，在从横滨到东京的 18 英里航程中，我们利用到站期间停留的时间，充分了解整个平原地区的田野和果园情况。平原上有轨电车和铁路交错连接着，许多火车从这经过，沿路也有许多车站，因此我们随时都能到达这些肥沃并且农耕作业高度发达的地区。

我们离开美国时雨雪交加，因而大部分地区的电报和电话服务也中断了。我们看到了阿留申群岛，沿途没有发现任何预示着肥沃土壤和良田的事物。因此，当我们在日本看到黄包车夫光着脚、裸露着大腿在街上奔跑时都很吃惊。更让我们惊奇的是日本的有轨电车竟然穿梭在种满小麦、大麦、洋葱、胡萝卜和白菜等作物的田间。我们的车穿梭于东方的各地，车窗外的景象却与我们国家的迥然不同，我们对此深感吃惊，如晴天霹雳一般。

车里只有我和另一个人在吸烟，那个人正用象牙色烟嘴吸鼻烟，象牙嘴像烟斗一样，一端是封闭的。几个妇女可能是有点疲倦了，松了松鞋，面朝窗户坐着。整条马路因下雨而变得很泥泞，每个日本人都穿着雨天的木屐——鞋底踩着两块交叉着的木板，离地面有3到4英寸的距离，如图1-2所示。一位母亲坐上了车，她背着一个小孩，还牵着一个大约6岁的小女孩。尽管她的脚上穿着木屐，但是其中的一个脚趾还是溅到了泥巴。坐定后她脱下了鞋，在没有任何指示的情况下，那个有着黑眼睛、乌黑头发、嘴唇红润、脸颊绯红的小女孩从袖子里抽出一张白色的纸巾，动作娴熟地帮妈妈擦掉白袜子上的泥点，然后又把鞋子擦了一遍，之后便把纸巾丢在地上。她抬手看看自己的手指是否因此沾到泥巴，确认之后，她头也没抬，轻松娴熟地帮妈妈穿好了鞋子。

这里的一切对我们来说都

图1-2　在日本很常见的景象，女孩在雨天穿着木屐，背着婴儿，拿着东西逗婴儿玩耍。

很新奇，是我们做梦也想不到的。人们通过打桩来夯实桥墩的基础，桩的上面矗立着一个挂着滑轮的三脚架，穿过滑轮的绳子一边吊着重物，另一边则延伸出10条绳子。三脚架的底部有10个动作敏捷的日本妇女围成圈站着，她们充当着起重机的角色。她们嘴里哼着歌，迈步拖动绳子，到了一定位置，便放开绳子让悬挂着的重物落地，之后不断重复。她们这样每分钟撞击木桩的次数比一定重量、一定高度的锤子撞击的次数还要多，力度还要大。在上海，我们看到14个中国男人站在一个搭起的台子上，每人手里都握着直接牵引重物的绳子，大家哼着些小调试图使乏味的工作变得稍微有趣些。这些工人的雇佣成本又是多少呢？每人每天13美分，包括机器燃料和润滑剂的开支。另外还有2个人负责看管木桩，2个人负责对准锤子，18个人操作整套装置。每天支付2.34美元便已包括工资、燃料、监工和机器修理的费用。如此，在机械方面的投资几乎为零。在中国，劳动力资源非常充足以致就业不足。人是铁，饭是钢，然而工厂提供的饭菜没有盐也没煮熟，只是零星点缀着些猪肉或者鱼肉，开胃菜仅有咸菜或者腌萝卜，再多也不过两三种。这些工人是否都很强壮、很开心呢？他们确实是强壮的，他们正以自己的劳动创造财富，站在一旁，便可看见工人们工作时一脸的微笑与满足。

当我们乘车从横滨去东京，不管是城市还是乡村，经常能看到男人们清晨就挑着粪或是用牲畜驮着粪走在路上。但最常见的是人驾着马车，拖着6到10个密封好的木桶，每个木桶盛着重达40到60磅的大粪。奇怪的是迄今为止，在东方的所有国家，包括日本、中国和朝鲜那些古老的大城市，都没有看见过西方国家目前正使用的下水道排污系统。这些国家已有处理污染物的设备，但当我问翻译在冬天为了更快更便宜地处理粪便，城市里的人是不是更习惯于将粪便直接倒入海里。他很快就回答，而且语气尖锐地说："不，那样做的话会造成浪费。我们从不随便丢弃东西。丢弃粪便成本很高。"在像火车站这样的公共场合配备的一些装置主要是用来收集废物以便再利用,而不是简单地将它们丢弃。在乡村小道旁有时还会有一些请游客停留解手的告示牌,但是更多的是出于主人收集粪便的考虑,不仅仅是为了给游客提供方便。

图1-3 晾晒海苔用作食物的方法。图中的黑色小四方块就是海苔,大头针把海苔固定在木板上。

每年的2月份,沿着横滨到东京之间电车线路,靠近海岸线的地方,总能看见许多数百英尺长(1英尺=0.3米)、栅栏那么高的平板沿东西方向摆放着,大角度向北倾斜。这些平板由稻草紧密捆绑而成,并拿竹竿固定。晾晒海苔的时候,先把海苔平铺在一块木板上,再把木板依靠在稻草编成的平板上,竹竿起到支撑木板的作用,5至10块这样的平板平行摆放着,如图1-3所示。

　　海苔先被分散在一张面积为 10 英寸×12 英寸（1 英寸 =2.54 厘米）的草席上，面积大约有 7 英寸宽、8 英寸长。通过木扦将这些草席架起来，这样，海苔就能受到太阳的直射。海苔晒干之后便呈长方形，然后再将它们打理成一英寸厚的一捆，之后切成两段，分成 4 英寸宽、7 英寸长大小的两摞。稍作整理之后，它们或作为汤料出售或用于其他用处。

图 1-4　放在浅海区的树杈，以便海带附着其生长。

　　通常人们都将一些小灌木和树枝簇立在浅水底部，以此来获得海苔，如图 1-4 所示。海苔经常被挂在这些树枝上，待成熟之后，人们便通过手工将它们收集起来。通过这种养殖方法人们获得了很多重要的食材，否则很多食材将不复存在。

　　农村的另一特色在 2 月份我们所拍的一张照片中能看出，那就是在日本的梨园人们经常将梨树的枝系在格子架上，这样人们便能在梨园随意行走并且站着就能轻松够着梨子。因此，梨树呈梅花形高低错落地分布着，树与树之间的间距大约是 12 英尺，果园也矗立着一些竹竿，上面绑着一些直径是 1.5 到 2.5 英寸的竹竿，如图 1-5 所示。

图 1-5　俯瞰一个宽阔的梨园，梨树的树枝经修剪和固定后，处于一个水平面，树叶茂密的时候，树荫将覆盖整个梨园，果实也触手可及。

梨树的树枝被向下捆绑着限制在一个平面上，多余的部分被修剪掉。这样一来树底下便十分阴凉，每一个梨都触手可及。如图 1-6 和 1-7 所示，每个梨都套上了纸袋，这对保护果实不受昆虫侵害很有帮助。果园里没有杂草，经常用稻草等秸秆覆盖。在日本用各种农作物秸秆覆盖地面的方法很普遍，一把把稻草覆盖在地面上，到收获之时它们还整齐地排列着。

对于一个来自农场占地面积有 160 英亩，道路有 4 杆①宽，城市拥有宽阔街道，住宅区有草坪，房子有后院，公墓面积很大，公园很漂亮的国家的人来说，初次来到这些古老国家旅行时唯一的感受就是拥挤。你将感到城市里到处都是房屋和商店，到处都是人群和机器；乡村到处都是田地，而且田里也总有作物。日本的墓地比世界上任何国家的墓地都更拥挤，墓碑几乎紧紧相连，家族的标志只能成堆地集中在一个坟墓上。乡间的土地也得到了充分利用，住宅区、园林和稻田交错着，其间连步行的小道都几乎没有。

图 1-6　在日本明石康实验站的梨树，果实被纸袋包裹着。小野教授（左）和时东（Tokito）教授正在指导剪枝，树枝甚至低于格子。

---

① 杆（rod）：一种等于 5.5 码或 16.5 英尺（5.0292 米）的长度单位，英文中也做 pole。

21

图1-7 日本明石康实验站树枝较低的梨园，果实被纸袋包裹着。

城市和乡村的街道原本是狭窄的，可是图1-8所示的街道却异常宽阔，可能是最近受到外国的影响。日本皇家避暑山庄坐落在与箱根湖同名的箱根区的一个小村庄里。这个山庄坐落在湖边的一座山上，能将湖景尽收眼底。山庄房屋的屋顶覆盖着稻草，非常干净。日本的大部分乡村地区都是将稻草盖在屋顶上。在图1-9中可以看见，向街道敞开大门的商店和店铺都挤满了人。

在中国水网密集的地区，村庄多分布在运河两岸，如图1-10所示。村子里的街道很狭窄，总是人潮汹涌，热闹非凡。房屋的石台阶一直延伸到运河边，人们沿阶而下到河边洗衣、洗菜、淘米等。在这个村庄里，运河两岸分布着两排房子，房子中间隔着一条很窄的街道。我们在桥上架着相机，依稀可见离运河500米远的地方有一些房子。沿着其中的一排，我们边走边数，大约有80多栋，每栋房子通常都住着三代甚至是四代人。因此，在这个宽154英尺的地

图1-8　日本箱根区乡村的街道。山上的大树被砍光的现象近年来在日本很普遍。

图1-9　小店堆满了商品，前门面向街道敞开。

方，其中还包括 16 英尺宽的街道和 30 英尺宽的运河的狭窄地带上面，竟然盖了 3 排房子，住着 240 多个家庭，有 1200 多甚至将近 2000 口人。

图 1-10　分布在运河两岸的中国村庄。在沿岸三分之一英里的距离内，
　　　　　3 排房子住着 240 户家庭。

　　当我们转向乡村，其震撼之状难以言语，看见的是如图 1-11、1-12、1-13 所示的场景。这三幅图片分别是日本、朝鲜和中国的情况。中国的那幅图是在离南京不远的一座山上远眺宽阔的长江的景色，远处沿着地平线微微可见一片亮光。

　　日本稻田的每一块面积不到 5 杆见方，旱田大约是 20 杆见方。对于稻田而言，由于要极力保持山谷斜坡里的水分，因此稻田的面积就不能太大，如图 1-11 所示。这些土地面积很小，但并不是归一个家庭所有，日本人均的土地占有量大约是 2.5 英亩。但是，每个家庭的耕地很少是连在一起的，它们大多分散在不同的地方，而且往往是租来的。

图1-11 日本密集的稻田,每块稻田都放满了水,近期刚插过秧。

图1-12 朝鲜的农田风光。图片展现了平坦的山谷被分割为众多稻田,彼此之间仅用约一英尺宽的田埂隔开,中间的地已经插过秧;右边的地已经翻过,并且已经饮过,但还不适合插秧;左边的田饮过了,但还没有翻。

25

图 1-13　中国稻田风光。前面这块地还种着冬季的作物，收割之后会再种上水稻；远处泛白的田已经饮过种上了水稻；地平线附近是长江。

住在村里的人通常都要走相当长的一段距离才到达自己的农田。日本政府充分认识到这种小面积离散居住的弊端，曾于 1900 年颁发法律调整农田的分配。这部法律为农田的交易，边界的改变，道路、堤坝、山脊和运河的改道或废弃，以及灌溉和排水渠道的调整提供了依据。灌溉和排水渠道的改变使得更多的地方能享受到运河之便，拉直公路也节省了更多劳力、时间和土地。截至 1907 年，日本政府已经重新调整了 24 万英亩土地。图 1-14 所示是重新调整之后一个地区的景象。为了使当地居民能学会自己规划并试着监督各项工程，1905 年日本政府委托从属于大日本农业协会（Dai Nippon Agriculture Association）的高等农业学校给农民培训。1906 年之后，日本农学院和攻玉社①也开始参与此项培训。如今已经有足够的人员推动此项工程朝着预期的方向快速发展。

---

　　① 攻玉社，全称：攻玉社工科短期大学，1880 年由近藤真琴设置陆军测量习练所，从此发展起来。

图 1-14 经过整治之后的农田风光，田埂变直了，农民在用新的工具割草。

众所周知，日本政府正采取有效措施改善其他基本路线沿线人们的生活状况。并且已经开始致力于将国道从一省延伸到另一省，将郡内各城市和乡村通过省道连接起来，将各农场和村庄通过小道连接。

这三个道路系统的建设工程的实施主要是靠特定征税获得的收入来维持。工程建设中，上级部门的工作在于监督，特别是派遣人员完成特定路段的修复，就像之前铁路维修一样。其结果可以预见，日本公路路面情况将得到改善，占地面积小，而且周围没有围墙。

在这些古老的、历史悠久的村庄，田地里种满了作物，所有可利用的土地都不闲着，这种情形在图 1-15 中得到清晰展现。甚至在很狭小的田埂上都种满了大豆，这些田埂只有一英尺宽，起划分作用，而且可以截留稻田里的水。这些田埂正在迎接一场大豆的丰收。在图 1-15 上还可以看到一些梨树被种植在狭窄的土堆上，这些土堆高出水面不到一英尺，若将它们用来给稻田水位分级（类似于梯田），把部分稻田抬高到一个合适的水平，则这些土堆可发挥更好的作用。

图1-15　整块田全部种植了作物，欣欣向荣。种在田埂上的是大豆，田里的是水稻，种在狭窄土堆上的是梨树。

从图1-16可以看见，一个桃园里种着好几排桃树，桃树之间相隔22英尺，这些幼嫩的桃树只有6英尺高。此外，这块地上还种着10排卷心菜、2排大蚕豆和1排豌豆。所有这些蔬菜共计13排，22英尺宽，长得都很繁茂。并且农民把最高的、最需要阳光的植物种植在两棵树中间。在这幅图上，植物是如此密集。

但是这些古老民族的人，习惯于充分利用土地，他们很早以前就能让四片草叶生长在本来只能生长一片草叶的地方，也学会怎样加倍扩大面积来满足作物对更大空间的需求，这可以从图1-17中看出来。这个人的花园只占地63英尺宽、68英尺长，其中还有两平方杆是神圣的家族墓地。当他说到产量，这么多作物和价格使他在不到十分之一英亩的土地上每年赚到100美元。

图 1-16　桃园中是菜园，种了豌豆、卷心菜和蚕豆。

图 1-17　同样土地面积，双倍产出：两排黄瓜和交叉的黄瓜架。

　　他在不足 0.06 英亩的土地上种的黄瓜将给他带来 20 美元的收入。他已经出售了价值 5 美元的蔬菜，第二茬作物将在黄瓜成熟之后种植。他只从邻近的运河用一个脚踏水车来抽水灌溉他的花园，每周浇一次水，下雨时除外。他的老婆站在田地里，穿着裤装，看

29

图1-18　着冬装的中国老农。他们维持着民族的生存。

起来很朴素。

但是密集的作物由于在田地里挨得更近，需要更多的肥料才能带来更大的收获，也需要相对更多的照顾，需要多方面更细心的观察和更好的耐心，这些举措都远远超越了美国人的方法。因此，可以看出，这些站在茂盛的作物附近的农民极富智慧，他们不断寻找有效的措施来改进耕种技法。这可以从他那风景优美的田地里显现出来，也可以从茂盛的作物中看出来，还可以从图1-18的老人的脸上看出来，以及图1-19的庆亲王身上，他们每人都穿着冬衣。他们就好像一团火，也许他们认为活着只是为了自己，但是实际上却给这个世界的其他事物带来巨大的光和热。当一个人意识到（他们）对所有重要的资源的保护几乎发挥到了极致，并且是出于先天的本能而这么做时，就不会惊讶于这两个人——一个生产者和一个管理者，所代表的拥有四亿人口和四千年历史的民族，在科技进步帮助下，能够获得更有希望更长久的未来。

2月21日，土佐丸号依照计划如期从横滨出发前往神户。日本的轮船好像都可以以火车的速度行驶。为了能尽快到达上海，到达神户后我们换乘了山口丸号，第二天一早就开了船。期间我们经过神户和大阪之间的一个乡村，并且发现那的耕种习俗比东京平原更为高级，耕作强度也更大。那的土地很少，冬天没有任何作物。从图1-20中我们便能看出那的作物紧紧簇拥在房屋和商店周围，还有很多用来收集粪便和制作肥料的水泥蓄水池和水库，那的土壤和农作物凸显了这些堆肥设施的优点。我们还经过了一个1英亩大的花园，里面满是盛开了的紫罗兰，东西向平行地种植着，行距约为3英尺。花床的北部矗立着一个向南倾斜的4英尺高的稻草屏风，与地面成35°角。它看

图1-19　着冬装的庆亲王。

起来像一个烤箱形状的帐篷，起着反射太阳光、削减风力和减缓地温下降的作用。

　　2月24日上午10点，我们离开神户，经过一段愉快的旅行之后，于25日下午5点半到达门司①。尽管夜晚海上雾气笼罩，但我们却将日本整个内海的美景尽收眼底，异常兴奋。这种美只有身临其境亲眼所见才能感受到，无论是任何描述、图画，抑或照片都无法表达。我们到达港口之前已经开始涨潮，海水在九州岛和本州岛之间的海峡里咆哮翻滚着，就像门司和下关之间的那条河一样，显得非常凶险，让人不敢靠近，于是我们只好等到天亮再继续航行。

---

　　①　位于日本九州北部福冈县东北沿海，濒临关门海峡东南侧。

图 1-20　日本神户和大阪之间的农村，新开的土地紧紧围绕在房屋和商店周围。

　　岸上有货物要装载上船，船也需要添煤了，大船刚抛锚，一些小艇便开了过来。晚上 8 点半的时候，那些看上去矮小但却很强壮、敏捷的搬运工便已经完成了任务，将货物和煤通通搬上了船。晚饭之后我们回到甲板，搬运货物的小艇已经不见了，取而代之的是 4 艘装载着 250 吨煤的驳船停在轮船的另一边。这些船在夜间的海上闪闪发亮，大概是因为它们装载着整桶用来照明的正燃烧的煤，或者是表面呈圆锥形的一堆燃烧的煤。通过煤堆底部发出的微弱的光看过去，那堆煤和四周忙碌的人看起来就像一堆乱七八糟的无头蚂蚁。许多男人女人、男孩女孩都弯着腰将煤堆在茶碟形状的筐子里。筐子 8 到 10 个摆成一个半圆，以便于搬运。从煤堆到轮船船沿的扬程是 16 英尺，再沿着轮船甲板通向连接煤舱的斜槽，可以看见许多人都在忙碌着。他们看上去就像一条无穷无尽的人链，俨然是现代化传输装置的雏形，不同的是，这条链的每一环都是人力驱动的。装满煤的煤桶以每分钟 40 到 60 桶的速度一个接一个地由人力运送着，空桶经由下面的一条人链被传送回去。四条这样的传输带 1 小时能传输 100 吨煤，2 个半小时就将 250 吨的煤全部传输完毕。人链中，所有的人都站成一行，他们中的每一个人都是下一个人的上手。负责清空煤桶的是一位妇女，她的背上背着一个 2 岁的小孩。她行动时孩子也随着她来回摇晃，这为整个工作过程增添了不少乐趣。孩子倾斜到某一边太厉害时，这位母亲便会调整孩子的位置。因为双手要忙于工作，所以孩子的母亲总是通过抖动肩膀巧妙地调整孩子的位置。这位母亲看上去很坚强，淡然地接受命运的这些安排。孩子玩弄她头发和耳朵时，她总是面带微笑。或许她的丈夫在人链中某个更艰苦的环节工作着，根本无法顾及妻儿。但 10 点半下工的时候他必然有家能回，而且还有晚餐可吃。在人口数量大大增加的时候，能否提供更好的谋生方法来满足人们的基本生活呢？

清晨我们离开了门司，当晚便到达了美丽的长崎港。大家都在船上等着汽艇载我们上岸，因为我们第二天中午便要离开，观光的时间很短。我们搭着当地的黄包车开始了旅行，首先就近参观了位于陡峭山坡上的一座梯田菜园。来去的路上都铺满了狭长且厚重的石板，道路的一边有开放的排水沟，有时两边都有，排水沟挨着房子，废水经过这些排水沟，有的被排入大海。只有为数不多的几条街道超过 12 英尺宽，街道旁还有些较高的楼阻挡了我们的视线，因此要一眼望尽街道还是有点困难。这里的粪便也是被装在密封的容器里，然后人们用肩膀挑，或者是用牛或马驮，或者是用马车、牛车拖着将它们运走，其他的人挑着满是蔬菜的竹筐从菜园快步走向市场，如图 1-21 所示。有的挑着新鲜的白菜，有的挑着成堆的生菜，有的挑的全是白萝卜，还有的挑着洋葱。路上我们还看到有辆马车上堆放着刚砍下的竹竿，它底部的直径大约 3 英寸，长大约 20 英尺。这儿不管是男人还是女人都带着小孩，而老人们则在街上玩要唱歌。很多老人穿梭在人群中，有的看上去似乎还有些虚弱。一些小狗、野猫，还有公鸡和母鸡都迅速地穿过街道，从一个市场或者商店穿行到另一个市场或商店。在这一排排面向干净街道的商店的后面是一些住宅区，住宅区的大门连着商店，中间几乎没有院子将住宅与商店隔开。在图1-22中我们能看到东方的家庭主妇在选择蔬菜时的麻利和日本蔬菜独特的排列方式。

图1-21　菜贩子挑着担走家串户。

图1-22　日本的蔬菜店铺。中间的是竹笋，性质像芦笋，东方的菜肴普遍使用竹笋。

最后我们到达了海拔 500 到 1000 英尺的山坡，上面布有梯田，山坡很陡峭以致菜园的宽度大约只有 20 到 30 英尺。每块梯田的前面都有一堵石墙，有些石墙高约 12 英尺，还有一些高约 6 英尺，通常都是 4 或者 5 英尺高。图 1-23 展示的正是其中的一个山坡。这些菜园面积都不是很大，多数菜园的三面都有石墙，墙的高度依着山势逐渐递减，地基是用石头砌成的。有了这些墙，也就有了一条上山的小路，路上偶尔有两三个足迹。

每块梯田都微微向下倾斜，但后面一块都比前一块微微凸出。梯田的边缘有一个狭小的排水沟或者垄沟，沟主要用来收集地表水，之后将水引向下水道或者是集水池。集水池里的水可能会被重新引入菜园用于灌溉或者是用来调配液态肥料。梯田菜园的角落有一些水泥坑，这些水泥坑有的被当作集水池用来集水，有的被用来存放小便，还有的被用来调配堆肥。沿着陡峭的山路往上，在路的两边我们还看到了一些成堆的待用的粪便，它们是当地人们用肩膀挑上来的。

图 1-23　长崎一座山上的梯田。

第二章

中国的墓地

中午 11 点 30 分的时候汽艇将船员送回轮船，船长站在船桥上喊"起锚"的命令时，信号灯迅速打开，山口号上的汽笛声回荡在港湾，萦绕在山间。中午 12 点的时候，我们卷起缆绳，离开了山口这座有 15.3 万人口的县城——长崎。在它的东边是拥有 5100 万人口的日本，长崎市是日本的西线门户，16 世纪后成为与西班牙贸易的首要场所，在此之前，它在日本的地位几乎无足轻重。穿越朝鲜海峡之后，我们经过了此次航行的第三个国家，这个国家有 4 亿人口。我们刚离开的日本在过去的 100 年间人口增加迅速，但其土地占有量仍是人均 20 英亩，然而现在经过的这个国家人均土地占有量却仅有 1.5 英亩，接着我们将前往一个人均土地占有量，不管好坏，最多只有 2.4 英亩的国家。在美国，我们用了不到三代人的时间就几乎穷尽了原本十分肥沃的土壤养分，而我们即将前往的这个国家，经过了 3000 年的耕作，土壤仍然肥沃。1 月 30 日，我们跨过了密苏里州的密西西比河的上游，距密西西比河入海口大约有 4000 英里，3 月 1 日我们又到了长江的入海口。长江发源于一个居住着 2 亿人口的盆地。

山口号晚上到达吴淞，并在那停船等待天亮涨潮，好上溯进入黄浦江。一些地理学家分析，黄浦江是长江三角洲早期的三条支流居中的一条，南边的一条在距离 120 英里之外更靠南的杭州进入大海，第三条就是现在这条。我们在三角洲平原上迂回驶向上海——一个到处是租界的城市。上海曾经号称"父辈的墓地"或"祖先的墓地"。三角洲平原点缀许多长满草的土丘，看上去就像草垛一般。人们认为这些土丘也许可以提供堆肥，顺着河流我们靠近这些土丘，穿梭其间就感觉仿佛时光倒流回到了古代人工土墩之国。图 2-1 展示了站在土丘之上向远处眺望的情景。

图 2-1　长江三角洲上的墓地。

我们继续行进在田野之间，土丘一般有 10 到 12 英尺高，底部宽度超过 20 英尺，因为被繁茂的杂草覆盖，所以常常会被人忽视。这些坟墓数量众多，没有任何特别的标记，杂乱分散在田野里，当被告知某个土堆就是坟墓时，我们都难以置信。在到达城区之前，我们看到了一些位于河流旁边的土丘，由于河流改道，一些土丘在水流的冲刷下露出了一些墓砖，这才让我们相信之前看到的土丘就是坟墓。看到这样的情景，让我联想到这些土丘之所以会浸泡在河流中，可能是由于河道淤泥与日俱增，河床逐渐抬升，三角洲平原相对下降的缘故。

图 2-1 的下半部分展现了近距离观察坟墓的情景。它们位于田间，不仅占据了大量宝贵的土地，而且在很大程度上妨碍了耕作。从图 2-1 的中间部分我们能看见另一群坟墓，该墓群位于农场上，这个角度能更好地看到它们占据了多大的面积。从这个角度往右，能看到一排较低的坟墓，共有 6 座。这种坟墓是那种又高又大的类

型，这从照片上半部分的水平线上一看便知。

图 2-2　人们在上海附近的坟丘上放养山羊（上图）；广东地区的坟丘
　　　　（下图）。

　　在中国所到之处，包括一些古老的大城市，我们都发现了坟地占用耕地的情况，而且比例很大。在广州格致书院（Canton Christian College）① 附近的河南岛上，超过50%的土地被用于建筑坟墓。在很多地方，坟墓之间间隔太小，几乎可以从一个坟墓跨到另一个坟墓。坟墓位于地势更高更干旱的地方，而耕地则处于山涧或一些易于获取水的低地处，显然耕地更具生产力。丘陵地不适宜耕种，尤其是城市附近的丘陵，因此这些地方通常被用作墓地，从图 2-2 可以看

---

　　① 该校即岭南大学的前身，校址现为中山大学康乐园，1988 年由美国传教士建立，1916 年更名为"岭南大学"。

出，那里的坟墓是在地上开挖墓穴而不是像平原地区那样堆成土丘。一部分被墓地占用的耕地还是比较肥沃的，因为人们经常会在这些长满杂草的地方放养鹅、绵羊、山羊和牛等畜禽。我们开车沿着运河边行驶的时候，看见一头巨大的水牛站在一座高大的坟丘上，让人感觉它似乎在天边。坟丘上的草如果没被动物吃掉，也会被割下来作饲料、燃料和绿肥使用，或用来制作堆肥，以使土壤更肥沃。

图2-3　菜园中的一座孤厝，两个大的坟丘（上图）；砖制的枢棚（下图）。

图2-3下半部分展示了浙江省大运河沿岸的坟墓群。棺木直接被放置在地上，再用砖搭建墓穴，最后用瓦片建造屋顶。也有些墓地孤独地坐落在墓园中间，如图2-3上半部分所示。这片墓地被稻田围绕，墓地都选择在一些普通的地方，而不像美国都集中在教堂附近。1898年，上海当局把2763具棺木迁出公共租界，另觅地方重新埋葬。

在更北边的山东省，干旱季节很长，草长得也很短。墓地没有任何草木覆盖，几乎完全裸露在外。图2-4中一个农民正在挖一口临时的井，以灌溉他的大麦。而图上的墓地则完全裸露在外，由图可见，近处有7座坟墓，远处大约有40座，用一张底片刚好能将它们都拍摄下来，带上眼镜便隐约可见这片土地上到处都是坟墓，墓地的密度由此可见一斑。

图2-4　山东地区一些被稻田包围的坟墓。这个农民正在挖掘一口临时的井以灌溉干旱的麦地。

再往北，到了直隶省（今河北省），可以看到传说中的家族墓葬群，在靠近北京的地方，如大沽和天津之间的一些地方都很常见，图2-5充分展示了中国的家族墓葬群的风貌。当我们在海河河口即将进入天津时，一片裸露的平原出现在眼前，一直延伸至视野的尽头，平原上有无数古老的坟冢，它们如此奇怪，如此赤裸，排列得如此整齐，数量如此庞大，以至于一个多小时之后我们才意识到它们原来是坟墓。而在这个地区坟墓的数量可能远比活人数量要多，其中还有巨大的坟墓，坟墓顶部构造从远处看类似烟囱，而且很多坟墓的旁边还连着小坟墓，这让我们很难在经过它们时就搞清楚那到底是什么。

图2-5　大沽和天津之间等直隶地区的家族墓葬群。背后最大的墓是父亲的，他的两个孩子的墓矗立在周边。

　　中国有一种风俗，就是一个人即使已经在某个遥远的省份永久定居，他死后也要将遗体带回老家安葬在祖坟里；若不能立即将遗体运回老家，也可以先为遗体选择一个暂时的安放地，最终还是要等待时机带回家乡。这就是经常能看到一些棺材孤独地盖在茅草或稻秆下的原因，如图2-6所示，许多装着死者遗骸的小石坛散落地或成排地摆放在路边、田间和菜园等一些常见的地方，等待被移至最后的安息之地。有人告诉我们，通常还会在棺材底部安放遗体的地方，铺上厚厚的生石灰来吸收水分以保持干燥。

　　在中国，几乎所有地方都有祭奠祖先的风俗。如接下来的两幅插图所示，在每年特定的日子，人们会修理坟茔以避免破损，并且用彩色的纸制作彩带装饰坟墓，如图2-7和图2-8，甚至还在坟墓上点燃冥币。人们认为冥币烧成灰烬后将随着烟雾幻化成为已故者灵魂所需的生活费用。我们通过自己的纪念日来怀念故人，他们也在几个世纪以来坚持着自己的宗教信仰。

图 2-6　临时摆放的棺材，上面覆盖着稻草。照片背后偏右的位置有一些
　　　　坟墓。

图 2-7　近期扫过的坟墓，上面插的纸幡。

　　据说中国人一般在葬礼上的支出约有 100 鹰洋①，相比他们一天
的收入或家庭一年的开销而言，这是一笔不小的开支。若是加上每

---

　　①　鹰洋，墨西哥币。晚清民国年间，外国银元输入中国，墨西哥鹰洋最多。据
清朝宣统二年（1910）调查统计，当时中国所流通的外国银元约有 11 亿枚，其中三
分之一是鹰洋。鹰洋在中国南部、中部各省流通广泛。上海的外国银行发行纸币，在
民国八年（1919）以前都是以墨西哥鹰洋为兑换标准。

图 2-8　一组长满了草的坟墓，坟墓上插着祭祀用的纸幡，可见坟墓占用了大量的耕地。

年祭拜祖先的开支，则数额更显庞大。很难理解人们为何能够在本已拮据的生活状况下承受如此沉重的负担。传教士们坚持认为这是由于他们害怕此生造成的恶果将在来世受到惩罚和鄙视。这些钱是否可视为人们愿意为了在活着的时候获得好名声以及为了表达他们对已故者深厚的怀念而付出的代价？如此看来，在他们悠久的历史中，一个温和、热心、孝顺的人，会相信已故者的灵魂一直徘徊在家中，徘徊在坟墓旁等一系列类似的说法，也就不奇怪了；可以肯定这些现象之间一定存在关联，只有这样才能够长期地、强烈地唤起人们对已故者的回忆。如果这个观点成立，供奉祖先的行为就难以成为判定人们品格的最优标准，一旦人们认识到这一点，就可能减轻祭祀活动给他们带来的沉重负担，人们的生活也将变得更美好，并且能够更多地为如何舒适生活作打算。

即使在我们国家，也很难说已经形成最优化的丧葬制度，所有文明国家在丧葬方面的花费都太过浪费了，而且过程繁琐。只要这种丧葬制度继续下去，我们很容易想象到几个世纪之后世界将面临

图 2-9　一群推独轮车运输火柴的男人。

何种窘境。很明显，所有的国家都需要对丧葬制度进行改革，这非
常重要。

　　轮船停靠在上海的那天，天气很好，之前在横滨给我带来便利
的雨衣显然是用不着了。很多人集中在码头等待做一些零工挣点小
钱，比我们在日本看见的临时工还要多。我们很惊讶地发现这儿的
人都很高大，比在美国看到的中国人高出许多。他们的体格和美国
人的差不多，但是由于体型偏瘦使得他们看起来营养不良。只有看
到他们用扁担挑着几袋棉花的时候你才能知道他们是强壮的人；他
们用独轮手推车推着较重的货物穿过乡村做长距离运输，如图 2-9
所示，可见他们的耐力。运输工是一种最常见的职业，从业者多是
中国的妇女，你可能看到她们四个、六个甚至八个人一起，在一个
男人的领导下，推独轮车载货。

第三章

香港和广东

我们已经了解了这些"古老"农民是如何在这么狭小的空间内以低廉的价格供应数百万人的吃和穿，他们的民族依靠这些"古老"农民的辛勤劳动维持了几千年。现在，我们渴望见到这些"古老"农民在田地里工作的样子。目前太阳仍然在赤道南方，每天往北移动12英里，为了节省时间，我们定了下一班轮船，马不停蹄地赶往香港，照这样安排行程，我们恰好能和春天在广州碰面。我们越过北回归线，向南航行600英里，之后再乘这艘船返回。

3月4日早晨，土佐丸号起锚出航，驶进了长江，随着退潮的激浪不断加速。舵手正准备驾船穿过一个狭窄的峡谷，河水呈棕色，就像雨后的波拖马可河一样混浊。在离海70英里的地方是大戢山岛①，岛上有一座灯塔和一个能接收6个频道的通信站。我们的船就是在这附近遇到退潮的，轮船驶过后激起的浪向两边翻滚，一眼望不到尽头。此时，进入季节性枯水期的长江水位很低。长久以来，长江这条生命之河，在没有挖掘机、没有驳船、没有燃料和人力的情况下从未断流，一直上溯到遥远的西藏，巨大的落差使得水流能够从上游裹挟着泥土奔走两三千英里，经过长期的沉积，一点一点地在入海口慢慢形成了世界上最肥沃的土壤，并造就了最优秀的农业。沿长江顺风而上，经过绵延600英里肥沃的冲积平原，就是汉口—武昌—汉阳城，那里居住着177万人，可是他们只集中在半径4英里的区域内生活和经商。小型轮船则能上行到1000英里、海拔130英尺的地方。

即使到现在，在气流、潮汐和人类的共同作用下，这些褐色浑浊的海水仍不断地冲击海岸，形成更多肥沃的三角洲平原，因而也有许多人到此安家。在过去的25年间，崇明岛每年增加的长度接近

---

① 大戢山岛（Gutzlaff Island）位于上海吴淞口外。

1800 英尺，现今岛上居住着 100 万人口。岛上 270 平方英里肥沃的平原上种植着水稻、小麦、棉花和红薯等作物。500 年前这儿就只有河道砂和淤泥。然而现在，每平方英里的土地上已有 3700 个人居住。

我们向南继续航行来到一片安静的大海上，放眼望去，沿途近海的岛屿就如同在日本时看见的一样，植被稀少，连较低级的草本灌木都很少有，几乎没有任何森林覆盖，各种绿色植物都很罕见。哈里森船长告诉我，这儿全年基本都不会有类似北方那么茂盛的草皮，但是这个小岛夏季雨水丰沛，这就使得人们难以理解为什么草在这里难以生长。

3 月 7 日是星期天，早晨我们先经过一大片炼糖厂，随后发现我们进入了狭长而美丽的香港港湾。这里停泊着 5 艘战列舰和几艘大型远洋轮船，还有许多船只泊在岸边，其中的一些拉货的小船一年的总吨位大约能有 2000 万到 3000 万吨。香港位于东印度洋台风地带，尽管北部有一座大的岛屿在一定程度上能阻挡台风，减少其破坏，但 1906 年 9 月的一次台风仍使得 9 艘战列舰沉没，23 艘船被掀上海岸，另有 21 艘船只遭严重损坏。小船的损失更为严重，据报道死亡一千多人。

我们的轮船没有驶向码头，而是在日本邮船株式会社船的带领下，穿梭在漫长的海岸线和高陡的山坡之间，最终来到一个很有西雅图感觉的城市。这儿的悬崖可连接至人行道，但它太陡峭了，没有人敢攀爬。峭壁上满是各种蕨类植物、小竹子、棕榈、树藤和开花的灌木，中间还夹杂着一些松树和大榕树。这些植物在热带的景观里加入了些许北方的感觉，美景一直蔓延着，最终消失在笼罩天空的薄雾里。我们在那儿的时候，整个城市和港口一直都有这种景观，延续着直到超出新老九龙的界限。

香港岛大约 11 英里长，2 至 5 英里宽，岛上一座高 1825 英尺的山峰上有一座信号灯。地面上空有一条缆车索道，巨缆的另一头每 15 到 20 分钟就有一辆缆车驶上斜坡，另一端则有一辆缆车驶下。索道交通为居住在城市周围的人到山下从事商业活动，或到山上享受宜人的空气带来了便利。四通八达的道路在城市上空沿着山坡延伸，层级分明，配有排水沟和桥梁。人们可以在这些道路上步行，可以骑马，可以坐黄包车或坐轿子，但是搭乘四轮马车就显得窄了。我们选择从跑马地的一边开始沿路攀登，到达山顶后又从另一边下山。山上云雾缭绕，在攀登的过程中偶尔能瞥见山顶，当我们俯视高架桥纵贯的城市和停泊着轮船的港口时，所看到的景色对世界上其他任何一个地方的人来说都是最美、最稀有、最珍贵的。这个时候正是候鸟开始向北迁徙的季节，树林中各种植物的种类开始变得纷繁复杂。

许多香港妇女和男人一样从事着繁重的体力劳动，她们将沙子和碎石从码头搬运到街上陡坡的顶端，这些沙子和碎石将用于调制混凝土碎石料。尽管工作繁重，但是她们都不觉苦，步伐仍很稳健。香港人比上海人身材要矮小些，酷似在美国的华人。但是不管是男人还是女人，都很敏捷和强壮。在这儿的街上我们第一次看到用锯子锯木头，他们的姿势如图 3-1 所示。这里的木板都是樟木木板。在温暖潮湿的天气里，男人们总是打着赤膊，将裤脚卷至膝盖，在脖子上围一条擦汗的毛巾。

也是在这儿，我们第一次见到了四层和六层的建筑。这些建筑在搭建的过程中没有用到锯子、锤子和钉子，没有破坏森林，没有浪费木材，并且在建造和搬运的过程中消耗最少的人力。木杆和竹茎没有经过任何裁剪，两端就被相互重叠着捆扎在一起，虽然留有空隙，但可以不使用钉子。搬运过程中也不会有任何的浪费，除了

图 3-1　中国锯木头常用的方法。

用于捆绑的部分，其余每部分都可以重复利用。人们用肩膀挑起扁担沿着陡峭的楼梯一级一级拾级而上，将砂浆运上六层高的花岗岩建筑。这种方式是香港盛行的最便宜的起重方式，因为可用劳动力非常充足。

香港以及其他一些城市的商店都有新泽西州生产的胜家牌（Singer）缝纫机出售，它们大多是由中国人购买并操作，运费是提前预付的，价格是美国零售价格的三分之二。可见这样的价格对本土产销的厂商来说有很大利润，对于外贸而言，即使扣除掉运费，也仍有很高的回报。

图 3-2　香港岛上的跑马地以及零散分布的梯田和民居

　　在中国、朝鲜和日本我们一直忙碌着，一天也没有休息。星期天下午我们在跑马地漫步，尽管当时下着雨，空气潮湿，山谷中还笼罩着薄雾，我们仍看见人们都在田间忙着。有的忙着种植作物，有的忙着收获蔬菜以便拿到市场销售，有的忙着给作物施肥，有的甚至还给一些作物浇水。转过头来，我们被一个四周围着土墙的院子所吸引，沿着一条曲折的道路，我们走进这个院子，里面有摆放着许多半灌木性质的绿色盆栽，它们被修整成人形，枝丫就是人的四肢，主干就是人的身体，主干之上的一部分还被修整成类似人头的形状，如图 3-3 所示。在中国各地都种植有各式各样的盆栽，包括一些矮小的作物，它们主要是卖给富有人家。

图 3-3　中国香港跑马地的花园。

图 3-4　位于中国香港跑马地的花园。

观察图 3-4，读者势必可以发现这里的耕作是如此的精细，这里的园艺又是如此的精致和高效，这土地的生产力被发挥得淋漓尽致。当人们停下来详细考察整个园林工作，预想会看到一个穿着整齐、工作仔细、勤劳节俭的农民在经过一天的辛勤劳作之后,虽然倍感辛苦,但满足感仍溢于言表。如果你是在花园或者是在家里碰到一位农民,并且这位农民仍穿着下地干活时的衣服,那么你可能会感到很失望,甚至会产生厌恶的感觉。但是又有谁愿意因为穿着而受到歧视呢?当我们在田间或是花园里散步时,我们经常会以蔑视的态度看待这些农民,看不起他们,低估他们的能力。然而,当我们认识到彼此之间存在共同利益,我们就会摒弃以貌取人的丑恶嘴脸。正是这些没有大智慧却有着惊人毅力的农民通过自己的劳动养活了几百万人,并且世世代代承担着繁重税收用于支持国家建设,甚至是不必要的战争。不仅如此,正是站在我们面前的人使得人类保持了繁衍不息的种子,并把这些种子养育得如此健壮,使得人类文明的潮流健康奔涌,尽管也会遇到重重困难。

图3-5　收集液肥的缸。右侧是一堆灰和一堆粪肥,都是准备上到菜园里去的。

　　这里的农民不仅在耕作时非常细致谨慎，在选择土地的肥料时也很严格，因为他们发现没有哪项工作比选择肥料能够带来更高的回报了。另外还需要一些开支来购买如图 3-5 所示的容器。这种容器可以用于每家每户收集粪便，以减少购买粪肥的开支，还能用于存储其他一些液体肥料。在这些土罐右边有一堆灰和一堆肥料。这些材料都被保存下来，以最有效的方式加以利用，培肥土壤，滋养作物。

图 3-6　直径四分之三英寸的铁管，从山脚引水浇菜园或稀释水粪。

　　一般来说，液体的肥料在施用之前都要稀释，因此，丰富便利的水供给是十分必要的。图 3-6 所示的是中国人采用现代化的镀锌铁管将跑马地山坡上的水引入自己的花园的情景。在引水槽的一边是装有粪便的盖起来的木桶，可能是从一英里之外挑来的。这些粪便都是经过稀释之后才使用。但更为常见的供水方法，如图 3-7 所示，是在地表上开凿运河或者沟渠用于引水，之后在梯田或花园的一角修建一个小水库贮水，多余的水便流到下一级梯田，这样，便可保持长期的水供给。在图 3-7 的右上角隐约可见两个装肥料的容器，水库旁边还有一个。在地势较低的梯田里种植的是水芹，较高的梯田里种的也是水芹。每年的这个季节，水芹是跑马地的梯田里种植最为广泛的作物。

漫步在花园和零星分布的房子之间，我们看到一个猪圈，猪圈的地面用石头铺设而成，很光滑，也很干净，看上去就像房子里的地板一样。尽管无法从这个猪圈了解到更多的信息，但我相信猪粪都被收集起来，并装在一些容器里用作肥料了。

图 3-7　梯田中央挖有蓄水池，三个盛液肥的桶，前面还有一池子水芹。

3月8日晚上，多云，我们离开香港前往广州。当我们回望香港时，景色美得让人惊叹。我们被三个城市深深吸引：一个是霓虹闪烁的香港，她从陡峭的山坡上崛起，香港的夜空布满星辰，闪闪发亮；第二个城市是分别位于港口两边的新老九龙；第三个城市在这两个城市之间，被空旷的沙滩隔开，满是各种小船、平底船的半岛型城市。这些船都受到警察的监管，夕阳西下时停泊在各街区，朝阳升起时又各自散开。夜晚，特定时间之后，除了在特定的码头得

图 3-8 已经种植了两季水稻的土地现在又种上了蔬菜和绿肥。

到警察允许，没人能够穿过闲置的水域离开岸边。这些警察掌握有小船的编号和船主的姓名。海港上空，三个大型探照灯不停扫描着整个港口，探照灯的灯光突然打到船身，如同火焰突然熄灭之后又突然燃烧起来，让人感到惊奇。这便是这个半岛型城市亮灯和管理的方式，人们还采取了一些其他措施来减少偷渡，防止一些人总在夜间将小船开出，之后就杳无音讯了。

由水路前往广州大约有 90 英里，第二天清晨我们的船便停泊在沙面租界。之前总领事阿莫斯·P. 维德尔①致电广州基督学院通报我们的行程，因此他们派了一艘小船直接把我们带到了他们位于河南岛上的总部。河南岛位于一个很大的三角洲平原上，靠近广州的

①　中文名维礼德，美国缅因州人。1906 年任驻香港总领事一职，1909 年调任美国驻上海总领事，直到 1914 年。

南部，该三角洲平原由西江、北江和东江经过几个世纪的冲积而成，是广州最为肥沃的土地。由于三角洲平原上人口稠密，土地一经成型，便被开垦为一块块方方正正的农田，耕作成了最肥沃的土地，为人们提供了充沛的粮食、燃料和服装原材料。

在河南岛上我们第一次去了墓地，对中国的丧葬开始有了了解。广州格致书院就坐落在这片墓地中间。我们得知坟墓不管多么老旧是不能乱动的。校园开放建设要么慢慢等待必需的移坟许可，要么就把馆舍修建在并非最适宜的地方。有一群牛正在墓地中间吃草，周围还有一群鹅，大约250只。这些鹅都是棕色的，其中的三分之二已经长成。几个男孩正在放养这些鹅，把它们的活动范围限制在这片墓地和邻近的一条小河内。在广州，一只长成的鹅售价是1.20元（墨西哥币），不到52美分（金币）。尽管如此，一个每天工资只有10到15美分的人又怎么能买得起呢？在这里，我们了解到中国人是怎样想尽一切办法利用阳光雨露不懈耕作以养家糊口的。这里的水稻都是两熟制，如图3-8所示，在田埂上农民们还会种植一些蔬菜，以备冬天之需。

在这种高强度的种植制度下，土壤的肥力几乎耗尽，所以土地急需施用一些肥料或一些能迅速融入土壤的物质以保持土地现有的生产力。我们发现这和跑马地一样，人们都需要花费大量的人力物力来制作肥料。图3-9所示的轮船是今天早晨到达的，它将两吨粪便从广州运到这里，现在农民们正忙着稀释它们并施用于田间。农民将肥料装在桶里，然后用肩膀将它们扛到田间，其中每英亩的施用率是16000加仑①。农民将裤脚卷到膝盖之上，光着脚丫站在田间，然后再用一个长柄勺舀起粪便，将它倒入垄沟中的水里，一勺

---

① 1加仑约相当于0.004立方米。

的容量差不多有一加仑。这是他们给作物施肥的诸多方法中的一种。

图 3-9　河南岛上从广州来的粪船。

在河南岛上，有一种施肥方法我们之前都没见到过。这里的人会用小船收集大量的运河淤泥，然后将它们运往田间，但他们并不是直接施用这些淤泥而是将其堆放在田边晒干之后再施用。在这里用于作物追肥和底肥的物质都是人畜粪便，一般来说人畜粪便会污染环境，进而妨碍一个地区产业的发展，但是中国人却将它们充分利用于农业生产，发挥了它们的本质作用。粪便需要加以利用，可以施用于田间，但美国人却将它们排入大海。如果我们每天将 100万成年人的粪便施用于田间，那么每天就能给土壤带来一吨多（大约 2712 磅）的磷和两吨多（大约 4488 磅）的钾。运河的淤泥若得不到定期清理就会阻塞河道，然而它们却富含有机质，应该将它们挖出来加以利用。淤泥施用于田间会增加土壤中的腐殖质，同时还能改善运河的排水情况。基于这些原因，使用原本被视为废物的淤泥作为肥料，同时也更有效地利用了本来要用来疏浚河道的劳动力。

在早晨乘船前往广州格致书院和其他三所学校的路上，我们发现周围的一切都是如此新奇，让人兴趣十足。当看到住在河边的那些居民时，我们感到非常惊讶。他们的眼睛都很明亮，肌肉发达，脸上总是洋溢着笑容，妇女、儿童和老人更是如此，无论老少。总是看到一个或多个女子，最常见的是母亲和女儿，很多时候是祖母，头发灰白、满脸皱纹而依然强壮，飞快而有力地驾驶着各式各样的船，有帆船、家居船以及舢板船。船对这里的居民来说，既是家，又是营生的场所，因此在船上经常能看见夫妻两人，或者一家人生活劳作的情景。孩子们有时候会通过隐蔽的小洞窥视周围的一切，有时候还会紧紧拉着一根绳子，以防落水。有时候孩子们甚至也用这种方式把猫吊在水面上。人们在船上高悬的笼子里饲养母鸡，它们偶尔探出脑袋，伸长脖子到处张望。不管是男人、女人、男孩、女孩，所有的人都一起用力摇着船桨，几乎都不戴帽子，穿着短裤，光着脚丫。他们每天都暴露在阳光云雾下，起早贪黑地在潮汐席卷的运河上工作，没有机会沾染城镇里的恶习，这些孩子长大后一定会很强健而且会很成功。这里的女人给我们的印象是，她们比男人更充满活力，拥有更好的工作状态。

很多船上都出售热气腾腾的菜，其中包括粽子。粽子的制作方法是用粽叶把米包住，三个粽子捆成一串放进锅里蒸，顾客购买时直接从锅里取出来。来来往往的小船上会有乘客购买粽子，或者买点热水泡茶，还有一些人会买一小块正方形的棉布，把它放入热水中，拧干后用来擦脸和手，用完后再交还给卖家。

没有任何东西能比日常使用的最小面值货币更好地反映生存压力和小规模经济体的状况了。美国的东海岸是世界上最不关注小规模经济体的地方。那的镍币是流通硬币中价值最小的，大约只是一美元的二十分之一。在美国的其他地方和大部分英语国家，100 美分

与半便士等值。俄罗斯 170 戈比（kopecks）、墨西哥比索的 200 分
（centavos）、法国 250 个生丁（two-centime）和奥匈帝国 250 个黑勒
尔（two-heller）都与一美元等值。而德币 400 芬尼、印度 400 派
（pie）与一美元等值。同样的，芬兰币 500 便士（penni）、保加利亚
500 斯托丁基（stotinki）、意大利 500 分（centesimi）和 500 个荷兰
半分币都与一美元等值。然而在中国，他们的货币单位更小，1500
到 2000 个铜钱才相当于一美元。他们货币的购买力随着每日的银价
上下波动。

当我们在山东询问当地农民农产品的卖价时，他们这样回答：
"35 吊铜钱可以买 420 斤小麦，12 到 14 吊钱可以买 1000 斤麦秸。"
按照翻译的说法，1 吊钱相当于 40 分（墨西哥币），而一吊铜钱大
约有 250 个。我们两次看到一辆满载着吊钱的独轮推车穿过上海的
街道。有些钱币暴露在外，表明车上装满了钱。在青岛，那里的搬
运工把货物从船上卸下来，堆放到码头或者仓库之后才能得到几吊
钱。老板站在门口，脚边放着一个装着吊钱的粮袋。他们一手从搬
运工手里接过竹签，一手将钱吊递给工人。

买热水时旁边会放置一些提示牌。我们搭乘由一对母女驾驶的
小船上了岸。小船的中间被布置成一个小客厅，里面的餐柜上放有
一个容器，很像我们的电锅，容器可以保温，以便随时泡茶。这个
装置和用热水泡茶的习俗是几千年之前延续下来的，很多人都喝茶，
以此来抵御伤寒和其他一些疾病。人们很少生吃蔬菜，除了一些加
盐腌制的，几乎所有的食物都是煮熟之后再食用。卖鱼和猪肉的船
在众多帆船之间穿梭，船上有一个隔间，里面贮存着运河里的水，
以保持鱼的鲜活。在街市上，鱼被放在一个大盆里，盆里插有一根
导管，将处于高处的水箱里的水引入盆中。活鱼经常是当着顾客的
面被切成片，没卖出的部分仍会被扔回水里。家禽类主要是活禽交

易，但是我们也经常看见烤成棕色的鸡鸭被悬挂在狭窄的街面上，上面有凉篷遮住阳光，凉篷的顶有个牡蛎大小的孔，依稀有几束阳光从孔里透进来。这些鸡鸭已经经热油炸过，但人们在食用前还是会将它们煮热。这些熟食都非常干净，大都经过严格的消毒。

有一件事我们始终不能完全理解，无论我们到哪里，住家里的苍蝇都很少。中国、朝鲜和日本的旅行让我们在夏季享受了从未有过的舒畅，因为旅行中没有苍蝇的吵闹。这次经历会如此独特主要是因为我们选择的出游时节，四月的佛罗里达苍蝇满天，用餐时总是要用到苍蝇拍。如果在佛罗里达人们能厉行节约，控制垃圾的数量，对健康影响很大的苍蝇也会随之减少，那么这就是一个重大的进步。每年苍蝇都大量繁殖，直到令人无法忍受，人们才开始采取遏制措施，投入数百万的花费用于制造屏障和并不是很有效的药水。

运河上使用的设备以及广州商店里使用的机械都充分证明中国拥有较高层次的生产制造能力，尽管这些机械设备还比较简单。图3-10展示的简单却很实用的人力装置，可以充分证明这个观点。图中一位父亲带着两个儿子用脚踩动该装置汲水，10小时即可灌溉7.5英亩地，花费36至45美分，其中包括工资和食物花销。附近还停着几艘能装载30至100人的轮船，这些轮船也都是由人力推动前进的。由于船的大小有别，男人或排成一排或排成两排工作着。船票是每15英里1美分，费用仅相当于我们在美国乘火车行驶同样里程的三十分之一。广州周围运河和水道的清理及疏浚工作也都是由依靠人力的挖泥船完成的，这些工作通常由居住在挖泥船停泊水域周边的家庭来完成。还要用到一套深水清淤工具，由两根很粗的竹竿和一个可转动刮板组成。其中一根竹竿与刮板的一端固定在一起，另一根长竹竿与刮板另一端连接，用于控制刮板。刮板由三个或更多的人拉动一根缠绕在人力装置轮轴上的绳子带动运作。当刮板被举出水面时，操作竹竿使刮板向岸边摆动，清空后再挥动穿过杠杆较低一端的绳子将刮板送回水底，这杠杆的工作原理和古井打水装置一样。通过这种方式收集到的淤泥被施用于周边乡村的稻田或桑树园中。因此，运河的河床一直是空的，田里淤泥的厚度也一直在洪水水位之上逐年抬升，而他们土地的生产力则通过淤泥沉积物中的各种植物养料和有机质得以维持。

图 3-10　中国的人力水车，通过脚踩驱动木质链条将水抽到田里进行灌溉。

　　在广东和其他地方，类似于陀螺的机械原理被应用于操作小钻头以及制造装饰性陶器的磨削和抛光用具上。用于金属钻孔的钻头安置在竹子的直轴上，在竹子的上端安装有一个圆形的砝码。钻头是通过一对绳索驱动的，一条系在砝码的下方，另一条系在十字手杆的末端。通过操控十字手杆带动钻头传动。工作时将钻头放在适当的位置，然后转动竹竿。两条绳索以这种方式缠绕使得握在两只手上的手杆上的向下的压力解开绳索，最终使钻头旋转。在适当的时候减小压力，旋转中砝码的冲力使得绳索重新缠绕，再次向下压则能带动钻头再次转动。

第四章

上溯西江

3月10日的早晨,我们乘坐南宁号渡轮沿西江行驶220英里前往广西的梧州。南宁号是两艘英国同型轮船中的一艘,两艘船定期在这两地之间行驶,在1906年夏季的一次旅行途中,其中一艘船遭遇海盗袭击,所有乘载船员和头等舱乘客都遭杀害。据说遭受这次袭击的原因是,破坏性的洪水毁坏了三角洲的稻谷和桑树园,阻断了粪便和豆糟的运输,这些导致位于山上的茶园因肥料短缺而大幅度减产,三种主要农作物的绝收最终招致了严重的饥荒。为了避免悲剧再次发生,南宁号的头等舱已经被贯穿于舱板和舱口的铁格栅隔开,前往头等舱的通道上着锁并设有武装守卫,头等舱标杆上挂着剑,非常像我们客车里的锯和斧头。英国和中国的炮艇都到江上巡逻,所有的中国旅客在上船时都需要接受搜查是否私藏武器,上船之后即使政府士兵携带的武器也将被收监直到旅程结束。在江上行驶的一些载有贵重货物的大型中国商用帆船还配备了小型机关炮。当我们乘火车从广东到三水时,一个政府的缉盗员就坐在车厢里。

西江是中国同时也算得上是世界最大的河流之一。在枯水季节,流经梧州水位较低的一段河道宽约一英里,我们的船在水深24英尺的地方抛锚,挨着一个可浮动的码头,这个码头之所以能够漂浮在固定位置是因为其上拴有巨大的铁链,铁链沿着码头的斜坡朝市区方向延伸,足有300英尺长,这使得码头在雨季洪水时期可随水位上升26英尺。西江蜿蜒穿过瑞兴峡谷的时候,即使在枯水季节,在水位低端处的深度也超过25英寻①,这个水位太深以致船无法抛锚。因此在大雾的时候,人们一般都会停船等待天气放晴。河流的落差波动限制了通往梧州的船舶,水位低处仅有6.5英尺,水位高处可达16英尺。

当西江夹带着泥沙从高原奔流而下与北江和东江汇聚时,它已

① 1英寻=1.8288米。

经进入了巨大的三角洲平原，方圆 6400 平方英里。人们已经在这片平原开凿运河、筑堤、排水，将其转化成最多产的沃土，单位土地上每年至少种植 3 种作物。当向西经过三角洲时，我们看见一片平坦田野四周筑起了堤坝以抵御外围过高的水位，这些土地已经被治理平整，等待稻谷的播种。许多地方的人们还在田野的堤坝上种植香蕉，远处看起来这更像是一片果园，人们完全看不见田野里种植的作物。若不是有水和堤坝，眼前的景象很容易使人误以为正身处早春播种时节的美国西部大草原。农家分散地分布着，这意味着我们距离村庄还很遥远。靠近这些房屋时，我们发现在屋顶的两侧都覆盖着稻草。大堤上修了不少泄洪闸，一般都是两道闸门。

好几次我们靠近田野去观察土地是如何划分的。每块土地都从沿着运河设置的闸门开始向内延伸，宽约 6 到 8 英尺，有的水渠约有 80 或 100 杆那么长，土地边角被修葺成直角，挨着堤坝的两端都被开成沟，介于两条沟之间的土地被犁得又长又直，大约两根木棒那么宽，彼此被中间的水沟隔开。大部分土地都用于种植甘蔗，此时甘蔗已经生长到 8 尺高了。中国的制糖方法是将甘蔗汁液加热，直到其中的糖分凝结成块，这些糖块看起来像巧克力，或者类似我们棕色的枫糖。大量蔗糖出售到北部省份，用席子或其他覆盖物缠绕扎捆成包，运送到零售市场，出售时将糖块切成小块，剥去覆盖物即可食用，就像吃糖果一样。

这条水道太宽了，即使戴上眼镜也难以详细观察两边土地和庄稼的情况。远处看去，大部分堤坝好像是用石灰石砌成，仔细查看才知道它是用河泥制造的砖砌成，这些泥砖堆砌成墙的时候都略微倾斜。泥块干后，堤坝就变成圆滑的泥墙了。

在船上我们看见靠近岸边停着一条船，有两个人的家就安在这船上，他们饲养了成百上千只黄色的小鸭子，船尾边缘成圆形并悬伸的一大块，上面有草堆和别的一些东西供饲养用，鸭和鹅就在这条河中觅食，船成了它们浮动的家。鸭群或鹅群可以上船过夜，有时会被赶上岸，船也可能移动到别处以便放养这些水禽。

在三角洲平原上向西行进大概5小时，我们就到了桑树种植地区，那里的田地水位比此处高6到10英尺。这里的作物成排种植着，排距大约4英尺，都是些小灌木，这些灌木非常像棉花，以至于最初我们以为到了广阔的棉花种植区。地势更低区域被海堤围绕着，部分地块的划分方式类似意大利人或英国人早期划分水草地的方式。一条条沿着地垄延伸，一条更深更宽的灌溉渠道沿着犁开的土地延伸着，与这些较浅的灌溉沟渠垂直交叉。在灌溉沟渠被挖掘之前，桑树就占据了整片土地，桑树周边覆盖着挖掘沟渠带出的新鲜泥土，可以看见未经敲碎的大土块。从图4-1中我们可以看到在广东和三水之间的桑树园，土地经过相同处理，用铁锹从深沟中挖出的泥土环绕着植物，甚至都堆满了植物与植物之间空余的地方。

图4-1　桑树周边堆满了挖掘沟渠过程中带出的新鲜泥土，将土地划分成垄。

在沿着河大约四分之一英里的距离内，我们发现男女共 31 人用竹篮装着泥，再用扁担挑着竹篮来回搬运这些泥土，这些泥土开挖的位置都恰好在水位线之上。在沿河两岸人们经常能看见挖掘和运输泥土的情景。毫无疑问，这些泥土将覆盖在桑树周边。恰好这里正在下雨，就像魔术一样，从地里一下冒出了非常多大大的斗笠和油纸伞，而下雨前还没看到有这么多人。在下午 1 点至 6 点这段时间里，我们一直在桑园里穿行，行程有好几英里，可见这片桑园的面积是相当大的。随着我们逐渐接近三角洲的边缘，桑园数量开始减少，取而代之的是各种谷类、豆类和蔬菜。

离开三角洲平原后，紧接着我们又穿过一个山区来到了梧州，复杂的地势也让我们的旅途更加充实。山势从河岸开始陡然升高，因此山区的耕地资源相对较少，并且通常在 500 到 1000 英尺高的山上，这种圆圆的、土壤覆盖的山顶及山顶四周都生长着矮小的草本植物，还零星分散着一些树木，通常都是 4 到 16 英尺高的松树。图 4-2 就是这类区域的典型地貌。

沿河两岸的几个地区承受着严重的水土流失，形成了一些大小不一的裸露的沟壑。但是相比之下，还是陡峭的山势更让我们感到吃惊，到处可见山丘凸出的轮廓，山丘表明山体表面覆盖有土壤，长满了草本植物，中间零星点缀着一些小树。这儿的森林覆盖率不高，主要是由于人为原因而不是自然条件的限制。

山区河段最具特色、最持久的人类活动印迹便是堆放在河岸边成捆的灌木和柴火，它们会被装载上船运到市场上出售。这些灌木主要是松树，绑扎成捆后会被按照堆放粮食的方式堆放着。柴火则主要是直径为 2 至 5 英寸的去皮之后的枝桠。所有这些将被用作燃料的枝桠都来自山后的村庄，村民顺着山势开辟了一些极为陡峭的小道，他们将砍来的柴火顺着这些滑道送到山脚，再搬运到河岸边上。河道像条上山的路，十分陡峭，人是无法攀爬的。这些燃料被堆放在驳船的船篷上，下雨的时候雨水会从船篷上连接的管道流出，避免淋湿柴火。在村庄里，木材也是以图4-2所示的方式堆放在一起。这些木材将被运往广州和三角洲其他一些城市，而树枝则会被用于烧制石灰或水泥，这些石灰窑大多分布在河流沿岸。显然，整棵树都将被用作燃料，包括树根和一些很细小的树枝都被利用，没有任何部分被浪费。

图4-2　西江上遍布数目的山包，江边的船上装满柴火。

溯流而上的南宁号，货舱里装载的主要是广州运来编制席子的席草，席草像捆麦子一样被成捆扎起来。席草种植在三角洲平原那些地势较低的新开土地上，种植方法和水稻类似，图4-3展示了一块和在日本见到的一样的席草地。

席草被带到西江支流的一个村子里，村子里的人们主要以纺织为生。我们的轮船在距离村子上游 45 英里的地方与村子的帆船队相遇。返航的时候，我们再次碰见了船队，这回船队满载着编好的席子。中国人有自己一套简单独特的方法来记录搬运工的工作量。每个挑夫挑两捆草席，手持一对当做货签的木条，在上下船的跳板上坐着一个提着木签箱子的男人，箱子里有 20 格，每格子最多能装 5 只木签。当草席被卸下船之后，木签就会被放回箱子里。箱子里的木签数达到 100 根后，就会用另一个空箱子。

图 4-3　水稻田和席草田。黑色地块长的是席草。

梧州市大约有 65000 居民。城市坐落在距离河流较远并且较高的地方。因此停靠在岸边的船上我们并不能看见城市，在河边下船时也看不到。从城市到河边浮动码头这一段，顺着固定码头用的铁链，聚集着一群水上人家，他们的居住环境比印第安人的棚屋好不了多少，却从事着各种各样的工作。夜晚的时候水牛会被拴在锚链上。每年的 7 月之前，这大部分地方都位于西江高潮水位线以下。

我们靠岸时看见一个造船工正用一把简单而有效的弓形摇钻，不厌其烦地把船壳板上的孔眼都钉上形状简单却很有用的销钉，另一个造船工正努力弯曲船壳板到合适的弧度。弓形摇钻的一端是带有钻头的竹竿，另一端是一个肩托。把钻头放在工作面上，用肩托按紧，钻头就被缠在钻杆周围的带子带动，长弓一进一退，快速地来回转动钻头，孔就钻成了。

图 4-4　用简单的办法制作成的木叉。

　　把那个 8 英寸宽、3 英寸厚的又长又重的船壳板弄弯则相对比较容易。船壳板被水浸透，一端被架在一个高出地面 4 英尺的支撑物上，人们在壳板下方挥动一捆燃烧着的稻草来烘干湿壳板。在自身重力作用下，烘干之后壳板将弯曲成所需的形状。弯曲或者拉直竹竿通常也是采用这种方式。图 4-4 所示的木制叉子也是用这种方式做成的，可以看出做叉子的树不是很大，是用一棵有三个枝条的小树弯成的。我的翻译的手里拿的就是这个木叉，是站在右边的女人用来叉小麦的。

　　当完成了壳板的塑形工作之后，年迈的造船工便会坐到地上抽烟休息。他的烟斗是用一段长一英尺，直径近两英寸的竹茎做成的。

烟斗一端是空的，一端是烟锅。往烟锅中放进一撮烟草，咬住烟管空的一头，用火柴点燃烟草，使劲一抽，烟锅就点燃了。他把烟锅放在两腿中间的地面上尽情地享受烟草的味道。老人会把嘴唇贴近烟锅，然后鼓起腮帮，深吸一口气，烟就被深深地吸入肚中，保留很长一段时间，再吐出来，老人自然呼吸一次，之后再继续吸烟。

图4-5　广州附近三水地区的田园。

图4-6　二季水稻收割后种植豌豆过冬。田间有三条平行的水渠。

返回广州后，我们乘火车继续旅程。我们带了一名翻译一起去三水，继续考察沿途的农田。图4-5展现了那里的风景，图上有一名妇女正在整齐的苗圃中挑选玫瑰，离她最近的建筑物前面有两排盛粪便的容器，后院中间是一个大库房，对贮藏粮食来说，这块地能够发挥类似我国冷库的功能。富有人家还利用这种设施储藏过冬的皮革服装，以保安全。这种仓库在这些地区非常流行，还以它们的数量来判断各城市的级别。图上展示的这个圆锥形的小山包是该地区比较大的一个坟墓，山后还有许多坟墓绵延排列着直到天际。

图4-6展示的是另一种风景。在第二季水稻收割之后留下的间隙之间种植冬豌豆，豆藤正沿着竹竿往上爬。前方是一条水渠，第二条在双垄之后，第三条水渠在房屋前经过。现在，第一季水稻收割之后农田的整理工作已经全部就绪，灌溉工作和施肥工作也已经完成。当时我们正看到一个农民在挑粪，他费力地蹚过水，把竹筐倒空。

图4-7　给水田上肥以备水稻种植，稻田附近种植着适合冬季的豆类，背
　　　　后是民居。

中国南方一般都种双季稻，在冬季或者早春时节，田里可能还

会种植其他谷物、卷心菜、油菜、豌豆、黄豆、韭菜和姜等农作物，这就是第三季甚至第四季作物，不停地轮作以使农田全年食物总产量最大化。由此人们需要花费大量的精力用于思考、劳作和积肥，这些工作超过了美国人所能接受的极限。图4-8展示了人们付出的这些努力能够带来多大的收获，图中两块土地上起着田垄，种有姜并覆盖着稻草，这些工作全部由手工完成，等到了种植水稻的季节，所有的田垄将会被推平。即使不种水稻，农民们也会将田垄翻整，使得深层的土地能够得到利用。很多人持有这样的观点，他们认为这些人使用的工具太简单，只是稍微整理了农田的表面，这种说法并不是事实，他们不但全面耕地，而且耕地次数频繁，尽管他们的犁可能不适于深翻土地，就像在这里见到的一样。

图4-8 两季水稻之后田里刚种上姜，要起垄、挖沟排水，可见种植冬季庄稼所费辛苦之大。

　　东莞是广州东边的一个城市，那一个教会医院的约翰·布鲁曼博士（Dr. John Blumann）告诉我们，几年前当地高产的水稻田售价为每英亩 75 到 130 元，但价格上涨得很快。中上等的农民家庭通常拥有 10 到 15 亩土地——相当于 5/3 到 5/2 英亩——可养活一个 6 到 12 口人的家庭。木工或瓦匠每天的薪酬是 11 至 13 美分，不包括食物；但是一个工人每天的收入估计应该要 15 分（墨西哥银币）或者将近 7 美分。

　　这里的池塘无论深浅都能养鱼，永久性深池塘的租金高达每英亩 30 美元。浅的池塘是可以在干旱期排干水的，它们只有在雨季才被用来养鱼，排水后的池塘可以用来种植作物。永久性深池塘的水通常都有 10 到 12 英尺深，随着使用年限的增加池塘还会不断加深，它们定期排水收集池塘底部淤泥，抽出的泥浆累计有一两英尺厚，这些泥浆都被当做肥料运走出售给农民。养鱼人给池塘施肥，这是一种普遍的行为。假如池塘旁边的小路常有人走动，养鱼人就会在水上搭上篱笆，以便利行人。饲养在比较肥沃的池塘里的鱼能够在市场上卖出更高的价格。水的肥力越好，水中无论是植物还是动物都生长得更好，食物越充足，鱼就能长得越快，并且肉质越好。这跟喂养其他动物一样。

　　在市场里，鱼被陈列销售，它们通常被纵向对半切开，剖面上满是鱼血。我们在与布鲁曼博士交谈过程中问到这种做法的原因，进而了解到中国人非常反对食用放置太久、被污染的肉类，他们认为上述的处理方式能够让鱼看起来更新鲜。我怀疑这种涂抹鲜血的处理方法是否能够起到切实的防腐作用，同时我也不相信聪明如中国人会因此而上当。

第五章

水渠和梯田

3月15日晚上，我们离开广州前往香港，并将于第二天再次搭乘土佐丸号轮船去往上海。尽管我们的轮船驶出大海很远，通常情况下除了离岛，是看不见陆地的，然而当我们在汕头的韩江口外跨过北回归线后，一路上的海水还是十分浑浊。在沿海岸线向北延伸达600多英里、离大海约有50英里的海底，无法度量的、厚达1英尺并极为肥沃的土地还在生成，远远超过了中国的4亿人民及其后代的耕作能力。未来国家领导人的一项巨大任务，就是必须利用教育和工程开发技术，把这种以沉积方式沿着近岸形成的宝贵土地，逐年添加到公共耕地中去。不仅在中国要这样做，而且对所有此类流失大量资源的国家而言，都要这样做。

在我们刚刚离开的巨大的广州三角洲平原上，以及即将前往的更加辽阔的长江三角洲平原上，在更往北的那个每年改道的黄河三角洲平原上，数以百万计的农民，很多世纪以来，基本上就是沿着上面所说的这条海岸线，夜以继日付出了辛勤劳动。生活在此的人们以坚定的毅力完成了巨大的工程，他们建造堤岸、挖掘运河，利用富含丰富养料的河水灌溉农田，利用富含有机质的淤泥肥田。这些工作通常都是用我们所见到的肩挑的方式完成的。

无论是通过图像还是言语，人们都难以充分表达挖掘运河、开垦三角洲平原和低洼地带进行的土地开发工程，以及农田土地整理的程度。这项工作在中国、朝鲜和日本至今仍在不断进展。反复耕作并日渐成熟的土地成为他们最重要的财产，并支持起他们高度密集的人口。在中国，我们曾有一段旅程是在上海和杭州之间的运河上的轮船上度过的，走了大约117英里。期间，我们仔细地记录与主航道交汇的分支运河的数量和特征。记录显示，从嘉兴开始，由北向南，直至杭州的62英里中，在主航道西边有134条分支运河作为进水运河，东边有190条分支运河作为出水运河，这些河水最终将汇入大海。沿着河面测算，这些支流运河的平均宽度分别是 19 英尺和 22 英尺，农田离开河面的高度，在 4 到 5 月的多水季节，有 4 到 12 英尺。进入中国的大运河后，根据我们的最佳判断，发现水深通常超过 6 英尺。我们估计这个地区运河的平均深度，低于河边农田 8 英尺多。

图 5-1 中显示了我们途经的 718 平方英里的区域上运河的分布情况，所有线条都代表运河，这些被标记出来的运河还不及总数的三分之一。A 点位于嘉兴附近，是我们开始作记录的起点，B 点接近图的左边缘，两点之间有 43 条运河从主航道上部的乡村中流出，其中 8 条有标记；主航道另一侧有近 86 条分支运河将河水引出三角洲平原汇入大海，而图上仅显示其中的 12 条。另外还有一次，在乘铁路从上海到南京的旅行过程中，我们也记录了运河的数目，但这个数据仅仅是我们从火车上看到的。在 162 英里的行程内，共有 593 条运河分布在龙潭和南翔两个区域之间。这是上海和杭州之间的一个区域，在此平

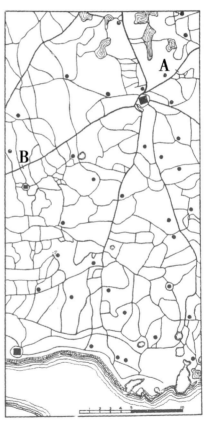

图 5-1　浙江省 718 平方英里区域内的主要运河分布图。每条线代表一条运河。

均每英里我们就可以看到 3 条运河。

要了解这种大规模的不断自我完善的系统的范围、性质和目的，下面的两幅示意图有所展现。图 5-2 展示的是 175 英里长、160 英里宽的一个区域，图 5-1 描述的是其中一小矩形部分，矩形区域内的运河里程数加总达 2700 英里，图 5-2 显示的只是图 5-1 所显示的运河数量的三分之一。据我们实地考察，这里的运河总数是图 5-1 所示的运河数的三倍之多。因此，现今图 5-2 所示区域里的运河很可能已经超过 25000 英里。

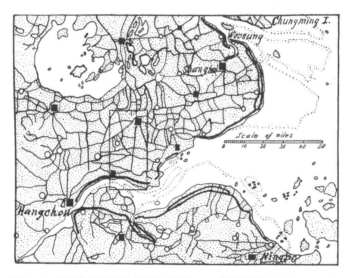

图 5-2　浙江和江苏两地的部分地区 2700 英里长的大运河，300 多
　　　　英里的海塘图，长方形所示即图 5-1 所在地区。

图 5-3 显示的是中国东部偏北一块面积为 600 英里宽、725 英里长的区域。阴影之外的区域是一块将近 20 万平方英里的冲积平原。这个冲积平原非常平坦，即使是在 1000 英里外长江上游的宜昌，海拔也只有 130 英尺。海潮对于长江的影响直达芜湖，一个离海岸 375

英里的地方。夏季时长江水很深，大型远洋轮船都可以在吃水 25 英尺深的水情况下上溯 600 英里到达汉口。小轮船则可以直达更上游的宜昌，离汉口 400 英里开外。

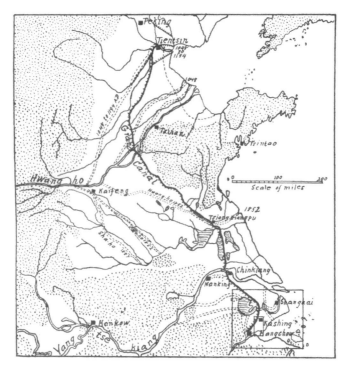

图 5-3　中国华东地区冲积平原和大运河。从杭州到天津的大运河长
　　　　达 800 英里。未着色平原的海拔高度不超过 100 英尺。

　　前述运河体系的位置，就在图 5-3 所示的这个巨大的地势低洼的三角洲和海岸平原东南角的两个长方形内。图中从南方的杭州一直延伸到北方的天津的粗黑线代表的就是这条总长超过 800 英里的大运河。运河以东平原上，往北直到黄河入海口，在 1982 年就开凿了运河，密集程度与图 5-2 所示区域类似。因此，在山东和直隶之间众多河流的两岸，及运河和海岸之间，都存在面积广阔的平原区域。沿着长江流域向西，沿岸的安徽、江西、湖南和湖北等省都有广阔的渠化地带，其面积很可能已突破 28000 平方英里。图 5-4、图 5-5 展示的便是这些地区的景色。再往西便是四川省的成都平原，这块平原面积为 30 英里宽、70 英里长，当地的灌溉系统号称"中国最出色的灌溉系统"。

图 5-4　中国江西省的一处位于山谷中的稻田，刚插过秧。

图 5-3 向西延伸超出示意图的范围直至黄河流域的区域，附近河套有一片 125 英里的灌溉土地，在宁夏府和再往西的甘肃省境内的兰州府和肃州①，黄河海拔高度达到 5000 英尺。这里也应当冠以大广州三角洲之类的名称。据保守估计，中国、朝鲜和日本的运河及有堤坝的河流的英里数是图 5-2 所示英里数的 8 倍，共计 20 万英里。今天美国自东向西的 40 条运河和自北向南的 60 条运河加起来仍不及这三个国家的运河里程。单就中国来说，这个估计也不是很夸张。

作为庞大运河工程的附属部分，这的堤防建设工程也是十分浩大，包括河堤、筑坝和冲击堤。仅是图 5-2 所示区域的防波堤就修建超过了 300 英里。位于扬州和淮安府之间的大运河的东岸就是一条冲击堤，阻挡越过东部平原向西行的水流，并且可以让水流改道，最终流入长江。同时它又是一个泄洪道，在洪水泛滥时将水流排向东部区域。运河西岸部分区域离东岸大约 40 英里，西岸的堤坝也在一定程度上阻挡了过量的洪水。洪水流经西岸之后将被分散到一些大湖里，最后逐渐排干。图 5-3 显示的就是这个位于长江以北的区域。

长江沿岸离黄河还有数英里的地方建有一些大型的防洪堤。在运河河床比周围地区更高的地方，有的地方加高过两三次，跟河道的距离不等，避免因河床太高超过临近乡村后，河水泛滥成灾，并控制其在洪水肆虐的季节的扩大。在湖北，低洼地带的汉水流域有 200 多英里长，江的两岸沿途都建有防洪堤，河流沿岸有些地方堤坝的高度甚至达到或超过 30 英尺。同样的，在广东三角洲平原，防洪堤也达到几百英里长。因此，整个中国防洪堤的长度加总将达到数千英里。

---

① 肃州即今酒泉。

图 5-5　湖南省山谷中的一处稻田，田水充盈。

除了运河和堤防建设，还建有许多蓄洪的水库，以控制河流不至于泛滥成灾。其中一些水库，例如湖北的洞庭湖和江西的鄱阳湖的总占地面积分别是 2000 平方英里和 1800 平方英里，在雨量特别大的季节，它们的蓄水水位能升高 20 到 30 英尺。再加上其他一些大大小小的湖泊，长江沿岸的水库面积总共超过 13000 平方英里。这些水库在一定程度上能缓解泄洪的压力，然而也日益被从遥远山地带来的沉积物壅淤。这些地方能最终成为富饶的冲积平原，毋庸置疑与图中我们所看到的沟渠化方式高度相关。

还有另一项巨大的建设工程对增强大国的生存能力具有重大意义，那就是将洪水携带的大量泥沙沉积在洪水区的运河和河岸边，以增加可用于居住和耕种的土地面积。位于长江入海口的崇明岛面积迅速增长的原因现已明确，上百万的人口现已在这个 270 平方英里的新岛上建起了自己的家园。现在岛上也已经有了运河，图 5-2 的空白处代表的就是岛上的运河。上海，就如其名字代表的一样，是一座海岸边的城市。现在，上海的北面和东面离大海已经有 20 英里了。在公元前 220 年，山东的蒲台县离海岸只有三分之一英里，在 1730 年的时候，它的位置已经移到内陆 47 英里的地方，现在该县离海岸已经有 48 英里了。

公元 500 年，位于白河沿岸的咸水沽是紧挨着海岸而建的。在我们去天津的时候途经了白河，现在咸水沽离海岸有 18 英里。图 5-3 中虚线所代表的是渤海湾的历史上的海岸线，这些海岸线具有重大的历史意义，它们预示着土地向海边延伸了 18 英里。

延伸的海岸线周围，一些湖泊和低地几个世纪以来一直遭受洪水的侵袭，形成了许多的洼地，周边的一些沼泽变成了耕地。不仅如此，运河中的淤泥被带到这片土地上，不仅使得低地的地势升高，运河的排水系统得到改善，而且也使得土壤的物理条件变得更好，得以种植一些新的植物。所有这些都对土壤肥沃程度、人们生存能力的提高和农业的永续发展起到了促进作用。

改善土地环境的工作很早就开始了，而且一直延续着，更是一直贯穿于这个大帝国有记载的历史中。而且在今天仍是通用的办法。图 5-1 和图 5-2 中的运河是在 1886 年至 1901 年间挖掘而成的，主要分布在崇明岛延伸地区和崇明岛以北新形成的土地上。可把 1886

年斯提勒氏地图册①与最近德国人的测量相对照。

早在公元前 2255 年，距今大约 4100 多年，尧帝任命大禹为"工程主管"，委派他负责排泄洪水和修建运河的任务。大禹为此倾注了 13 年心血。据说这位伟大的工程师创作了许多关于农业和治水的专著。在他人生的最后 7 年里，人们违背他的个人意愿推举他做了皇帝。

一部黄河史就是一部泛滥史和一部改道史。在大禹治水之前，每年都要发生很多次洪灾。可能就是大禹开创了永久的治黄工程。公元 1300 年到 1852 年，黄河水汇入山东高地南部的黄海。在此期间洪涝最为严重的年份，黄河冲破黄海北边的堤坝，改道形成现在的河道，最终汇入黄海以北大约 300 英里的渤海湾。黄河及长江的几次改道路线都以虚线在图 5-2 中标识出来了。从这幅图上可以看出，黄河入海处北达天津，经白河河口入海，比 1852 年的入海口向北移动了 400 英里。

雨量较小时节，黄河在流经山东济南时水流速度会超过每秒 4000 立方码②。洪水时节，水流速度可达到雨量较小时的三倍。在平原地区，24 小时以内一块面积为 33 平方英里的土地就可能注入 10 英尺深的水。黄河就像一把双刃剑，生活在此的人们不断地筑堤建坝、开凿运河，既利用河水灌溉良田又防御洪灾。人们与黄河相伴 4000 年的时光里，形成了怎样特殊的心态？真是让人难以捉摸。尽管防洪工作并不总能成功，但他们却从未放弃。1877 年，黄河洪涝严重，河水冲破了岸边的堤坝，淹没了沿岸大片土地，死亡人数超过百万。1898 年时，洪水再次来袭，将济南东北部 1500 个村庄和西

----

① 即《手绘斯提勒氏地图集》，由德国人阿道夫·斯提勒（Adolf Stieler，1775—1836）制作，是 19 世纪最后 30 年和 20 世纪前半叶德国最优秀的世界地图集。

② 1 立方码＝0.7645536 立方米。

南部广阔的土地淹没。正是这些巨大灾难使得黄河有"华夏之患"、"桀骜不驯之河"和"汉人之痛"等恶名。

大运河工程似乎是中国近代历史上的大事件了。据说，中部位于长江和清江浦之间的运河建成于公元前 6 世纪，南段位于清江浦和杭州之间的运河建成于公元 605 年到 617 年间。而北段位于黄河故道和天津之间的运河则建成于 1280 年到 1283 年间。

这条运河被称为中国的华夏御河（帝王河）、运河（运输河）或漕河（贡品运载河），也是连接内陆一些大河和东部沿海的巨大水陆运输系统，但却仅仅是一个宏大目标的衍生品。那个目标就是以运河、堤坝、防洪堤和蓄水水库联系起散布各地的众多湖泊，形成完善的大型内陆水系，并加以全面开发和有效利用，最终维持了不断增加的人口。我不得不说，4000 年前大禹就将自己的命运与民族的命运联系在了一起，他预见了人类的未来，制订了与世长存的措施，为后人的永续生存奠定了基础。

对于所有已开化地区的人来说，生存所面临的最根本和最重要也是最困难的问题就是土地生产能力的枯竭。事实也已经证明，图 5-1、5-2 所示运河的开凿是为了在三角洲平原和洪水淹没地区开展复垦工作。不管最初是否特意筹划，这些位于三角洲平原和受洪水侵扰地区的运河都是保护国家资源最基本、最富有成效的措施之一。通过运河，这个世界上最为古老的国度因此大大扩张了其沿海平原的面积，减少了运河中的废物污染，使得沿岸几百平方英里的土壤变得肥沃和持久。我们毫不怀疑这项工程是过去 4000 年来人类改造冲积平原案例中最成功的一个。这项工程所发挥的作用将在这个民族繁衍生息的历史过程中缓慢显现，而且它的建造及维护还培养了这个民族强壮的体格和恒久的毅力，这里的人们心思细腻，讷于言，更多的时候是在默默地为家园的建设和土壤肥力的保持贡献力量。

　　自古以来，吸取以往防洪控洪的教训，继承以往成功的经验，完善和发展防洪控洪的方法一直是农业生产中最大的问题之一。进一步细说，就是在广大低洼地做好排水工作，并且充分利用水流携带的大量沉积物为土壤增肥，这两方面的工作是防洪控洪的关键。中国有数百万人需要房子和工作，而开垦新土地和保持土壤肥力需要不间断地投入大量劳动，因此，政府可利用有效的工程技术增加就业。目前，通过工程技术和机械设施很好地控制黄河水患是完全可行的。随着黄河水患得到有效控制，低洼地就能通过运河更好地排出积水，贫瘠的盐碱地也会因此得到一些改善。洪水季节，为了提高河岸相邻低洼地的高度，河道会被整弯，同时土地还能适当地增加肥力。当河流水位超过了周围的平原但仍可控制时，人们会挖掘沟渠将洪水引入有围堤的凹地，或者加固河流的堤坝，这些对于他们来说是轻而易举的事。对中国而言，尽管运河系统已经十分完善，但是修葺工作仍是十分必要的，以使运河更好地排涝、灌溉和施肥，而且现在也是进行这项工程的大好时机。

　　在美国，我们现在正致力于发展内陆水运，同样也应该就水运环境进行广泛调查，应该对古老的中华民族发展和利用的运河工程进行仔细的研究。每年密西西比河都会携带近22.5万亩1英尺厚的肥沃沉积物流入大海，沿岸堤坝中间会凸起高高的海床，堤坝两边则绵延着200英里土地，即使两边有堤坝护着，这些土地也时常遭受洪水侵袭。在沼泽周边建设良好的排水系统以及服务于排水、灌溉、施肥和交通的水路系统的时机就在当下，这片广阔的沼泽将因此变成世界上最大的水稻和蔗糖种植园。只要密西西比河存在一天，这个地区就有能力以肥沃的沉积物，养育数百万的人民。

　　学习中国平原地区的习惯，美国在大面积地实行保护和利用水土流失中废物肥料的巨大工程。但是，相较于中国广阔土地在精耕细作之后谷物的收获量，我们这项工程的规模仍显太小。这项工程将减少水土流失，并能改善灌溉系统，将径流中可培肥地力的物质应用并最后保留在农田里。日本本州、九州和四国等岛的11000平方英里山区和丘陵里，耕地已经被精心地整理成梯田，梯田周围是隆起的窄窄的田埂，能蓄积16英寸或更深的地表水。这些水流中的营养物质被应用于田间，之后大部分留在田里或者作物表面。正是因为这些作物，表土流失基本被遏制住了。图1-11、1-12和1-13中的景象主要是出现在广阔平坦的地区，而图12-4、12-5和17-10中的景象则主要是出现在陡峭的山坡。

　　假如日本平整农田面积能有11000平方英里，那么中国利用这种平整方法修建农田的总面积可能是日本的8到10倍。出现在美国南部以及大西洋南岸某些州的水土流失绝不会出现在远东地区。据我们目前的观察，远东地区的地势并不比美国更平坦。正如我们在茶园里所见的，茶叶种植的地方相对较为陡峭，并不是完全平坦的梯田，因此茶园里总是覆盖着大量的稻草，以防止由大雨引起的水土流失。这种做法使雨水留在原地，之后浸泡出稻草中的可溶解的养分，并且大大方便土壤在毛细作用和重力作用下吸收水分。覆盖在土壤表面的稻草大约有6到8英寸深，因而每英亩地表面便形成了一个6吨多重的覆盖物，它携带了140磅可溶解的钾和12磅的磷。这种做法使农田得到了很好的肥料和最高形式的保护，降水得到了最大的利用，水土流失得到了最大限度的遏制。这是种"以小成大"的做法，它是中国人数千年耕作经验的总结和结晶。

　　在人口密度类似江苏和浙江省这样的远东地区，我们发现几乎

图5-6 中国浙江的一处梯田,能够更好地保持水土还能有效灌溉排涝。

所有的耕地都很平坦,成梯田状。图5-6和5-7中展示的梯田即是这些国家平整土地的实例,这还是在一个相对平坦的地区。通过平整土地,人们能够将水土流失和表土浸泡对土壤肥力造成的浪费尽可能地降到最低限度。同时能将雨水保留,并且将它们平均分配。

图5-7 跟图5-6类似的梯田。较低的梯田种有豌豆、油菜,高处种有桑树。低地接下去要种水稻。

这样使一大部分容易流走的水分渗入地下而不是通过其他方式流失，从而也将表层土壤中的养分传输到农作物的根部，而农作物根部的生长又能更好地保护土壤并利用其中的养分。在平整过的土地中灌溉，能够最大限度地发挥水的效用，洪涝的时候还能及时排出土地中的积水。

除了平整土地，还有另外一些旨在保存降雨和土壤肥力的方法被广泛采用，图 5-8 所示的就是其中之一，图 5-8 展示了蓄水池的一端。三个这样的水塘串联在一起，它们之间通过表面沟渠和运河相连。水塘周边的土地平坦，垄与垄之间有浅水沟，沟的一端与水塘边缘相接。这样的水塘可能有 6 到 10 英尺深，可以通过抽水，甚至旱季的蒸发将里面的水排干。多余的地表水排入这些水塘，带来的悬浮物沉积为泥浆后将回到田里变成肥料。在准备堆肥时，人们会在水塘附近挖坑，如图 5-8 所示，所有的残株废茬都扔进了这个堆肥池里，并与水塘底部的软泥一块浸至饱和状态。

图 5-8　田野中的蓄水池，可以养鱼，还可以灌溉和提供肥源，水池前方是一个堆肥池。

在有大量运河的省份，运河还可充当蓄水塘。从运河水面上能收集很多冲刷物。沿岸分布着许多堆肥池，人们将肥料堆放在这里，在耕作的季节一次又一次将其填满，在不同季节施用于不同农作物。图5-9所示的是运河沿岸两个装满肥料的池子。

图5-9　两个装满肥料的池子，池子与运河之间的小道在江苏极为常见。

图5-10　山东的一处大田。周围的壕沟可用于蓄水和肥，沟底部约2英
　　　　尺宽，沟口约6到8英尺宽，2.5到3英尺深。

在其他的地方又是另一种情况。例如图 5-10 所示的山东省，那的田地都被平整分块，周围被又深又宽的壕沟包围，壕沟主要用于收集雨季过量的雨水。正如我们所看见的一样，将沟里的水排出是不可能的，因而沟里的水要么慢慢流失，要么蒸发掉，要么渗入壕沟周围的土壤里，要么就是通过水泵直接应用于农田灌溉。山东的降雨一般比较集中，但是年降水量却很少，大约为 24 英寸，因此，水资源保护是十分必要的。现在，山东各地正在认真地开展这项工作。

第六章

老百姓的习俗

3月20日收到家里第一次来信时，土佐丸号再次带我们来到上海。一个黄包车夫拉着我们和沉重的旅行包从码头到理查饭店①，他轻快地小跑了一英里多，我们付他8.6美分，比这项服务的常规价格要高。途中我们看到几辆如图6-1所示的单轮车，妇女们坐在上面，车费仅相当于我们前面所付的十分之一，但是速度比较慢而且摇摇晃晃的。

距离饭店还有半个街区时，打桩声变得越来越大，越来越清晰，打桩工人仍在为理查饭店的附属建筑的地基打桩。5月27日，我们从山东省回来，差不多88天的时间，他们的任务就已经完成得差不多了，这段时间有18个人连续地工作着，他们从承包商那仅得到了205.92元。这样高的工作效率和如此低的成本是机械打桩机所不能比的。这里所有的普通劳动者都只能得到较低的工资。在浙江省，十年前，按年雇佣的农业劳动力报酬能得到30元，外加吃住；现在是50元。这种收入水平分别相当于12.90美元和21.50美元，换算之后，中国农业劳动力的工资略少于美国工人的月工资。在山东省的青岛，传教士每月付给中国厨师10元，一个男杂工每月能得到9元，厨师的妻子做修补和其他家庭服务每月能得到2元②，他们都是住在家里，自己养活自己。这些服务还包括采购、照料花园、修剪草坪，以及完成屋子里的所有工作，每月能得到合9.03美元。在中国的传教士发现这样的仆人很可靠，令人满意，他很信任地将钱包放在仆人那里，让他负责日常开销，他发现他们不仅诚实而且节约，远比传教士自己操持要好。

---

① 即今上海浦江饭店，始建于1846年（清道光二十六年）。
② 原文为dollars，应该是指银元。

图6-1 上海常见的交通方式，乘坐的多是妇女。

我们有一个土壤试管，是一家英国大型船舶修造公司制造的，这家公司雇佣了很多中国人作为机械工，他们使用最现代化和复杂的机器。工头表示，一旦中国人能够很好地理解操作要领，他们甚至比苏格兰和英格兰的工人出色。一个在江苏省苏州火车站工作且受过良好教育的中国售票员每月工资为 10.75 美元，我们向那位售票员询问福音医院①怎么走，他主动陪我们到医院，即使到那里的路程超过一英里。他不接受任何报酬，即使我是一个陌生人，没有任何人介绍。

①　Elizabeth Black Hospital，本世纪初美国传教士惠更生（James Richard Wilkinson Ⅱ）在苏州市创办的近代精神病治疗机构。

图 6-2　上海一个露天的街角，妇女们正在缝纫。

　　在中国，无论走到哪里，一般劳动人民，如果是有工作做的，都普遍表现出幸福和满足的样子，他们的身体状态显得都很好。他们有大量的行会，有些行会已有数百年的历史，这说明工人阶级的组织是很完备的。行会组织严密，违反行会规则的人通常都会受到惩罚甚至不经询问便被打发走了。在我们的旅途中，这里总给我们一种印象：在中国，每个人都很忙，或者随时准备展开忙碌的活动，像我们这样徒步到处游走的人很少，我们怀疑这些国家是否存在哪怕一个游手好闲的人。身体残疾的人需要救济，这里也有慈善机构帮助他们，但按总人口的比例来算，慈善机构比美国和欧洲少。在那些有限的富人出入的场所周围聚集着遭遇不幸的人和职业乞丐，自然地会误导游客对于这些地方社会条件的判断。在这些人口密度极高的本地民众中，不管是中国、日本，还是朝鲜，我们都没看到过醉鬼。但在美国和欧洲，你可以看到很多这样的醉汉。这里的人不分阶层，无论男女都会吸烟，在中国做生意的英美烟草公司每年的收入合计有数百万美元。

　　在旅游的 5 个月期间，我只看到了两个小男孩吵架。这两个小孩在上海的南京路发生矛盾，两个人激烈地扭打着，互相抓住对方的辫子，直到其中一个男孩的母亲将他们分开。

图 6-3　午餐。

这座城市的街道上最常见的就是贩卖熟食和糖果的流动商贩。炉子、燃料、食材和器具可能通通被他们用一根竹枝挑在肩上，走起来摇摇晃晃的。图6-3中有一位母亲正在吃午餐，她很可能就是一位流动商贩，用这样的方式养家糊口，图中她穿着一件年轻人常穿的蓝白印花棉布衣。这件衣服上的印花是由非常古老、简单，但有效的方法制成的，我们在图1-10中运河边的村庄中看到过制衣过程。这种艺术，与许多其他的中国艺术一样，是人们对家族手艺的一种继承，他们在工作中将手艺一代代地传承下去。印花工人站在一个简陋的工作台前，台上以一块很重的立方石头来固定一张喷满漆的印版，这些印版被裁剪出不同形状，使得染后的衣服上呈现出相同的白色图案。石头的旁边放着一罐由石灰和大豆粉制成的稠膏。这些大豆粉是通过房间某个角落里的一台小型设备磨制而成的，该设备如图6-4所示，驴子在古老的磨坊里一圈又一圈地转着，休息的时候便停在食槽前吃食。在操作员的右边有一卷白棉布固定在布轮上面，然后向下穿过蜡版，并用重块固定好。需要印染时，工人将蜡版升高，把布料铺在蜡版的下方。工人熟练地用捣衣棒把黏膏均匀地涂在蜡版表面，这样下面露出的棉布上，就有黏膏从蜡版上的空隙透过，这样就完成了一段布料图案的印染。然后蜡版的活动端再次被升高，他们将布料拉出一段合适的距离，之后再放下蜡版进行下一段的印染操作。这种糨糊可以在布料上变干，当布卷被浸泡在蓝色染料中时，被黏膏保护的地方就能保持白色。这种简单的方法已经几百年来被人们采用，为数以百万计的儿童印染衣服。以前这家印染厂干燥室的天花板上曾经挂着数百个刻着不同花样的模板。在我们的大型染布厂，每分钟可以印染几百码的布。机械和化学的区别仅在于使用和调度方面有细微差别，基本原理是相似的。

图 6-4　常见的石磨，用于碾压大豆和各种谷子。

　　在我们去过的几乎所有的郊区，在舒适无风的早晨，我们都可以看到人们在梳整棉布的经纱，晚些时候在农家它们将被织成棉布。清晨我们在很多地方都看到过这种活动，一般是沿着路边或是在空旷的地方进行，如图 6-5 所示，但从没看过在晚上进行。铺好的每条纱线将会在拉幅器上被卷在织轴上，然后搬进房子里用于织布。

图 6-5　纱线整经。

在江苏省的许多地方，我们都可以看到一组组巨大的染料槽嵌在田地中，并且通过水泥加固。坑的直径有 6 到 8 英尺，4 到 5 英尺深。我曾经看到过一组 9 个染料槽。一些染料槽被整齐地遮蔽在修剪好的灌木下，如图 6-6 所示。但是近年来这些纺纱、编织、染色和印刷活动已经被国外制造的更便宜的印花棉布所取代，大部分的染料槽已不再用作它们本来的用途，如图中的这两个染料槽就被用作装肥料。我们的翻译说尽管如此，但由于外国商品不够耐用，人们对质量的不满正在不断增加。此外，我们还多次看到许多染成蓝色的衣服被挂在坟地上晾干。

图 6-6　两个染料槽被整齐地遮蔽在灌木凉棚下，但是现在都废弃了，用作装肥料。附近的树丛是常见的竹林，一般都会分布在农民房屋周边。

我们观察了另一个家庭近一个小时，看到了一种弹棉花并将其作为床垫和被子内芯的方法。我们可以在屋外看到这些，他们把房子改造成作坊，房门正对着狭窄的街道并完全敞开，夜晚再用一扇 7 平方英尺的沉重的木质门板把门关上，工作时把它放置在可活动的支撑物上，便可充当工作台。工作台和走道之间几乎没有多余的空间用来通行，与房子的其他三面墙之间的空间剩余也不多。祖母和妻子坐在家里，四个年龄较小的孩子进进出出地玩耍着。房间的两面放着装满了原棉的容器和工作用的器械。后面可能有厨房和卧室，由于没有门，因此从外面看不见。加工好的棉胎，会被仔细卷起并用纸包好，挂在天花板上。早晨，我们来之前，临时的工作台就搭建好了，离地面 2 英尺高，台面上放着一堆棉花，面积 6 平方英尺，厚 12 英尺。父亲和他 12 岁的儿子分别站在台子的两边，重重地拨动着竹制弓形柄上的线，弹着棉花中的棉绒，然后扔在不断变厚变大、表面平整的棉胎上。此刻两根弦发出的声调远比大黄蜂的嗡嗡声低得多。这个弓形柄用绳紧密地缠绕着，大概是为了保护弓形柄，固定在使用者身体周围，以便于单手操作，并且便于在工作中移动，这在一定程度上与日本人的习惯（如图 6-7）有所不同。通过这种方式，棉绒迅速地被拉出，巧妙地、均匀地铺设，拨弓的工具与日本的某种器具相似。

图 6-7　日式家用弹棉花的器具和场景。

一小撮一小撮棉花不断从桶中取出，被巧妙地、均匀地分布在整个棉胎表面，使棉胎以完美的垂直面、直边、方角向上逐渐成形。通过这种方法，不用任何坚硬的工具就保证棉胎能被压缩成完全均一、厚度和软硬均匀的形状。

第二步是做网套，这更为简单快捷。老奶奶的身边放着一篮子极可能是她用手绕成的棉线团。父亲则从墙边拿出一根类似鱼竿那样粗细的大约 6 英尺长的竹竿，然后挑选一个绕线筒，将线头穿过较小那端的小孔。父亲一手举着带有线筒的竹竿，另一只手抓着细线能自由滑动的那端，将竹竿挥向儿子站的那边。儿子抓过线头，用手指将线头钩住固定在满床棉花的另一边。紧接着，父亲又将竹竿挥回自己这边，也用手抓住线头，在儿子的对面将细线固定在棉胎上。这样，棉胎上就有了一条双线。之后，在棉胎的上方不断重复着来回挥动竹竿，父亲和儿子都不断用手抓住细线再将细线固定在棉胎上。他们的速度是每分钟 40 到 50 次，因此在很短的时间里，褥子的表面就铺满了双线。穿过线筒的细线中间穿有一个很重的竹滚筒，它随着细线的摆动而摆动着，先滑向细线的一端，而后回到中间，然后又滑向细线的另一端。之后，以相同的方法、用相同的滚筒在一对角方向也铺上一层细线，紧接着就是另一对角方向，最后则是竖直方向。在铺棉花之前，已经在桌上铺设好了一个类似的线网。然后用一个直径大约为 2 英尺圆形平底的篮状中空模板轻轻压在棉花上，把床上的棉花从 12 英寸厚压成 6 英寸厚。用机织的细线缝死褥子的边缘之后，父亲和儿子则又会用一个直径为 18 英寸的重木盘接着压缩棉胎，直到棉胎被压缩到 3 英寸厚。之后要做的就是将棉胎仔细地折叠好再用油纸包好悬挂在天花板上。

3月20日，我们参观了上海文监师路①和南京路上的集市。中国人日常饮食中蔬菜所占的比重让我们深感吃惊。我们看见成队的独轮车车夫从运河旁边推起独轮车穿过街道。车上的油菜成捆堆放着，一捆大约1英尺，直径约5英寸。这些叶质肥厚的油菜是用船从乡村运送来的。我们计算过，大约有50个独轮车车夫一个接一个地穿过街道，每车都装有300到500磅的油菜。他们走得很快，如同一列火车，跟上他们是件很吃力的事情，我们跟着这队人走了20分钟直到目的地。而且在运送货物期间，没有一位车夫会中途停下或者放缓脚步。

图6-8 上海文监师路市场上用小油菜做的腌菜。

---

① Boone Road，今塘沽路。

这边的田里大面积种植着油菜，吃的时候和洋白菜一样，先将茎的末梢切掉，之后再将油菜煮熟或者蒸熟。车上有 100 磅油菜和 20 磅盐。从图 6-8 中可以看到，油菜和其他许多种蔬菜一样，也会在经过腌制之后出售，作为下饭菜。因此，它们在烹饪时就不用再放盐及其他调料了。

另一种被广泛种植的作物是苜蓿，它既可作为人类食物又可为土壤提供氮。苜蓿是黄芪属植物，图 6-9 是两排育有苜蓿的苗床，在成熟期前，茎末梢就会被轻轻聚拢在一起，切断后将它们煮熟或者蒸熟就能食用了。它也被外国人称为中国的三叶草。苜蓿的茎也可能被煮熟晒干，然后在不当季时拿出来食用。若出售的苜蓿很嫩，它们就能卖到一个好价钱，平均每磅能卖到 20 或 28 美分。

图 6-9 两排育有苜蓿的苗床，先做菜吃，后做肥料。

大清早的时候，集市上就挤满了买菜的人。那种拥挤的状况再加上种类繁多的蔬菜使得这些集市就如伦敦的比林斯盖特①鱼市场一样令人印象深刻。表6-1是我们列举的一些那常见蔬菜的名称以及它们的售价。

表6-1　文监师路菜市场出售蔬菜及价格清单

1909年4月6日于上海

（单位：美分）

藕/磅	1.60	竹笋/磅	6.40
洋白菜/磅	1.33	生青橄榄/磅	0.67
大白菜/磅	0.33	塌菜（tee tsai）/磅	0.53
香芹/磅	0.67	苜蓿/磅	0.58
苜蓿芽/磅	21.33	椭圆卷心菜/磅	2.00
红豆/磅	1.33	黄豆/磅	1.87
花生/磅	2.49	红皮花生/磅	2.96
黄瓜/磅	2.58	绿南瓜/磅	1.62
去皮玉米/磅	1.00	干蚕豆/磅	1.72
苦菊/棵	0.44	蒿菜/棵	0.87
卷心莴苣/棵	0.22	羽衣甘蓝/磅	1.60
油菜/磅	0.23	水芹/篮	2.15
香菜/篮	8.60	胡萝卜/磅	0.97
四季豆/磅	1.60	马铃薯/磅	1.60
红洋葱/磅	4.96	大棵白萝卜/磅	0.44
扁四季豆/磅	4.80	小棵白萝卜/捆	0.44
香葱/磅	1.29	带壳利马豆（青豆）/磅	6.45
茄子/磅	4.30	番茄/磅	5.16
小蔓菁/磅	0.86	甜菜/磅	1.29

---

① Billingsgate，伦敦城东南部的一个区，1699年以来为伦敦最大的鱼市场。

宝塔菜/磅	1.29	干白豆/磅	4.30
小红萝卜/磅	1.29	大蒜/磅	2.15
苤蓝/磅	2.15	薄荷/磅	4.30
韭葱/磅	2.13	西芹/捆	2.10
豌豆苗/磅	0.80	豆芽/磅	0.93
牛蒡/磅	1.29	姜/磅	1.60
荸荠/磅	1.33	大红薯/磅	1.33
小红薯/磅	1.00	洋葱/磅	2.13
菠菜/磅	1.00	去皮莴苣/磅	2.00
带皮莴苣/磅	0.67	豆腐/磅	3.93
山东核桃/磅	4.30	鸭蛋/打	8.34
鸡蛋/打	7.30	羊肉/磅	6.45
猪肉/磅	6.88	母鸡/磅	6.45
鸭子/磅	5.59	活小公鸡/磅	5.59

毋庸置疑，以上所列举的市场上一天要出售的各种新鲜蔬菜的清单并不能涵盖所有蔬菜。它只记录了我们逛到的这个几乎有一个街区大小的集市出售的蔬菜。大部分东西都是论斤出售，因此，保证买卖时不缺斤短两是一个非常重要的问题。每个买菜的人都会自带一把秤，这样就有效解决了缺斤短两的问题。这些秤都是旧式的模样，但是用的却是更细的木杆或竹竿。杆子上有刻度，并且挂着一个能滑动的砝码，而砝码则是用绳子挂在秤竿上。

我们站在一边看一个顾客买公鸡，并就公鸡的重量和小贩讨价还价。旁边的一个大鸡笼里放着许多只鸡。鸡笼开着，顾客看中之后就顺势从鸡笼里抓出一只，然后摸摸鸡身，以此判断取出的鸡是否令人满意。通过这种检验方法，顾客最终挑选出了两只。顾客确定之后，小贩则将两只鸡的脚绑在一起，然后称称它们的重量，并将结果告诉顾客，而顾客则会拿出自己的秤再称一遍。称过之后，小贩和顾客则会就鸡的价格讨价还价，双方手舞足蹈，讨论十分热烈。最后，顾客会假装放弃买鸡，将鸡扔回鸡笼之后转身离开，此时，小贩就会让步。顾客听到小贩让步之后则会转身回来，再一次拿出自己的秤，称称公鸡的重量，然后叫一个旁观者再来看看秤上显示出的重量，路人看过之后，顾客就会很不屑地把公鸡摔向小贩，小贩则赶紧抓住公鸡，把它们扔进顾客的购物篮里。至此，讨价还价才告一段落。双方最终商定了 92 分（墨西哥币）的价格。那两只公鸡都很大也很漂亮，每只鸡差不多都有 3 磅重，换算成我们的美元，这两只鸡还不到 40 美分。

竹笋在中国、朝鲜和日本都很常见。有竹笋生长的地方则预示着曾有竹子生长。这些竹子在被砍伐的时候直径应该有 3 至 5 英寸，长度大约为 1 英尺。人们通过水路将大量的竹子运往没有竹子的省份或者是竹子尚未长成的地方。图 1-22 中所示长崎的竹子是从中国广东的广州或汕头或台湾运来的。竹子的轮廓、竹叶以及枝繁叶茂时的竹子本身都无疑是道靓丽的风景线，当竹子与树木种植在一起时就更显出其特有之美了。如图 6-6 所示，竹子通常是被小簇种植在住宅区周围还未开发的土地上。竹子和芦笋一样，是在 6 月到 8 月生长，竹子能长到超过 30 英尺高，有些甚至能超过 60 英尺。竹子从地下开始发芽，地底的竹茎或竹根贮存了许多营养物质，这些营养物质促使竹芽迅速地成长，早期一天之内就能生长 12 英寸。竹子一季就能长成，但要真正成熟或要变得足够坚硬则还需要三到四年。终有一天，我们这个国家的很多地方会引进各种品种的竹子并广泛种植。

在中国和日本，莲藕是另一种广泛食用的食材，并构成了其特

图6-10 中国上海文监师路上的菜市场，4月6日所见。下半部分个大的蔬菜就是莲藕。

殊的饮食文化。图6-10下半部分所示的便是莲藕，图6-11所示的则是水中盛开着的莲花。莲花始终都生长在池塘中，因而人们并不会将池塘中的水排干以种植水稻或其他作物。莲藕也经常被运往各地销售。

中国和日本的集市上经常能看见豆芽、各种豆子以及青葱等蔬菜的嫩苗作为食物在出售，晚冬以及早春时节则相对要少。这些食物有着不同的味道，

都能促进消化，并且毫无疑问都富含营养，理所当然会在人们的食谱上占据重要的地位。

姜是另一种被广泛种植的作物，集市上经常摆放着姜。中国的大街上最常叫卖的是荸荠，这是一种形状类似洋葱，但是个头较小的球茎状作物。男人们会剥去它们的皮，一打一串，粘在一起，串在毛衣针长度的细木棒上，之后再挑着它们沿街叫卖。集市上还有菱角卖，菱角生长在运河之中，形状如尖角一般，也因此有"水牛角"之称。还有另一种名叫茭白（Hydropyrum latifolium）的植物，它生长在江苏省潮湿的土地上。这种植物有许多肉质多汁的叶子，剥去外面的较为粗糙的表皮，里面的部分可以食用，外形就类似去了外苞叶的绿色玉米，能吃的部分十分清脆，煮好之后就是一道美

味可口的菜。它的卖价是每 100 斤 3 到 4 元（墨西哥币），即每磅 97 至 129 美分，因此，种植这种植物的回报率达到每英亩 13 到 20 美元。

在市场上出售的肉类产品虽然很少，但这并不能代表他们饮食中荤菜与素菜的比例也如此。然而，可以肯定的是，相对于西方国家来说，他们是更严格的素食主义者，他们的饮食结构使得中国、朝鲜及日本的高效农业成为可能。霍普金斯在他的《土壤的肥力与永续农业》[①] 一书的 234 页中提出："1000 蒲式耳[②]谷物可供养的人数至少是用等量谷物饲养动物所带来的肉类或牛奶可供养人数的五倍。"同时，他还注意到洛桑[③]饲养实验的结果表明，在牛肉作食材时，每 100 磅中就有 57.3 磅牛肉在烹调的过程中被浪费掉，36.5 磅被人排泄掉，只有 6.2 磅被人体吸收；与此对应，羊肉作食材时的数据分别是，60.1 磅，31.9 磅，8 磅；鹅肉作食材时的数据分别是，65.7 磅，16.7 磅，17.6 磅。动物身上只有不到 2/3 的部分能被人利用，因此我们从每 100 磅牛、羊和鹅等食材形成的干物质中吸收的营养分别为 4 磅，5 磅和 11 磅。

从这些严格的实验所得到的科学结论中我们可以看出，人们不能不惊讶于，这些古老的民族很早以前就已经不以牛奶和牛肉作为主要食材；羊肉也很少用，仅仅是收获羊毛和羊皮；从这三者之中，留下猪作为人类的食物。

---

① Cyril G. Hopkins（1866—1919），美国著名农学家。1900—1909 年任美国伊利诺大学农业经营系主任，主要研究玉米化学、土壤肥力以及农业实验站业务，主张在美国全面实行恢复地力的土壤政策。该书英文原名为 Soil Fertility and Permanent Agriculture，Ginn & Co，Boston，1910。

② bushels，谷物的容积单位，相当于 35.42 升。

③ 英国洛桑实验站，创建于 1843 年，世界上最早的农业研究站之一，被称为"现代农业科学发源地"。

图 6-11　荷塘里种着莲花，它们的根就是莲藕（如图 6-10 所示）。

人们食用蔬菜所得到的好处是显而易见的。蔬菜容易被消化，比肉类更容易排泄，蔬菜中含有丰富的氮，可以避免进食较少肉类带来的蛋白质摄入不足问题。种植蔬菜时，蔬菜自身的残留枝叶可以使土壤更肥沃，就能节约每 100 磅饲料中被动物浪费掉的 60 磅。用蔬菜作为食物创造了大量的价值，因为蔬菜的成熟期短，这就能在同一块地上出产更多的蔬菜。而且，蔬菜的种植多是晚秋到初春，那个时候天气尚冷，光照较短，本来就不适合成熟期长的作物。

第七章

燃料、建筑及纺织材料

　　随着对食物、服装、家具、绳索等物品生产的原材料需求与日俱增，以及人口的大量增加，改善土壤管理变得更重要。由于树木自然生产过程的缓慢以及林地区域在世界上分布有限，有限的矿物燃料储备将导致使用成本的增加，木料及纸张需求的不断增加可能最终导致木材消失。在这些有限储备的物质短期循环后，人们喜欢上农家材料的时刻肯定会到来，它不仅可以替代木材制造纸张，还可以作为燃料。风的力量以及波浪的能量使得溪流沿着海岸线变形，但是即便充分利用每条溪流也不能完全满足未来电力和热量的需要。并且只有在科学和工程技术高度发达的情况下，才能转换上述这些能量。然而，现在东方国家的农耕体系呈现出一种更为经济的能源转化和利用的趋势，良好的土壤管理能够减轻对电热需求的压力。

　　直到 1905 年有一些材料描述了东方国家的农耕体系，我们才知道，由于人口众多，中国、朝鲜和日本早已通过耕种大量农作物以满足燃料、建筑材料以及纺织物的原料需求，而这些人解决燃料和保暖问题的方法再次使我们感到惊奇。这些解决方案操作起来很简单。用衣服来保暖减少了对燃料的依赖。燃烧农作物中不能食用的秸秆部分，或者喂养动物，或者作为他用。这里的人们还利用那些距离在可运输范围内但无法耕种的土地种植木材，并把大多数木材转化为木炭，这样长距离运输更加方便。矿物燃料，比如煤、焦炭、石油、天然气，在此后的一百年内，要满足所有人的需求已经是不可能了。从远古时代中国人民就开始在当地使用煤、焦炭、石油和天然气。两千多年来，四川省的许多井盐就是用深井中冒出的天然气，通过竹竿引送到铁锅里燃烧来熬制的。在同一省的其他区域，很多盐水是使用煤火熬制的。亚历山大·霍伊斯①估计四川省每年可

---

　　① 亚历山大·霍伊斯（Alexander Hosie），英国外交家、探险家。1909—1912 年任驻天津总领事。

生产多达6亿磅的食盐。

在这里，室内取暖在一定程度上也是烧煤。在地板凹陷的坑中燃烧煤，烟则从房子中飞走。2月份在横滨的时候，我们看到一家邮局使用同样的加热方法，房间里放着三个火盆，大铁盆中的火超过火盆顶端2英尺多，就这样简单地进行着室内的取暖，在这些国家人们不用炉灶来作为住处的室内取暖设备。

在中国和日本，我们看见煤粉和少量黏土混合后制成中等柑橘大小的煤球。煤球是用一种大米糖浆的副产品作黏结剂，形状简单，如图7-1所示。在南京我们很感兴趣地观看了另一种制造煤球的方法，一个中国工人坐在一家商店的泥地板上，在他身边是一堆木炭粉，一盘米浆副产品和一大盆潮湿的炭粉，他的两腿之间有一块沉重的铁块，中间有一个略显锥形的凹陷，两英寸深，凹陷顶部两英寸半见方，铁块边上还有一个几磅重的铁锤。他的左手握着一个很重的短短的锤击工具，右边的模具放置着少许的潮湿木炭，紧接着是三次精准地锤打，压缩潮湿、黏稠的木炭使之成为非常紧密的结构，再抓一把湿炭粉，重复操作，直到模具填满，才用力把煤球取出来。

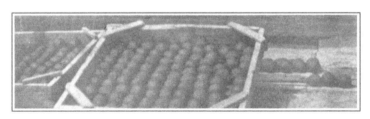

图7-1　用作燃料的煤球在制作过程中会加入米汤或黏土。

有了这套简单的设备，男子很轻易地就能给木炭施压，而且所施压力十分巨大，和最好的液压设备所释放出的压力不相上下。他使用重复小量加注的原理，与我国最近才发明并开始使用在最有效

率的大型棉花和饲草打包机上的原理相类似。这样打出的包密度就
比一次加很大量打出的高很多。中国人做煤球的方法，跟他们使用
其他成千上万种方法一样，非常成熟地运用了力学原理。尽管这一
天该男子的工作效率似乎并不是很高，但他很有耐心。男子光着上
身，结实的肌肉表明了强健的体魄、充足的活力、良好的营养，脸
上洋溢着满足之情。

在这样一个拥有 4 亿人口和 5000 年文明的泱泱大国，因为拥有
丰富的煤矿和水利资源、极高的森林覆盖率和十分巨大的农业发展
潜力，国家的发展前景让人十分看好，预计各项事业也都能得到充
分的发展。假如他们想要继续保持其经济和工业的发展速度、掌握
科学技术以充分利用河流水力资源和煤矿资源，同时整个国家又始
终秉承和平发展的观念、注重国民道德素质的提高，那就没有什么
是做不到的。

图 7-2　江苏一位着冬装的妇女。

　　图1-18是一个穿着冬装的山东农民，图7-2则是一个江苏农妇，他们的服饰反映出这些农民为了最大程度上保持体温维持热量所采用的方法。山东的农民身上穿着厚厚的长棉衣，脚上穿着厚厚的棉鞋，另外还在裤脚处绑有一层厚厚的棉花，脚上还穿有好几双棉袜。这种厚厚的棉衣并没有经过压缩，里面全是空气，因此制作成本并不很高，而且这种做法还在没有增加衣服重量的情况下增强了衣服的保暖效果。外套里面的衣服重量不一，但它们都十分保暖，农民也可以根据不同的气温增减衣服。我们很想了解最初置办这一整套衣服以及伺候的维护费用是否很高。中国内地会①的E. A. 伊文斯神父（Rev. E. A. Evans）已在中国传教多年而且长居四川顺庆②，据他估计，一个农民这一套衣服置办好后，每年用于维护的费用是2.25美元，包括缝补和置换费用。

　　东方民族的个体经济十分繁荣，而且东方人也十分注重自力更生，也正是因为这点他们才能在悠久的历史中占有一席之地。他们这种独特的品质不仅在处理燃料的方法上得以体现，而且在其他的许多方面也都得以充分体现。吴太太拥有并经营浙江一个占地25英亩的农场，她家有一个面积为7英尺见方、高28英寸的石砌的炕，冬天在炕底下烧火就能使炕变得十分暖和。吴太太白天会在石炕的表面铺一层席子，将炕作为待客的沙发；晚上则会铺上被子，将炕作为睡觉的床。在山东一个富裕的农户家里我们发现他家的两间卧房里都各有一张炕，但农民暖炕的方法与吴太太完全不同。他在烟囱上接了一根水平的管子，在烟囱里的热气被排向屋顶之前将烟囱

---

　　① 中国内地会（China Inland Mission, CIM），是19世纪末中国规模最大的基督教差会，也是世界最大的基督教差会之一，于1865年由英国来华传教士戴德生（James Hudson Taylor, 1832—1905）创办。
　　② 现为四川省南充市顺庆区。

里的热气导入到炕底下。他家的炕很宽，大约 30 英寸高，是用长宽
12 英寸、厚 4 英寸的土坯垒成的。制作这种砖的具体步骤是：首先
将稻田里的底土与粗糠和剪短的稻草混合在一起，之后是把它们放
在阳光底下晒干，最后砖块垒在相同材质的泥浆上。这种炕能够大
量吸收厨房中的废热，不管是在白天当沙发使用，还是在晚上当床
使用，都能很好地传热。在满洲的一些客栈里，炕一般都非常大，
可以睡很多人。人们睡在这种炕上时都是将脑袋放在同一头，然后
一字排开，而客人之间也只是拿一块挡板隔开，这样能最大限度地
节约燃料。客人们白天能够很舒适地坐在温暖的炕上，累的时候也
可以直接铺开床铺休息。

炕的作用并不仅仅局限于保温。使用三四年后，建造时使用的
泥土和稻草在经过了发酵和收缩之后开始出现裂缝并出现许多小孔。
由于溢出的气体是很有害的，它会使人们受到浓烟的困扰，因而炕
需要翻新。但是在热量、发酵和吸收燃烧产物的共同作用下，这些
相对贫瘠的底土会变成他们所认为的珍贵的肥料。在准备混合肥料
的过程中也会用到这些废弃砖。正是因为这些废弃砖仍有一定的价
值，在移除和重新搭建炕的过程中消耗大量劳动力，并不能完全算
作亏本。

通过观察，我们认为用 110℃ 的高温将土壤烘干，会极大提高其
中能被植物吸收的养分自由度。同时，高温也无疑改善了土壤的物
理和生物条件。氮和氢会被合并成氨。浓烟和烟灰中含有磷、钾和
石灰，它们覆盖在炕的内壁或者是会随着浓烟一起被过滤到多孔砖
里。这样一来，植物养料便能被直接加入到土壤中去。燃烧木材后
产生的烟灰平均都含有 1.36% 的氮、0.51% 的磷和 5.34% 的钾。我
国烧掉了大量稻草和玉米秆，为的是处理起来省力方便，于是这些
珍贵的植物养料便会弥漫至整个天空，被随意地浪费掉了。而这里

的人们却不辞辛劳、虔诚地对这些东西一再加以节约利用。这样做就额外增加了硝酸盐类复合肥、可溶性碳酸钾和其他一些经过发酵的肥料。在山东省和直隶地区，我们经常看到很多人重复使用这些被废弃的砖头。走在乡村街道上时也经常能看见成堆的废弃砖，而且很多显然是最近才被搬运过来的。

　　除一些能有更好用途的作物外，农场上种植的各种木本作物的茎大多被用作燃料。将收割之后的稻草和轧掉棉籽后的棉秆、连根拔起的蚕豆秆以及油菜、谷子秆整齐地堆放在一起，然后分别用图7-3、图7-4和图7-5所示的方法将它们捆成捆运到市场上出售。这些燃料被用于家庭日常生活和烧石灰、砖、陶器以及制作燃油、茶叶、豆腐等。在家里用这些燃料做饭时，通常有一个小孩坐在地面上，一只手不断添加燃料，另一只手不断拉动风箱以增强流通的气流。

图7-3　上海苏州河上停满了载有水稻和棉花秸秆的船，秸秆将被用作燃料。

图 7-4　人们将棉花秸秆从码头运往市区当柴卖。

图 7-5　稻草挑到城里当柴卖。

在中国，榨棉籽油、做棉籽饼是较为普遍的家庭产业，在其中一个家庭里，我们看到使用的燃料是谷糠和稻草。人们居住在石板瓦屋顶的平房里，虽然只有一层，但面积很大。除了居住功能，还可以当作商店、仓库和工厂。房子里，一家四代人正在工作，祖父监督整个磨坊的运作，祖母则是整个家庭和商店的主心骨，店里出售棉籽油和棉籽饼。棉籽油的售价是每磅 22 美分，棉子饼的售价则是每百磅 33 美分。在商店和起居室后面的作坊里，有三头水牛分别拉着一个磨将棉花籽轧碎，牛的眼睛都被蒙上，旁边还有三头用来替换的水牛，在一旁吃饲料休息，等待替换，以此完成 10 小时的工作。两个磨坊的石磨磨盘都是水平安装的，直径达 4 英尺多，上面的磨盘在牛的带动下旋转着。第三台是一堆笨重的石碌，每个石碌直径为 5 英尺、厚 2 英尺，通过一根水平的短轴连接到一个环形的石板上，另一端则通过一个垂直轴与牛连接。这三个磨坊由两个人照看着。棉籽在经过两次碾磨之后再蒸熟，以便能熬成油以及继续下一次的碾磨。蒸笼由两个如图 7-6 所示的有盖子的木箍组成，底部有隔板。碎棉籽就被放在这上面，下面则是一锅沸腾的水，水蒸气将碎棉籽蒸熟。每次装入的棉籽都是用竹子秤称过之后用铲子铲进去的，因为用秤称过，所以每次做棉籽饼时原料的重量都是一定的。

炉子前的地面上坐着一个 12 岁的小男孩，他左手不断地往炉子里加稻糠，平均每分钟大约 30 次，右手则按照一定的速率不停地前后拉动一个矩形风箱，以保持气流的流通。中间休息时，父亲则搬来一捆稻草加进炉子里，此时，男孩的左手才得到片刻休息。当蒸汽使棉籽油稍微溢出一点后，热气腾腾的棉籽就被倒入一个直径 10 英寸、2 英寸深的竹笼里。随后人手扶着一对扶手架，光着脚站在竹笼上踩着这些棉籽，棉籽还是热的。稍微进行筛选并用稻糠或者短

图 7-6　日本人蒸茶叶的器具，中国人热榨棉籽油也是同样的器具。

稻草将棉分开之后，16 个装满的竹笼成一摞，就被搬运给专门负责
榨油的人处理。

榨油的装置是由对剖成两半的一根木梁构成的，木梁足够长，
可以从中间挖开的缺口喂进去 16 个盛碎棉籽的竹笼。挤压竹笼内碎
棉籽的巨大压力来自三排木楔子。每一排都用带铁箍的主楔子以重
25 到 30 磅的木槌砸紧，然后掏出铁楔子，在松弛的缝隙里再塞进去
另一个木楔子以填充留下的空间。一般木楔子在压力下容易被压碎。
为了保证压碎之后能有楔子可用，有一个比烧炉子的男孩年纪稍大
的男孩在旁边制作新楔子。压碎之后的木楔子和一些碎片都被扔进
炉子作为燃料。

这种简单的方法，结实的构造和低廉的成本不仅能产生足够的
压力，还很安全。一旦达到足够的压力，人们便可坐下来休息，操
作榨油设备的男子开始抽起烟来，直到榨出的油滴尽了，男子便又

开始新一轮的工作。这个拥有 8 口大人、2 个小孩和 6 头牛的榨油坊一天平均能榨 640 块棉籽饼。

图 7-7 一户农民养的水牛,为上海的外国人提供牛奶。

棉籽饼可作为动物的饲料在市场上出售。如图 7-7 所示,附近的一个奶牛场老板就是用它们来喂养 40 头牛,有一只是患白化病的,而牛奶则被运往上海,销售给外国人,见图 7-7。其每天的产奶量有 200 斤,即每头牛每天产奶六又三分之二磅。这些牛的乳房虽小,但牛奶却很丰富,这跟在阿瑟·斯坦利①博士的帮助下,上海卫生局分析的结果一样。牛奶的比重是 1.028,固体颗粒总含量为 20.1%,7.5% 的脂肪,4.2% 的奶糖以及 0.8% 的灰分。美国南方长老教会成员 W. H. 赫德森城牧师一家非常好客,在他嘉兴家里的餐桌上我们吃到了非常好吃的黄油,就是用这群奶牛中两只所产的牛奶制作的,其中一只还生了一头小牛,如图 7-8。虽然它像猪油或

———————————

① 阿瑟·斯坦利(Arthur Stanley)为上海公共租界卫生处第一任处长。上海公共租界卫生处于清光绪二十四年(1898)正式成立,掌管公共租界的卫生工作。

棉油一样,但是奶质和香味却是正常的,而且远比餐馆中提供的产自丹麦和新西兰的黄油要好。

图7-8 中国浙江嘉兴的水牛和牛犊。

这些牛奶用瓶子装好之后被运往市场上出售,每瓶两磅重,售价是1美元一瓶或者是43美分,这个价钱似乎有点高。或许是我的翻译译错了。但是他回答我的质疑时说,牛奶的售价是一瓶1块上海银元,经过换算,就应该是上面的价格。

把秸秆用作燃料在一定程度上解决了生活面临的燃料问题,但仅仅依靠它们并不足以满足整个农村的需求,更不用说满足迅速发展的国民经济所需了。正如我们在中国南方所见的,南方的丘陵地区和山区种植着许多松树,树枝被用于烧制石灰,水泥窑里也使用它们作燃料。因此,可以说广大的丘陵和山区都为解决燃料问题贡献了一份力量。在青岛时,我们看见骡子将松树枝驮在背上,如图7-9所示,将它们从山东的山区运到青岛。朝鲜也使用类似的燃料,我们在日本东京以东的船桥市拍了很多作为燃料堆放好的松树枝照片。

　　长期以来，一些人口密集的山区和丘陵地带的树木都被砍光了，因此，那些地区开始提倡定期植树造林，甚至为此还开始移植树木。我们看到在中国和日本森林破坏现象很严重，只有为数不多的在寺庙、墓地和房子周围的老树能得到较好的保护。然而，苏州附近一家名为伊丽莎白布莱克（Elizabeth Blake）医院的 R. A. 哈登医生却坚持认为中国是爱护森林的民族，他们会定期种植一些树木作为燃料。林区树木被砍伐之后，为了使树木能更密集地生长、尽早长成大树，他们在必要时甚至会移植树木。为了证明他的观点，他还爽快地提出要陪同我们一起前往一个开展植树造林的山区，这让我们感到振奋。

图 7-9　做柴火的松树枝从山上砍下运到青岛。

我们雇佣了一艘搭有屋子的船，拥有船屋的家庭把家也安在了船上。这个家庭的母亲最近刚去世，剩下父亲、两个新婚的儿子和一个助手。他们用船屋送我们前往目的地，并为我、哈登和厨师提供了床铺。我们每天支付 3 元（墨西哥币）。每天都是夜间航行，白天则用来考察周围的山区。

母亲的葬礼花费了这个家庭 100 元（墨西哥币），两个儿子的婚礼各花费了 50 元。因为家庭成员的变化，船屋也进行了适当地改装。改装船屋又花费了 100 元。这个家庭的经济状况很困难，不得不借钱。葬礼花费的 100 元需要支付 20% 的利息，婚礼所需的费用则需支付 50% 的利息。从朋友那儿借的钱不需支付利息，但是，按照习俗，父亲明白要报答他的朋友仍需等待时机。

牧师 E. A. 埃文斯告诉我们，在中国，当人们有经济困难时向邻居求助是很常见的。这是人们应对经济困难的一个方法。假如一个邻居需要 8000 铜钱，他就会准备好一桌宴席，邀请 100 个朋友前来。受邀而来的宾客知道，他们并不是因为葬礼也不是因为婚宴而受邀请，而是因为主人缺钱。宴席的花费并不是很大，受邀的宾客每人都会携带 80 个铜钱，并将钱送给主人，主人则记录下伸以援手的朋友以便日后偿还。还有一种方法：假如一个人出于某种原因需要借 2 万铜钱，他会向 20 个朋友提议共同组织一个资金互助组。假如同意的话，每人最少会交 1000 铜钱作为股金，可以多交，资金互助组会按出资额度对成员进行编号，将来按照这些编号进行偿付。组织资金互助组的人有义务使这些款项在规定的时间内增值，并且会不定期地向成员支付一定的利息。

中国的利率普遍很高，尤其是一些收益小、风险高的领域。埃文斯先生告诉我，每个月 2% 的利率是很低的了，年利率通常都是30%。偿还利息的义务大部分无法得到很好地履行，但它们并不会因此而被取消，它们会代代相传，由父亲移交给儿子。

图 7-10 中国运河上运载旅人的船屋。

购买船屋以美元计算需要 292.40 美元，每年只能赚 107.5 到 120.4 美元。葬礼花费 43 美元，两个儿子婚礼的花费超过 43 美元。他们为 6 个人服务，每天能赚取的工资是 1.29 美元，而一般情况，如果包租这条船两星期或者一个月，费率较低。他们每年工作 300 天一共赚取的工资数是 120.40 美元，平均每天的工资只有 40.13 美分。若平均到个人，每人每天不到 7 美分。因此，我们支付的价格相当于他们 2 个工作日的工资。在上海和其他一些城市，外国人经常会雇佣这种小船两星期或者一个月沿着运河或河流观光旅游。他们认为这种旅游的方式很愉快，并且还是一种经济实惠的郊游方式。

图 7-11　中国苏州以西山坡上砍伐了树木后形成的狭长地带。

在到达山地的第二天早晨，我们就看到了图 7-11 所示的景象。那里树木沿着山坡呈带状分布，树龄在 2—10 年之间。它们与垂直边界地区不同年龄的树木形成了鲜明的对比。一些特别狭长的地方还不足两杆，其中一个地方的树木最近刚被砍伐过，我们走了很长一段距离，看见周围的松树生长状况非常好。在一片 30 英尺宽、6 英尺长的距离内种了 18 棵小树。在这片土地上，所有的东西都被砍光了，连树桩和粗大的树根都被挖起来用作柴火。

在图 7-12 中我们能看见这些地方的树枝都被绑成捆，作为燃料搬运到村里。树枝被晒干了，但上面仍有叶子。树根也与树枝捆在一起，这样一来，所有能用的都被保存了下来。在上山的途中，我们看见许多人挑着扁担将一捆捆的树枝运下山。

我们就山坡地的造林计划进行了调查，调查表明树根能回收利用使广泛地挖掘树根成为必然，树根被挖起后新的树苗便能够迅速

图 7-12　从中国苏州以西的山丘地带砍来的松树和橡树枝杈。

成长。因此这并不需要大面积地种植树木。我们询问一群人哪能看到那些被移植到山坡上的松树苗，最先明白我们意思的竟是一个 7 岁的小男孩，他自愿带我们去看。看过之后，我们给了他一块蛋糕作为报酬，他对此感到异常兴奋。图 7-13 所示的是一个很小的松树苗圃，那儿的松树将被种植到适宜生长的地方。那个小男孩带我们去看了两处这样的地方，显然他对苗圃的位置非常熟悉，尽管它们地理位置很偏僻，离他家很远。这些松树都被种植在自生林不是很密集的地方。在这片清理得很干净的土地上，植被的生长异常迅速，被清理的一些杂草有的用来作燃料，有的用来作堆肥或是绿肥。

　　墓地上种植的植物如果不是被用作食材也会被砍作燃料。在上海时我们看到过好几次这种情况。有一次我们看到一个妈妈带着女儿用耙、镰刀、篮子和袋子在墓地周围收集上一季收割后遗留的茬

图 7-13　夹在杉树间的小松树苗圃，用来补种在砍伐过的山坡上。

子和干草。实际上，墓地周围的干草和茬子比我国仔细修剪过后的草地上的更少。图 7-14 所示的就是一个刚刚收集完茬子和干草满载而归的男人，他手上拿的就是远东地区特有的耙子。这种耙子只是简单地将竹条压弯成钩形，再固定在竹竿的一端，正如图中所示绑扎好即可使用。

在山东、直隶地区和满洲，小米和高粱的秸秆广泛用作燃料或建材，有时也被用来制作屏风、篱笆和草席。在奉天，市场上出售高粱秸秆作为燃料，一捆 7 斤的 100 捆高粱秸秆的售价是 2.70 到 3.00 元（墨西哥币）。每亩高粱地产出的可用作燃料的秸秆约有 5600 磅，通常这些高粱茎约有 8 到 12 英尺长，因此，当骡子或马驮着这些燃料时，通常都会被完全掩盖在下面。在中国和日本，不同地方的植物秸秆售价不同，但一吨的售价一般都在 1.30 到

图 7-14　上海的一位男子在墓地上收集干柴作燃料。

2.85 美元。在南京，每吨无烟煤的售价是 7.76 美元。每考得①干
橡木大约是 3500 磅，而相同重量的秸秆燃料的售价则是 2.28 到
5.00 美元。

　　在这些国家，许多树木都被烧成木炭，然后用细小灌木枝编织
而成的草席或篓子装着运到市场上出售，每篓 2.0 到 2.5 蒲式耳。如
果不是被烧成木炭，则会锯成 1 到 2 英尺长的木段（如图 7-15 所
示），劈开之后将它们绑成捆儿运往市场出售。

　　在满洲奉天至安东（今丹东）铁路沿线地区，干柴被锯成 4 英

_____

　　① 考得（Cord），柴薪体积单位，每一考得相当于 4 英尺高、4 英尺宽、8 英尺
长（4′×4′×8′），128 立方英尺的木材量。

131

图 7-15　山东的农民正赶着马，驮着木柴前往胶州市场。

尺长的层积柴堆运输。在朝鲜，每头牛身上都配有一种特殊的马鞍用于运送 4 英尺长的木材。木材从牛背一直悬到牛身两侧近地的位置，从山上运到火车站。如在满洲一样，木材都是从一些小树上砍下来的。朝鲜的树木和中国大部分地区的树木一样，只要不是个人所有的小片山地，树木都是野生的，稀稀拉拉。在这些分散稀疏的松树之间还长有许多橡木，它们很矮小，生长的时间也不过两到三年，但它们似乎总是被不断地砍伐。在朝鲜，我们经常看到长满叶子的橡树枝被运送到稻田里用作绿肥。

种植在满洲的奉天和安东、朝鲜的义州和釜山之间的树木总是被不定期地砍掉，日本长崎与门司、下关到横滨之间的树木也是如此。在这些国家，植树造林计划正迅速地实施着。私有林地每 10 年、20 年或 25 年之内树木就会被砍伐一次。出售木材时，每匹马驮着的约 40 贯①木材，折合 330 磅，支付的价格为 40 钱（sen），图 7-16 所示的就是买卖时的场景。日本明石实验站的小野处长告诉我们，他们那里的树木都是 10 年砍一次，然后被作为燃料出售，平均每英亩林地的收益是 40 元。这片土地的价值是每英亩 40 元，但如果在这片土地上种桔子，每英亩的将会是 600 元。林地树荫处里还长有许多蘑菇，尽管生长条件不是很有利，但每亩地里的蘑菇带来的收益仍有 100 元。

图 7-16　日本人正搬运柴下山。

　　不包括台湾和库页岛②两地，日本的森林覆盖面积达 54196728 英亩，私人占有的土地不到 2000 万英亩，剩余的土地则属于国家或

① 贯（kan），日本古代重量单位，一贯约为 3000 到 4000 克。
② 台湾为中国固有领土，其时为日本不法霸占。库页岛，原中国领土，1860 年《中俄北京条约》逼迫清政府割让该岛，日俄战争后日本于 1905 年起逐渐占领库页岛南部。第二次世界大战之后，苏俄重新取得库页岛南部，现为俄罗斯萨哈林州管辖。

天皇。

这些国家广泛使用的建筑材料并不是木材，而是其他作物，这些都是在个人开垦的土地上长起来的。在图1-8所示的箱根乡等一些广泛种植着水稻的地区，用稻草盖屋顶的情况非常普遍。在广东三角洲的一些地区甚至连房屋四壁也用稻草盖。这种用稻草盖成的房屋冬暖夏凉，很适宜居住。但用稻草盖的屋顶寿命很短，通常每隔三五年就需要翻修一次。而盖屋顶的老稻草却是一种很好的肥料，它们有的也被用作燃料，烧成灰之后，再用作肥料。

烧制的粘土瓦被广泛用于城市公共建筑，也是盖屋顶时普遍使用的一种材料。这里粘土非常丰富，分布的位置也不是很远，取材容易。如图7-17所示，在环渤海地区和东三省城郊的一些住宅区里，有的屋顶上直接抹的就是谷子秆和高粱茎，有的则抹的是与石灰混合后的泥灰浆。

图7-17 谷子秆抹泥浆铺屋顶、做泥烟囱和泥墙，掺碎草做储存过冬蔬菜的泥窖。

134

　　在满洲的桥头（Chiao Tou），房屋是用高粱秸秆代替木材建成，屋顶则用谷子秸秆盖成。房椽是以惯常方式架设的，但上面覆盖有两英寸厚、去除叶子和上端的高粱秸秆。用麻绳将房椽和高粱秸秆捆绑在一起，两者交织着，看上去就像一张卷起来的席子，然后在其表面涂上一层薄薄的粘土灰浆，涂满之后，用瓦刀抹平，直到泥浆渗透为止。在这层高粱席上面，还要上一层用谷子秆扎成的 8 英寸厚的席子。谷子秆从根部整齐的切掉，留 18 英寸长。谷子秆席子沾水后，像铺油毛毡那样一层层叠在高粱席上，不过根要朝向坡顶，从下面看不见为好。建造更好的房子时，会在其表面抹上泥土灰浆或石灰灰浆，这样房子就能抵挡更大的雨。

　　我们看见正在盖的房子周围的墙上也用了长长的大高粱秸秆。房子已经竖起来常用的那种框架，立柱和横档以 3 英尺的间距安放在础石上，木梁承起了屋顶。高粱秸秆在外侧跟横档垂直地绑在一起，形成了紧密的一层墙体。它们的外表涂抹上灰浆，内里有一层薄薄的泥土灰浆层，横档的内侧也打上一堵同样的高粱秆墙，而且高粱秸秆也有粉刷，里层的高粱秸秆就如同房屋的内壁一样，但围梁与墙壁之间却完全是真空的。

　　用黏土烧制成的砖是一种广泛使用的建筑材料，谷糠和短的稻草则是黏结材料。砖头是以图 7-18 所示的方式在太阳下自然晒干的。在建造房屋的过程中要用到这些砖头，如图 7-19 所示。如我们所见，房屋的基石是用烧制而成的硬砖砌成，这种方式堆砌而成的基石能阻隔地下潮气，导致砖头变软、墙体坍塌。

　　当沿着白河溯流而上，我们看到沿岸有许多用于烧制砖头和粘土的窑。砖窑周围堆满了烧窑用的高粱秆捆，从河边到窑场 800 英尺距离的地面都被占满了。

　　有时燃料很难得到，因此非烧制的砖头也被广泛使用。人们采用各种方法来减少建设过程中所需烧制砖头的数量，图7-8所示嘉兴城墙便是其中的一个成功事例。该城墙中，四层烧制的砖头中间就会夹上一层坚硬的黄土。

图7-18　风干造屋用的土坯。

图7-19　房子的地基是烧制的砖，墙体用风干的土坯。

图 7-20 白河沿岸的砖窑，以高粱秆作燃料。

　　除了可用作食物、燃料和建材的作物之外，还有些作物可以用于纺织品和纤维生产。这些作物也被广泛地种植，而且每年的产量巨大。在日本，在略多于 2.1 万平方英里的耕地上种植这些作物养活了大约 5000 万人。在 1906 年，棉花、大麻、亚麻和苎麻的产量就超过了 7550 万磅，种植面积达到 7.67 万英亩。其余 14.1 万英亩则种植桑树和结香等一些用于生产纸张的材料，它们的产量是 1.15 亿磅。另外 1.4 万英亩的耕地上产有 9200 万磅草编织品用的材料。除此之外，还有 95.7 万多英亩的耕地种有桑树，以饲养桑蚕。每年中国向日本出口的丝绸达到 22389798 磅。这就相当于从 1860 平方英里的耕地生产出 3 亿磅的纤维和纺织材料，因而用于种植粮食的耕地面积就削减为 19263 平方英里。而茶的种植面积有 12.3 万英亩，比粮食的种植面积小，但 1906 年的产量是 5890 万磅，价值近 500 万美元。然而以上不是完全的这片 21321 平方英里耕地的生产能力，因为，除了这些食物和上面提到的其他物品，草编和木制器具也可产生 236.5 万美元的收益；用稻草编织袋子、包装袋和草席能产生 600 万美元的收益；用竹子、柳枝和树藤制作小饰品能产生 108.5 万美元的收益。在了解了这些农户的家庭产业后，我们估计 1906 年日本 5453309 户的农民在小商品生产等副业上的收入就达到 2052.7 万美元。若中国和朝鲜也能有相应的统计数据，则更能说明这两个国家的文化和传统优势已得到充分的利用。

东方人在很多世纪的生活压力下形成了这种经济、多产、节俭的优良传统。在与西方国家交流的过程中，西方挥霍浪费的生活方式如今由于机械的进步而更加凸显，东方这些优良传统不应该受到影响而被丢弃。在一切国家中，人们的劳动应被尊崇，经济、多产、节俭的传统美德应作为令人信服和满意的经济发展的推动力代代相传。

在这些国家，廉价、迅速的长途运输已经有了良好的开端。随着它的发展，大量的煤炭、矿产资源以及水力资源都会得到充分利用，这就会在一定程度上缓解因燃料需求量大而产生的环境压力。另外，森林管理工作的加强也会于一定程度缓解建材需求的压力。这样的前景应当不必等一个世纪才能看见。在中国、朝鲜和日本有着长期而有效的实践的人民，跟世界其他民族一样，一定会有更全面和更健康的发展。当水力资源得到充分利用且被以类似电流的形式运送到山脚、峡谷和平原地区时，不管它是在偏远的乡村，还是热闹的城市，都减轻了这些地区燃料需求的压力，减少了人们劳动的辛苦。同时，尽量依靠它们提高家庭的副业生产中劳动力的工作效率，使家成为宽敞的生活场所，以便孩子们远离拥挤的大作坊，在良好宽松的环境中健康成长。

第八章

漫步田野之间

3 月 31 号早晨八点，我们搭乘上海到南京的火车前往位于上海
西方、离上海 32 英里的昆山，进行一天的田野调查。火车一等座的
票价则是 1.6 元，二等座的票价是 80 分（墨西哥币），三等座票价
是 40 分，换算成我们的货币则分别是每英里 2 美分、1 美分和 0.5
美分。从这里到南京的距离是 193 英里，乘坐二等座的费用是 1.72
美元，换句话说，每英里不到 1 美元。尽管是硬座，但是列车员的
服务非常好。火车上提供的膳食既有中餐也有西餐，提供的饮料有
茶、咖啡和热水。另外，车上还提供湿热的擦脸毛巾，会出售当天
的新闻报纸，通常一个旅客都会购买两份报纸。

昆山附近的一大片农田被一个法国天主教教会以每亩 40 元（墨
西哥币）即每英亩 103.2 美元的价格收购了。然后他们再将这片农
田转租给中国人耕种。

在这我们第一次近距离看到了将运河中的淤泥用作肥料的具体
施行方法，尽管这种做法在中国已广为使用。当我们漫步于田野之
间时，我们看到了图 8-1 中间部分所示的情景。图 8-1 右边的一个
水库我们曾在图 5-8 中见过。运河的旁边是一块豆子地，人站在运
河中挖出沉积在底部的淤泥，然后将淤泥沿着运河的两岸堆放，在
堆积有 2 英尺厚之后，淤泥就会慢慢流入到田里将豆子淹没，差不
多已经有两杆长了，如图所示那样盖住了作物。当这片田里的淤泥
变得足够干燥之后，剩下的一些淤泥就会分撒到旁边的农田里去，
如图 8-1 上半部分所示。图中有三名男子正在撒已经干了的淤泥，
要撒在豆秧之间，并不是为了肥豆秧，而是为了肥不久就要在两垄
豆苗间下种的棉花。我们和旁边正在监工的地的主人交谈，他告诉
我们，这片豆子产量是每亩 300 斤，生的带壳出售的价格是每斤 2 分
（墨西哥币）。因此，他们获得的总收益是每英亩 15.48 美元。若土
壤中缺少氮和有机质，蚕豆就要在变黄之前拔起来，摘取豆子后用

湿淤泥混合就会变成绿肥。如果不急需增加肥料，豆子的秸秆则会被绑成捆当作燃料或出售或在自家使用，燃烧后的灰则会被倒入田里。故而蚕豆是一种既可当肥料又可当燃料，同时又可食用的作物。

图 8-1　图下部的运河淤泥被堆放在河岸两边，平均施用量超过 100 吨/英亩。图的中间部分最右边一个人正在从类似图 5-8 的水塘挖河泥。图的上部显示三个农民正在蚕豆田间施用淤泥。

这块地的主人每天付给长工100个铜钱，并提供饭食。估计提供的伙食价值200个铜钱，然而这些劳动力一天干10个小时创造出的价值达12美分。依据我们所见到的工人们每次搬运淤泥的数量估计，他们每人每次搬运的淤泥有80磅，搬运的次数超过84次，平均每人每趟的路程大约有500英尺。搬运1吨淤泥大约要花费3.57美分。

图8-1下半部分所示的是淤泥使用的另一个例子。图中淤泥被堆放在我们走过的小路的边沿，堆放的淤泥数量已经超过400英尺长。这些淤泥是一个农民在早晨10点我们拍摄照片之前堆放好的。他从一个10英尺深的运河底部将淤泥挖出。运河已退潮，所以露出了淤泥。到目前为止，他运过来的淤泥已经超过1吨了。

搬运淤泥的篮子是一个巨大的畚箕，挑夫用两根绳子将畚箕与扁担的边缘连接，用手扶着畚箕后面的扶手以稳住肩膀上的扁担，要清空畚箕时则将其翻倒即可。有了这套装置，到达目的地时挑夫只需将手稍稍抬起，畚箕中的淤泥就会很轻松地倒出。对于不是很富有的人来说，这套装置是最简单、最便捷和最廉价的。挖运河和修建防洪堤时产生的淤泥就是通过这种简单的方式被运走的。在上海，我们看见在退潮和涨潮的间隔之间，暴雨后经污水管道流进苏州河的淤泥也是以同样的方式被运走。

图8-2上半部分所示的另一块田地里每英亩堆积的淤泥超过了70吨。农民还告诉我们每两年这些淤泥就会被更新一次，要是能够获得一些其他更便宜的肥料，更新的周期就会更长。图下半部分有条运河，地里的河泥就是从同样由河泥堆成的阶梯运上来，晒干备用的。我们沿着运河考察时经常能看见这样的运泥阶梯，它们有些是最近才被砌好的，有些还正在建造，准备时机合适时挖河泥用。为了方便从较浅的运河中收集淤泥，运河上临时建起了两处大坝，

用斗或水车把坝间的河水抽走后，底部就裸露在外，就像抓鱼时常见的那样。照片上部分背景中那座大坟上的泥土，也是使用同一种方法收集起来的。

图 8-2　上半部分所示的另一块田地里每英亩堆积的淤泥
超过了 70 吨。挑泥上岸的三条阶梯见图的下部。

在浙江省，运河的淤泥被广泛用于桑园的地表肥。在中国的南部早已有了这种做法，图 8-3 是 4 月初在嘉兴南部拍到的风景。有一家人从远方过来，希望能在摘桑叶喂养桑蚕的季节找到活儿干，他们就居住在桑园前面停泊的小船上。关掉相机后，我们回望小船，惊奇地发现那家的主人笔直地站立在船中央，已经盖上了船篷的一角。

淤泥在田地的表面形成了一个两英寸厚的松散保护层，下雨的时候淤泥在雨水的冲击下会变得更加坚实。整个果园的土地就能增厚一英寸,其重量不会低于每英亩120吨。

在这儿,农民还对桑园和稻田之间的土壤进行周期性调换,这是一项极为费力的工作。长期用于种植桑树的土壤能增加水稻的产量,同样的,种植水稻的土壤也对桑树生长有一定的帮助。在乘船或是乘火车游历上海、嘉兴和杭州的过程中,我们经常看到人们将稻田的土壤挖出,之后将其堆放在运河沿岸或是直接倾倒进运河。这些土壤是从农田周边的沟渠里挖出来的,之后它们被铺在农田里。据我们判断,运河里的泥沙经历了一些重大的变化,它们可能吸收了石灰、磷酸以及碳酸钾等水溶性物质。据一些农民判断,它们也可能在水中经历了生长或者发酵等过程。正因为这些变化,人们调换土地的劳动才有了价值。将土壤堆放在河岸上,是为了方便用船将它们运送到桑园中去。

图 8-3　施过大量淤泥的桑园。一家人生活在船上,在桑园里工作。

当地的农民们都承认,如图1-10所示,从流向村庄的运河中挖出的淤泥比在野外收集到的泥土更肥沃,土壤的各项指标也都要高得多。他们将这归功于村民们在运河中洗衣服时使用的肥皂。城市的生活污水无疑也含有肥料物质，不过像下水道排出的污水之类绝不会被轻易排放到运河里。洗涤衣物过程中使用的物质很可能是产生絮凝效应的决定性因素，同时它也使肥料物质在田里施用时变得更加松散。

施用大量淤泥产生的一个重要优点就是能够将大量石灰加入土壤，石灰在絮凝和沉淀后与泥沙融合在了一起，增加了土壤中的微量元素。淤泥还带来了大量的螺蛳壳，这些贝壳中含有丰富的营养物质。泥土中含有的大量肥料物质主要是由于土壤中含有大量被丢弃的贝壳。图8-4上半部分的土地表面有许多螺蛳壳，看上去就如同满是砾石的土地表面一样，而图中下半部分出现的白点实际上就是暴露在翻新的土地表面的螺蛳壳。当然其他地方的螺蛳壳并不如图8-4土地上那样多，但它们却足以维持钙的供应。

人们在大量收集各种螺蛳之后，会将它们用作食材，村庄外面的运河两岸到处都是空螺蛳壳，人们将螺蛳煮熟，之后将它们连壳出售，这和我们平时直接用手抓烤花生或爆米花吃法一样，这种螺蛳也是直接用手抓着吃的。当有人要购买时，小贩就会用一把大剪刀将螺蛳尾部的螺旋点剪开，这样人们就可以直接用嘴将螺蛳里面的肉吸出来。运河里还有大量淡水鳗鱼、虾、蟹和鱼，这些都可以作为人类的食材。在运河周围漫步时，我们经常能看见有人低着头忙着捡东西，他们会将包括小鳞茎和水生植物的根等一切可食用的东西作为食材捡起来。为了方便，人们通常会用之前介绍过的方法将河水排干，然后脚踩在淤泥中，用手直接捡起那些东西。居住在房船里的人们是以捕虾为生的，渔民们的做法通常都是将房船开在前面，其后紧跟一两艘小船。这一两艘小船才是真正的捕虾船，其上装着几百个设计巧妙的捕虾器。当捕虾器被拖着沉到河底时，被

图 8-4　图上部是新近挖来的淤泥，表面布满了螺蛳壳。图的
　　　　下部分展示了刚翻过的土壤，也有很多蛤蜊壳和螺
　　　　蛳壳。

驱散的小虾会将捕虾器上的孔洞误当成安全的藏身之所，如此便掉入了渔民设计的"陷阱"中。

在街上，尤其是在节日里，经常能看见一群年轻人一边吃着螺蛳或嗑着西瓜子一边手舞足蹈地相互交谈着。街上到处都是卖这些小吃的小贩，大家吃的零食也基本都是这些。我们第一次看到这种场景是在嘉兴南部的一条街道上，这条街道的不远处就是一条新建的从杭州到上海的铁路。我们到达的前一天是一个重大节日，那天人们都拥向一座位于城郊一英里处高山上的九层塔，而新建的铁路线也是在这一天正式开始通行客运列车的。那对很多人来说都是难忘的一天，因为他们还是第一次看见客运列车，而且很多人还对我充满了好奇。我坐在火车站前的一张板凳上写东西，妇女和小孩们站在离我不到两英尺的地方一直盯着看，满脸的好奇，就好像面前坐着一只大猩猩。而且妇女们的好奇程度丝毫不低于孩子。人们抚过我大衣的袖子，以此来判断我衣服的布料，但是有个小男孩却用手摸了摸我的鞋。穿过街道之后，我们看见许多人正围坐在一张桌子周围聊天或者谈生意，但他们每个人嘴里都还在不停地嗑着瓜子或者是用手抓着螺蛳吃。在通往宝塔的路上，每隔两三百英尺就会有一个乞丐。在他们中间，我们只看见有一个人是有能力自己谋生的，他们大多数都是上了年纪的老人，另外还有一些残疾人。

　　这段时间上海到杭州的客流量非常大。有 3 个公司开通了两地之间的火车，运河上的蒸汽机房船也超过了 6 艘，而几天来这些交通工具上也都挤满了乘客。我们的火车在下午 4 点半的时候驶离上海，然后在第二天下午 5 点半的时候到达杭州。第二天我和翻译独自占了一套有 5 个卧铺的头等包厢，花了 5.16 美元，开始了长达一天，共计 117 英里的旅程。卧铺几乎占据了整个船舱，所以船舱内的走道还不到 14 英寸宽。船舱的两边各有 5 个台阶，从这两边都可以进入船舱。船舱里所谓的卧铺就是一张 30 英寸宽的木板，卧铺之间用一个 6 英寸高的床头板隔开，卧铺的前面也没有栏杆。每位乘客有自己独用的卧具，卧铺上设有一个吃饭用的小桌子。另外，在没有床头板的一头还有一面小镜子，有床头板的一头则是一盏台灯，放在隔间的开口处，这样就能照射到相邻的两个卧铺。以上这些便是船舱里的所有设备了。包厢顶有一个帐篷，交叉在两排宽 30 英寸、床头板 6 英寸高的卧铺之间。在这一段旅程中，旅客们都躺在了各自的卧铺上，他们的头相对着，中间就只有一张 6 英寸高的床头板。帐篷并不是很高，只能保证旅客们坐着的时候不会碰到帐篷。整个船舱很通风，但是却毫无隐私可言。在暴风雨天气旅客还可以放下两边的窗帘。

顾客无论在几等车都有三餐。正餐提供的米饭是装在瓷碗里、用盖着的木蒸笼端上来的。和米饭一起端上来的还有一些小菜，它们有精心烹制的苜蓿、竹笋炒豆腐、豆腐炒肉丝和竹笋炒猪肉条，另外还有用来泡茶的热水。如果顾客的胃口够好，他可以要第二碗米饭并且可以不停地续茶。这不提供桌布和餐巾纸，除了茶之外，食用任何食物都是用筷子夹。如果筷子用不上劲，那就需要用手了。吃完饭之后，将桌子清理干净。如果需要，他们会给你的脸盆倒上水让你洗手，冷热随意。而旅客的旅行装备则包括脸盆、茶、茶杯和卧具。直到晚上10点，甲板上都会有一名服务生提着热水来回走动，为那些需要泡茶的人提供热水。清晨的时候，此项服务又会重新开始。

每年的这个时间都是家禽孵化的时节。在哈登牧师的陪同下，我们有幸看到一次孵化过程，同时他也充当了我们的翻译。孵化家禽的历史十分悠久，而且在中国也非常普遍。图8-5所示的就是一个孵蛋器的内部结构，这家人就是用这个孵化鸡蛋、鸭蛋和鹅蛋的。孵好之后，再出售这些家禽的幼崽。在中国很多手艺中，这个家庭选择了将孵蛋技术代代相传。我们去了他们家开在村里小街上的店（图8-5所示），他们买进鸡蛋，出售孵好的小鸡崽。这项工作完全由家里的女人负责。为了养活整个家庭，这家人后院有30个孵蛋器，它们不停地工作着，每天孵化1200枚鸡蛋。图上可以看见4台孵化器，其中一个的三分之二装的是鸡蛋。

每台孵蛋器由一个一边开有小门的大陶罐组成，打开小门将燃烧的木炭放进去，在木炭上撒上一层灰使它燃烧得更久，这样就为

图 8-5　四个中国的孵蛋器。在这间屋子里共有 30 个，每个能容纳 1200 枚鸡蛋。

孵蛋提供了所需的热量。陶罐表面套有枝条编织物，因而是完全绝热的。如图 8-5 所示，陶罐上还有一个盖子。就像茶杯套一样，陶罐的里面还套有一个差不多大小的陶罐，里面的篮子里可能放有 600 枚鸡蛋，或者 400 枚鸭蛋，或者 175 枚鹅蛋。30 台孵蛋器被排成两排，为了利用大缸升腾的热气，紧贴在每排孵化器上面，有一溜孵化棚，放着编制的浅托盘，四边垫着棉花，上面盖有厚度不一的棉被以保持温度。

人们会把被孵化 4 天后的鸡蛋放在灯光底下检验，以挑出那些不能被孵化的鸡蛋并及时卖掉。不能被孵化的鸡蛋会被放进店里销售，而篮子里剩余的鸡蛋就会被放回孵蛋器继续孵化。鸭蛋在被孵化 2 天之后便被拿出来检查，5 天之后还会再被拿出来复查一遍。鹅蛋的第一次检查是在 6 天之后，再过 14 天进行第二次检查。这些检查能避免因不能孵化而造成的损失。总的说来，95% 到 98% 可孵化的蛋都能被孵化，只有 2% 到 5% 的蛋是不能被孵化，这些蛋会被及时挑出。

第四天之后，孵化器里的蛋每天要被翻转 5 次。鸡蛋要被放在较低的孵蛋器里 11 天，鸭蛋要放 13 天，鹅蛋则要放 16 天。此后，它们会被转移到孵化箱里。整个孵化过程中最需要密切关注和调整的是温度。在没有温度计的情况下，操作人员根据皮肤的感觉对温度的调整作出判断，他通过掀起盖子或被子，或者将蛋掉个头，较大的一端贴在眼窝上。这样做可以保证较大的接触面，而该处的皮肤敏感，接触时又暂时排除了空气，温度稳定，很少低于血液温度。长期工作使他们能迅速、准确地判断出温度细小的变化。在不同的阶段，他们会将孵蛋器保持在不同的温度下。房间里有一个男人在睡觉，保证有一个人值班，他不停巡视孵化器和托盘，通过开关孵化器的门来检查并调整每个孵蛋器的温度。翻看暖棚上盖在蛋上的被子，保证小鸡从蛋壳里钻出来后，能先待在棉垫上，直到它们被送去商店出售。鸡蛋在软棉垫上摆成数层连续放置，但通常情况下，第二层只占据不超过下层鸡蛋的五分之一或四分之一的面积。鸡蛋要放在托盘中孵化 10 天，鸭蛋和鹅蛋则需要 14 天。

在经过长时间的孵化之后，小鸡孵出，等到能够喂食时，鸡崽们会被按照性别分别放在两个直径为 30 英寸的浅托盘里带到市场上出售。经营者通过轻捏鸡崽的肛门又快又准确地将它们进行分类。我们走进店里的时候，店门口放着 4 托盘鸡崽，旁边还有几个妇女正在购买，她们每人都买了 5 到 12 只。哈登医生告诉我，无论在城市还是在乡村，每个家庭都会养鸡，但仅仅是几只。因此，看见鸡在小巷之内到处走是很平常的一件事。有时为了躲避主人或者路人，它们还会进出正在营业的商店。我们了解到，这家人花 10 分（墨西哥币）买进 9 个鸡蛋和 8 个鸭蛋，而最大的鸡崽售价为 3 分（墨西哥币）。换算成我们的货币，买进 100 个鸡蛋的价格差不多是 48 美分，100 只鸡崽的售价则是 1.29 美元，或者说 13 个鸡蛋卖 6 美分，7 只鸡崽 9 美分。

　　很难想象，国家需要进口多少家禽和蛋才能满足数百万家庭的需求，想要估计出具体的数量几乎是不可能的。这些国家密集的人口使得鸡蛋的供应问题与美国完全不同。1900年，我们的家禽总数是2.506亿只，平均每人3只。1906年时，日本的总数是1650万只，平均每3人才一只，每平方英里的可耕地上养殖的家禽达到825只。然而在美国，1900年，每平方英里的改良农场上家禽有387只。在日本为了使每人能有3只家禽，平均每英亩地上要养殖9只家禽，但美国1900年时，将近2英亩的改良土地上才养殖1只家禽。关于中国的家禽和蛋的总数我们没有具体的统计数据，但我们确信其总数是巨大的，因为中国向日本出口家禽和蛋。图8-6所示的是一艘装载着大量鸡蛋刚从乡下收来，它是通过内陆运河抵达上海的。

图8-6　中国上海，装有150筐禽蛋的船停靠在苏州河一个港口上。

　　除了用此前我们所述方法将运河的淤泥直接用作肥料外，将其与一两种有机物混合形成肥料，然后再将这些堆肥施用于土地的方式也是很普遍的。下页的三幅图分别展示的是劳作时的一些步骤，人们正兴高采烈地劳作，运用一些有前瞻性的技术，使得家人的生活得以维持，避免了饥饿或乞讨的命运。我们去过图8-7所示的地方。图8-7展示的是8个人正处理冬季的堆肥，并把肥料挪到图8-8所示，刚挖好坑的相邻的田里去。

图8-7　8个挑夫将一堆冬季制作的堆肥移到图8-8所示的坑里。船上载有刚从村里拉来的混有粪便和草木灰的堆肥。

图8-8　苜蓿田附近的堆肥坑，里面堆满了图8-7中的运河边在冬季制作的堆肥。

　　在我们拍这张照片的 4 个月前，人们就已经将上海一个马厩里的马粪通过 15 英里的水路运到了这儿，并将它们存放在从运河中挖起的薄薄的淤泥层之间以便发酵。然后有 8 名男子将这些混合肥放进图 8-8 所示的坑里，几乎能将整个坑填满。同样在这块田里还有另一个坑，如图 8-9 所示，这个坑有 3 英尺深，算上周围堆积的泥土，大约有 5 英尺深。图 8-7 中的 8 个人就是在处理堆肥，当时粪坑就快堆满了。在图 8-9 中是同一块地里不远处的另一个粪坑，挖了 3 英尺深，四周又对上了挖来的泥土，于是坑又深了 2 英尺。

图 8-9　新近挖的坑以收集堆肥，用图 8-7 中冬天的堆肥加苜蓿一同堆制，用在水稻田里。

　　在两个坑都填满了之后，人们会将旁边种植的已开花的苜蓿砍下来堆在坑里。每个坑堆放的苜蓿大约有 5 到 8 英尺高，中间夹杂着一层层的淤泥，这些淤泥将苜蓿浸湿，最终使这些苜蓿得以发酵。20 到 30 天后，苜蓿的汁水完全被下面的混合肥吸收，使混合肥进一步腐熟。这些混合肥一直被埋在这些坑里，直到要开地种植下一季的作物。然后这些与淤泥一同发酵形成的有机物质将会第三次被人们用双肩挑走，上到地里去，尽管重量有好几吨。

收集、装载好马粪之后，通过15英里的水路运送到目的地，船靠岸后，被卸下来，与淤泥混合在一起。这块地上之前种有苜蓿，现在被挖了几个坑，坑里堆放有冬季的混合肥。砍下苜蓿之后，人们会用肩膀将它们挑到坑边，然后一层苜蓿一层淤泥地堆放好。肥料形成之后，会被分配在田里，之前坑里挖出来的泥土这时会被回填进坑里。这种做法使得可种庄稼的土地不会减少。

以上这些就是中国农民赖以养活自己的生计，他们相信这样做是值得的，并能得到预期的结果，因为他们的土地很少但要养活一个大家庭。这些做法在中国很普遍，它们在维持超高的土地生产力方面发挥着至关重要的作用。由于堆肥的重要性，我们花了大量的工夫去寻找不同阶段堆肥的制作方法。图8-10所示的是将苜蓿与淤泥混合形成堆肥的准备过程。图的左边，淤泥已经从运河中挖出来；图的中间，路人正行走在乡间的木桥上。当要抽水灌溉稻田时，人们会给水牛搭建一个锥形的茅草房。图的右边堆放有两堆刚刚砍下来的新鲜苜蓿，旁边一位妇女正将苜蓿盖在淤泥上，而男人则从田间挑回更多的苜蓿。我们是在晚饭前拍摄到这张照片的，当人们离开了之后，我们又从另一个角度近距离拍摄了一张照片，如图8-11所示，淤泥挖起来几天后就变得有些僵硬，将它们摊开再放回田里就变得很困难。因此，人们会用桶从运河中挑水过来以降低淤泥的硬度。他们用水将淤泥和成稀泥，以方便浸透苜蓿。一层苜蓿一层淤泥地堆放好了之后，人们会卷起裤脚光着脚踩在上面，使这堆材料变得密实。旁边还准备好了配制四个这样堆肥的原料。

图 8-10　制作河泥苜蓿堆肥的情景。

图 8-11　制作过程中的苜蓿堆肥。

　　沿着拍照片的路往前走，我们看见了如图 8-12 所示的从运河中挖起淤泥制作堆肥的场景。在运河的一边，这家的孩子正用一个竹条编织的蛤壳形的铲斗从运河中铲起淤泥，之后将它们堆放在小船的中间部分。这个铲斗的开、关可通过一对竹柄来实现。运河的另一边，在堆肥旁边，母亲正用一个稍大的同样有竹柄的铲斗清空一艘小船。草垛上的男人是一个很好的参照物，帮助我们判断草垛的大小。

图 8-12 船上的年轻人正用竹柄控制铲子从运河中挖取淤泥。

　　我们在另一条运河的岸边又看见了一堆堆肥，如图 8-13 所示。我们用雨伞衡量那堆堆肥的大小。这堆肥的占地面积约有 10×10 平方英尺，6 英尺高，绿肥的重量超过了 20 吨。另外还有两堆肥料正在被配制，每堆的面积都达到 14×14 平方英尺。另外，旁边还在为配制 6 堆这种堆肥肥料准备，因此，肥料总共是 9 堆。

图 8-13 一堆制作完成的堆肥。

在这 20 多天里，这种含氮的有机质和淤泥中细土颗粒一起发酵。这真是一种很了不起的做法，尽管方法古老，但其原理只是最近才被世人发现，视为农业科学的重要原则，称为有机物质力。即有机质与泥土一起能腐烂得更快，从而将其中可溶解性植物肥料释放出来。把堆肥这项费时费力的工作视为无知行为的观点是错误的，是一种缺乏思考、理解和应用能力的说法，是毫无依据的偏见。假如美国的农业要养活 12 亿人民，小于当今日本人地比的一半，我们需要采用和当前截然不同的做法。我们足以相信他们需要更少的劳动力，而却又非常高效。我们的农民并没有掌握他们的基本农耕知识，作物种植过程中也缺乏更为持久、更好的土地管理方法。

后来，我们赶在插秧前回到这里，看看这些肥料是怎样被施用到田里的。图 8-14 是当时拍摄的照片，显示的是 5 月 28 日上午一家人的所有活动。这家人居住在附近的一个小村庄里，他们分到的土地有 2 英亩，这些地被田埂隔成 4 块水平矩形。这幅图上可以看到其中的三块，第四块则在图 12-13 上。在图 8-14 的上半部分有间茅草棚，茅草棚的下面有一只被蒙住眼睛的中国本土水牛，它被拴在一个大木泵的转动轮上。水牛带动泵转动以抽取运河中的水来灌溉图中突出位置的土地，使这些土地变得更松软，以方便犁耕。站在滚动转动轮上的是两个小女孩，一个 12 岁，一个 7 岁，家里年龄最小的小孩也来了。他们站在上面主要是为了娱乐，同时也帮忙照看牛，使牛一刻不停地工作。这时土地已经足够松软了，父亲开始犁地。牛每走一步，它的膝盖也随着弯曲一下。还在这块田里，如图的下半部分所示，有一个男孩正往田里撒苜蓿堆肥，他特别小心地撒着，尽量确保将肥料均匀地撒在田里。在父亲开始犁地时，他就已经在田里绕了一圈了。这些肥料是从运河边运来的，另外还有两个人在忙着将这些肥料送到其他的田里。在图的第三部分中，一

图 8-14　一个家庭在稻田上分工施肥和犁田。

人正用扁担挑着一筐肥料。这幅图的底部是一片成熟了的油菜地，油菜已经收割完了，等着人们运走。旁边有两个男人正在将这些油菜绑成捆运回家去，而在家里，女人们则会将油菜籽剥出来，剥的时候非常小心，尽量不弄断秸秆。因为在将油菜籽剥出来之后，这些秸秆可以成捆用作燃料。油菜籽剥下之后就被放在地上，然后被拿去榨油，榨好油之后留下的渣就会被用作肥料。

油菜因其巨大的经济作用而引起人们的极大关注。油菜是芥菜和卷心菜的近亲，它在早春还比较凉爽时就已经开始迅速生长，在种植水稻和棉花之前就已经开始发芽，它的幼苗和叶子汁水丰富，富含营养，容易消化，是一种常见的食物。它可以生吃，也可以煮熟后再吃，还可以用盐腌制以便冬天食用。油菜籽成熟之后秸秆是很好的燃料，油菜籽可以用以榨油，油可以用于照明也可以用于烹饪，渣还是一种广泛使用的肥料。

早春时节，这是一片绿色海洋，一眼望去尽是油菜。一段时间之后就开始变成一片金黄，最后当叶子掉落、油菜成熟之后，田里就变成一片灰黑色。油菜能用于生产植物油，每 100 磅的油菜籽能产出 40 磅的菜籽油。这些油可以食用，可以点灯，也可以出售。假如将油菜渣和灰作为肥料施用于田间，那么土地的肥沃程度能够保持平衡。菜籽油中的碳、氢和氧主要来源于大气，而不是土壤。

在日本，旱地和水田种植的第二茬作物都是油菜。1906 年，日本油菜籽的产量就已经超过 554.7 万蒲式耳。榨油之后的菜籽饼价值是 184.5 万元，两者相加，菜籽饼总价值达到 257.5 万元，然后将全部菜籽饼用作肥料，而榨好的菜籽油全部用于出口。日本每英亩地油菜籽的产量在 13 到 16 蒲式耳之间。照片上土地的主人预计每英亩地产出的菜籽大约是 640 磅，价值 6.19 美元；每英亩地产 8000 磅油菜秸秆，作为燃料的价值是 5.16 美元。

第九章

废物利用

迄今为止，中国、朝鲜和日本农民实行的最伟大的农业措施之一就是利用人类的粪便，将其用于保持土壤肥力以及提高作物产量。要理解这个措施的演变过程，首先要知道，在西方现代农业生产中使用矿物肥料就如同在工业生产中使用煤一样广泛。但是，矿物肥料也仅仅是在近几年才在西方国家普及的，供给短缺才得到一定的缓解。同时我们还必须考虑到，这些国家悠久的历史和需要养活的巨大人口。

当反思我国农场的土地在不到 100 年的时间里就耗尽了地力的原因，以及为了保证土地的年产量而不得不施用巨量的矿物肥料时，我们便意识到必须深刻了解和认识东方人自古以来一直延续的施肥方法。因为这种方法，中国人利用六分之一英亩的良田就足以维系一个人的生存，而在日本最南边的三个主要岛屿上，每英亩良田也足以能养活三个人。

根据沃尔夫在欧洲和凯尔纳[1]在日本作的关于人类粪便的分析，每 2000 磅粪便含有 12.7 磅氮、4 磅钾和 1.7 磅磷。在此基础上，卡彭特（Carpenter）进一步指出，一个成年人每天排出的粪便是 40 盎司（1 盎司约等于 0.03kg），每百万个成年人平均每年排出 45.625万吨粪便，其中共有 579.43 万磅氮、182.5 万磅钾和 77.56 万磅磷。霍尔[2]先生在《化肥与农家肥》一书中引用的相关数据是 794 万磅氮、307.05 万磅钾和 196.56 万磅磷，但实际上他自己采集和平均下来的数据却是 1200 万磅氮、415.1 万磅钾和 305.76 万磅磷。

---

[1] 沃尔夫（Emil Wolff），丹麦裔德国农业科学家，是德国莱比锡梅肯农业实验站的首任站长（1851—1854）。凯尔纳（Oscar Kellner, 1851—1911），出生在中欧，莱比锡大学化学博士。1876 年做过沃尔夫的研究助手，自 1880 年起就任日本东京帝国大学农业化学教授 12 年，在日本农业化学届的影响非常大。

[2] 即 Sir Alfred Daniel Hall（1864—1942），英国农业教育家和研究者。曾担任外伊学院（Wye College）院长和洛桑实验站站长。

在 1908 年，按照规章，一个中国承包商以 3.1 万美元的价格获得了收集 7.8 万吨上海粪便的特权，并且按照合同规定将它们运往乡下出售给农民。图 9-1 所示的就是每天从上海出发的、负责运送粪便的船队。

图 9-1 收集上海市民的粪便运到乡下肥田，船队停靠在苏州河港口。

日本国家农商部的川口博士依据他们搜集的记录告诉我们，1908 年日本保存并施用到田间的农肥就已经达到了 23850295 吨，平均到四个主要岛屿共 21321 平方英里的耕地上时，每英亩用了 1.75 吨。

依据沃尔夫、凯尔纳、卡彭特或者霍尔的分析数据，美国和欧洲每年倒入海洋、湖泊、河流以及地下水等各种水体的 100 万成年人的粪便中含氮大约 579.43 万到 1200 万磅，钾大约有 188.19 万到 415.1 万磅，磷大约有 77.72 万到 305.76 万磅。而我们竟把这种浪费引以为是文明的巨大进步。在远东地区，三千多年以来人们一直延续着保存粪便的习惯。现在，那里的 4 亿成年人口，每年把包含

15 万吨磷、37.6 万吨钾和 115.8 万吨氮，合计达 1.82 亿吨的粪便，无论在乡村还是像武汉三镇这样半径四英里内聚集有 177 万人口的大城市，都从家家户户收集起来，并且施用到田间。

人类是这个世界上最放肆的废物制造者。在触手可及的范围内到处都是人类作用的痕迹，他们作用于一切事物，各种生物都加速毁灭，连人类自身也没能排除在外。在这一代毫无节制的人手里，把土壤的肥力扫进了大海。这种肥力是无数世纪的生命才积累起来的，也是所有生命赖以生存的基础。我们必须认识到，往田里施用磷的做法只是在土壤肥力大量流失的情况下的一种补充肥力方法，增加还谈不上。据估计，北美每立方英里流入海里的河水中携带超过 500 吨的磷。现代文明又通过液压排污的处理方法，加大了这种损失。5 亿人口大约要排掉 19.43 万吨的磷，这些磷并不是 129.5 万吨纯度为 75% 的磷酸盐所能代替的。现在东方人口将近 5 亿，但他们耕地面积不到 80 万平方英里，这些耕地中许多已有了 2000 年或 3000 年，甚至 4000 年的耕作历史，若不是很好地利用了人类粪便，他们在没有矿物肥料可利用的情况下，不可能生存下来，居住环境更不可能避免受到粪便污染。东方民族的特质之一就是能够很好地保护土壤，为了很好地保护土壤、避免破坏土壤肥力，东方人采用"就地取材"的方法。正如以下这个故事所比喻的那样：

> 有一艘船在海上迷路了很多天，有一天船员们突然看见另一艘船，于是他们便在自己的船上竖起了一根写着"水，水，我们急需水"的桅杆。另一艘船很快有了回应，他们让"就地放下水桶"。不久，这艘船又发出了"水，水，给我们些水"的求救信号，另一艘船的回应仍是"就

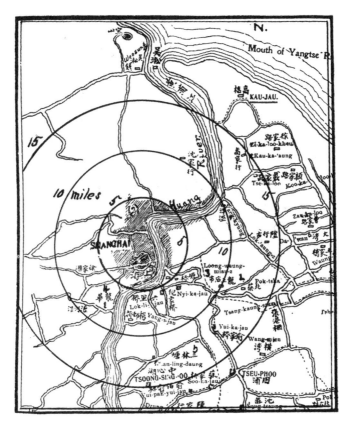

图9-2　地图显示了中国上海市郊图，密集的运河将城市和乡村连接
　　　　起来，城市的粪便经这些河流运到乡下。

地放下水桶"。第三次和第四次求水的信号都得到同样的回
答："就地放下水桶。"最后，迷路的那艘船的船长终于醒
悟，放下了水桶，随后淡水源源不断地从亚马逊河河口溅
入了他们的桶中。①

────────────

①　摘自布克·T. 华盛顿：《亚特兰大演讲》。

在一些大城市，像广州那样建在江河冲积而成的滩涂上的大城市，像汉口那样建在世界上最大的河流之一长江岸边的城市，以及像上海、横滨和东京这样现代化的大城市，这种浪费都是不允许的。对于这些大城市来说，浪费粪便无疑是慢性自杀。他们在很久以前已经开始抵制这种浪费行为了，最终使得这种浪费不复存在。

图9-3　在日本常见的运输城乡粪便的大车。通常是人或者牲畜拉着载有粪便的板车。

上海市卫生官员阿瑟·斯坦力博士①在1899年就这个话题作了一个市政问题报告，其中写道：

---

①　斯坦利是1898年设立的卫生处首任处长。不过负责粪便和垃圾清理的机构"粪秽股"至少是在1867年时就已经存在。

在谈到东西方卫生观念之不同，上海的公共卫生状况可以作为例子。可以这样说，如果一个民族的健康长寿表明其有良好的卫生习惯，那么对所有关注公共卫生问题的人来说，中国人就是一个值得研究的民族。即使没有可靠的数据，我们仍然知道，从中华民族诞生以来的3000或者4000年间，中国的出生率一直都显著地超过死亡率，且中国的卫生习惯比中世纪的英国好得多。家庭卫生的主要问题就是要每天打扫房子，假如在打扫卫生的时候又能获得一些额外的利益那就更好了。极富文明的西方人花费大量金钱，精心制作肥料焚化炉来焚烧垃圾，将粪便排入大海，中国人则是将两者都用作肥料。中国人不浪费任何东西，并且总是时刻将神圣的农业职责铭记于心。对细菌的研究工作表明，处理人粪尿和生活垃圾最好的方法就是将它们埋在干净的土壤中自然净化。我认为以目前上海的条件，销毁垃圾必然会产生一些负面的影响。将污水进行处理后采用输水系统将未经处理的污水输往河里，并用河水供应生活用水，这对居民的身体健康将造成巨大的损害，甚至可以说是一种卫生自杀。最好的办法就是利用中国卫生习惯的长处。正如我们所见，那是公元前1000多年前演变下来的结果，非常值得我们尊重。

在中国，粪便大部分都是储存在图9-4所示的陶缸，这些容器是用烈火烧制带釉彩的容器，十分坚硬，能够储存500到1000磅粪便。日本则更多地使用图9-5所示的能遮盖起来的水泥坑。

图 9-4 储存人类粪便的粪缸。

图 9-5 日本加盖的水泥粪坑。

在这三个国家里人们通常都是如图 9-6 所示，用两个桶装粪便，然后用扁担将它们挑到田里去。当要将尿肥倒入田里或者花园时，人们通常都要用到图 9-7 所示的长柄勺。

图 9-6　田边有 6 个粪桶。农民正在施肥。

图 9-7　用长柄勺给作物施粪肥。

现在我们也开始注意使用厩肥了，但是采取的方法与中国、朝鲜和日本截然不同。中国人总是沿着乡间小路或者公路收寻动物的粪便，当我们走在城市的大街上时，也经常看到有人迅速将地上的粪便捡起，然后将它们小心地埋在地下，尽量避免因为透水以及发酵而造成养分损失。在一些桑园里，人们会在树干周围挖一个直径 6 到 8 英尺、深 3 到 4 英寸的坑，然后将蚕的粪便、褪下的皮以及吃剩下的叶子和梗一起埋在下面。这样处理废物是必要的，因为人们将除蚕丝之外的所有东西都利用了，避免不必要的损失，而且这些东西也一定程度上促进了下一季桑叶的生长。

吴太太的农场离嘉兴不远，那总是有两头牛带动两台抽水泵，以灌溉 25 英亩等待插秧的稻田。当在那里考察时，我们惊奇地发现看牛的小伙子还有一个任务就是用一个带竹柄的、容积为 6 夸脱（1 夸脱＝1.136 升）、长度为 6 英尺的木勺在粪便掉在地上之前将它们收起，放入一个用于存放粪便的容器里。因为我们只是最近才认识到这种做法带来的巨大经济效益，所以原以为这个小伙子在接手这项工作时会有一丝抱怨，但实际上我们从他的脸上没有看到一丝厌烦。他很自然地工作着，我们当时想不出做这件事情的原因。事实上，他采取的是唯一正确的方法，要是没有去收集粪便，土地的生产条件将比现在差得多，也正是因为这种做法极大增加了大米的产量。这个小伙子正在形成勤俭节约的优良品质，同时，这种品质也是整个国家赖以生存的精神财富。

我们注意到，旅途中苍蝇的数量并不很多，但真正了解到这个现象所反映的问题本质时，我们却要离开中国了。事实上，不知是什么原因，在从横滨出发返回美国的船上，头两天我们看到的苍蝇比之前任何时候看到的都要多。可以说，若真正注意到了粪便，并对它们及时做一些必要的处理，便会在一定程度上阻碍苍蝇的繁衍。

因此我们确信这些国家一定非常关注粪便的处理，在其处理过程中，也一直都有注重卫生的观念。

在利用粪便的过程中，老一辈的农民显示出了极大的智慧以及高超的技艺。图 9-8 显示的是众多例子之一，值得研究。图上有个走在菜畦中的男人正挑着粪桶回家，我们得知他家中有 20 口人要养活，而这个占地面积只有半英亩的菜园能给他带来 400 元（墨西哥币），合 172 美元的收益。菜园里种有成畦的黄瓜，每畦两行，畦间距为 30 英寸，每行之间相距 24 英寸，列中黄瓜的株距在 8 到 10 英寸。这个男人最近才把菜园里收获的一些绿叶菜卖掉，这些蔬菜种植在每组黄瓜架下面的空地上，这些黄瓜架可拆卸、坚固耐用并且十分透光。5 月 28 日，黄瓜就已经开始爬蔓生长了，土地没有因作物的改变而闲置一分钟。相反，这个男人却通过间种套作和巧妙地接茬使得各种作物的生长时间延长了一个月。这个男人用自己的智慧和勤劳使这个种植黄瓜的半英亩菜园创造出了本该是两英亩地才能有的价值。他将黄瓜从地上移到了架上，在架子的下面还留足了两英尺宽的步行空间，这样也方便锄草和灌溉。按照美国农民的种植方法，四英亩地上产出的黄瓜比如此种植的一英亩地的产出还少，而这个中国人在同一季节内还能多种植几种作物。

这种差异就肌肉活动而言并不大，不同的是人类大脑中的灰物质的机敏程度以及工作效率。这个中国的农民会区别对待每种不同的作物。松动土地使得施用的粪肥能快速渗透到地下直至作物的根部。在雨量小、土地干旱的时候，他会把 10 份的水和 2 份的粪便兑好后施用到田里。这样不仅能灌溉土地而且还能使水分渗得更深。在雨量大、土壤过度潮湿的时候，就施用浓粪，目的不是为了减轻农民的负担而是为了避免土壤中水分过分饱和导致肥料淋失。即使他既尽量密植，但却从不过度施肥。工作前有计划、工作时全神贯注是东方人的重要品质。我们从没见过他们在工作的时候抽烟。他们喜欢抽烟，但更喜欢专心做事，使得投入获得更多回报。

在 5 月初的某一天，我们独自走在田间，没有带翻译。我们在一片有坟墓分布的土地上驻足了半小时，看一个老农民用锄头锄地，图 2-3 所示。他的祖坟占了部分农田，农田里到处都是如铅笔粗细的蚯蚓，呈绿色，它们在伸长的时候也有一根铅笔的三分之二长。老农每锄一下便会出现三五条蚯蚓。但据我们目前的观察，他没有伤害蚯蚓，也不忘把带出的每条蚯蚓都盖上土。虽然他看上去似乎并不是有意为之，尽管彼此无法沟通，但我们深信他潜意识里还是努力不去伤害它们。

图 9-8　收获的农产品是农人智慧、力量和肥料的结晶。

毫无疑问，蚯蚓可以松动深层的土壤，以使地表下的空气能更自由地流通。农田挖出许多蚯蚓足以证明土壤中含有许多有机质。蚯蚓蠕动以松土，并且消化土壤中的有机物排出泥土，一年吞吐量非常大。当人们开始灌溉土地以种植水稻时，土地的表面就会浮现大量的蚯蚓，然后人们会将鸭子成群地赶到田里，用蚯蚓给它们喂食。

在旁边的一片田里，大麦快要成熟了。旁边有一块狭长的土地正要被开垦。大麦穗垂向一边，这里没有一块土地被浪费，每一寸土地都物尽其用。大麦按约 16 寸间距被分成一抱，很有技巧地捆成一把，既不拔起，也不弄断麦秸，使得麦穗能够在继续灌浆成熟的同时，又被拢在了一起，麦秸倾斜空出的地面就能被平整以种植另外的作物。

我们还观察到另一种情况，一个男人在土地上种植马铃薯，并且在它们还没成熟的时候就将其运到市场上出售。他在缺乏雨水的时候会灌溉土地，而且还会给土地施肥。田里的马铃薯一行一行地种植着，每行间隔12 到 14 英寸，堆距为 8 英寸。其株干壮实地生长着，笔直向上延伸，大约有 14 英寸高，看上去就像是一块修剪好的篱笆。作物的叶子和茎粗大，呈深绿色，就像公路边的路标一样光泽耀眼。这些作物茂密地生长着，其叶子在一定程度上阻挡了直接射向这一小块土地的阳光。这片田里没有马铃薯甲虫，我们在土豆上没有看到任何受损的迹象，但是老农却以知更鸟般锐利的眼光扫视这块田地，他在第一时间洞察到叶子掉落的趋势。由于我们对他的工作充满了好奇，于是他将一只地老虎、一块子弹大小的土豆块茎和中间折断了的秧放在我们的手上，他显然看出我们有兴趣，就愿意做出这一牺牲。只是两位朋友尽管面对面，却被语言阻碍了交流。

不充分的理解最会损害朋友之间的友谊，阻碍友谊进一步发展，甚至树立许多敌人。因此，象征和平的和平鸽必须插上共同语言的翅膀才能飞遍全球。东方在世界贸易中的重要性正日益显现，他们的崛起正带动着以电力通信为基础的铁路和海上航线的迅速发展。世界贸易必须建立在相互信任的基础上，世界各国的友谊必须建立在相互理解的基础上，因此，出现一种世界通用的语言成为必然。

在此基础上，世界的永久和平才能有所保证。现在，这种必然正以比想象中更快的步伐向我们走来。一旦我们致力于追求这个目标，将三代儿童送往教授世界语与母语的公立学校的举动势必会加速其进程。

关于这些远东民族，有重要的一点应当注意，那就是他们的农民有高效、清晰和专注的思考能力。这些农民自古以来都用数量有限的几亩地养活密集的人口，为此不得不给土地进行高强度地施肥，他们都普遍使用燃烧耕地以及山上种植的植物的方式以得到草木灰作为肥料，进一步昭示了这一点。

我们无法获得这些国家通过燃烧植物每年得到的作为肥料的草木灰的确切数据。但我们知道，一考得干橡木约有3500磅，而每个家庭用于生活和生产的燃料则超过了两考得。一个日本家庭中平均有5.563人，假如人均使用的燃料是1300磅，那么日本的燃料消耗量将会是3120万吨。考虑到在这些国家使用较多的燃料是农作物秸秆（含5%的灰分），或者松树等的树枝或树叶（据估计含4.5%的灰分），同时草木灰中磷的含量是0.5%、钾的含量是5%，我们可以得出日本每年在不足21321平方英里的耕地上施用的草木灰共计应有140.4万吨，返还于耕地的磷、钾、钙分别是7020吨、70200吨和40多万吨。

在拥有4亿人口的中国，草木灰的使用和日本一样频繁，返还于耕地的磷、钾的总数是日本的8倍。以此为基础，日本每年因使用草木灰带来的磷等同于46800多吨纯度为75%的磷酸盐，平均每英亩耕地大约有7磅磷。这个数字，甚至再加上钾和钙，对于提高土壤的肥力似乎还是微不足道的，但美国人应当明白，即使真是这样，此地人民完全是迫不得已，能省则省。

为了获取更多用于耕地的可溶性钾，日本的做法是将不少于15.66万吨的纯硫酸钾和草木灰一起施用，平均每英亩23磅，而每英亩施用的石灰碳酸盐则大约是 62 磅。

森林一直都是提供草木灰的源地，除此之外，还有一些土地也为耕地提供了绿肥和堆肥的材料，主要是占耕地总面积 20% 的山地。这些山地上覆盖着大片植被，面积大约有 2552741 英亩，植被每季至少会被砍伐三次，在 1903 年的时候，每英亩的植被产量就达到了 7980 磅。第一次砍伐的植被主要是作为绿肥施用于稻田中，这些植物被放在水稻植株中间，然后用图 9-9 所示的方法被踩进泥土。

图 9-9　日本农民将枝叶作为绿肥撒在水稻植株中间，并踩进水里。

图上的男人随身携带一个篮子和一把镰刀，无论他走到哪里都会随时砍下一些植物，然后将它们带到稻田里使用。7 月份的时候这里的天气异常闷热，我们看到他半个膝盖埋在田里，在横竖交织的稻田里行走，同时将砍下的植物撒在水稻植株间。他在一个地方只放一把植物，再拿手指将植物拨弄平整，然后再用脚将这把植物踩进地下，再用两手将稻叶上的淤泥抹去，并且将七倒八歪的水稻扶正，我们可以看到田里的脚印一个连着一个。在第二遍踩踏之后，这些植物才完全没进泥里，水稻列与列之间间距约为一脚，而每列水稻与水稻之间都有一个大约 9 到 10 英寸高的垄，每道垄他都要用双手抹过。

这片田是他租来的，因此要将每町①产出的 80 担大米中的一半上缴当作租金。按照每蒲式耳 60 磅计算，那就是每英亩 44 蒲式耳。即使在天气恶劣的年景，土地租金也不会轻易调整，除非他尽了一切努力但是产量仍明显下降。然而，在美国人看来这种做法很难以理解，一个男人无论如何也不愿意承担如此辛苦的工作，不管是为了养家糊口，还是出于对亲人的关爱。

在日本，第二和第三次从山地上割来的草主要是用于调制秋季或下一季初期要施用的堆肥。有时农民会从牧场砍伐，但主要砍伐的是山地上的植被。种植在山地上，被人们砍伐的将近 1018.55 万吨的草为耕地提供了许多的有机质，在燃烧成灰之后也有利于增肥土壤。生长在一些村庄附近的野草是村民的公共资源，人们可以随意砍伐，但只允许在一个固定的时间内，而且在一个区域内可以砍伐的数量也是有限的，至于人们砍伐的方法则如图 9-10 所示。人们清楚地认识到，这样不断砍伐山地上的植被必然会造成山地土壤流失，最终减少植被的数量。

在东京皇家农业实验站大工原博士（Dr. Daikuhara）的帮助下，我们掌握了 6 月时用于调制绿肥的五种基本野生植物叶子和茎的基本构成。1000 磅的植物中含有 562.18 磅水、382.68 磅有机物质、55.14 磅灰分、4.78 磅氮、2.407 磅钾和 0.34 磅磷。这每年植被的产量是 1018.55 万吨，按照上述的比例，每年施用于耕地的磷是 3463 吨、钾是 24516 吨。

① 町，日本面积单位，1 町 = 0.009917 平方公里。

除此之外，山涧和野地冲下来的地表物也大多留在了稻田里。在一些地方，每年往田里灌溉的水超过 16 英寸。假如这些水的成分和北美的河水相似，每年往这三个主要岛屿的稻田里灌溉的 12 英寸水将给田里带来 1200 多吨磷和 1.9 万多吨的钾。

日本农工商部的川口博士告诉我们，在 1908 年，日本农民往田里施用了 22812787 吨堆肥，这种堆肥是由牛、马、猪以及一些家禽的粪便和植物混合而成，或是和土壤、草皮及沟渠、运河中的淤泥混合而成。若将这些堆肥平均到南部三个主要岛屿的耕地上，则施用的堆肥每英亩达到 1.78 吨。

图 9-10　一家人从山上砍草归来。父亲和儿子各背着一筐草，做绿肥或者堆肥。女儿拎着水壶，提供安全卫生的饮料。

据奈良实验站所得的数据可知，他们制作的堆肥成分如下：每
2000 磅堆肥中含有 550 磅有机物质、15.6 磅氮、8.3 磅钾和 5.24 磅
磷。按这种比例，2280 万吨堆肥含有 59700 吨磷和 94600 吨钾。
图 9-11 所示的是堆肥加工厂，它是复制的一张奈良实验站发给农民
的宣传单。图 9-12 所示的是奈良实验站堆肥加工厂外观。

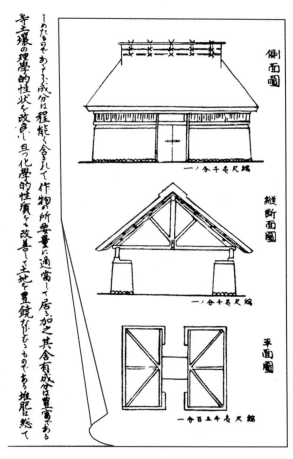

图 9-11　奈良实验站提供的堆肥房的构造图。上部显示了侧
　　　　　面图，中部显示断面图，底部显示平面图。

这种堆肥房可为两英亩半土地供肥，地坪的面积是 12 英尺宽、18 英尺长，因为是由粘土、石灰和沙子混合而成，所以不会漏水。墙壁是用泥土砌成的，大约 1 英尺厚。屋顶则是由稻草铺成。它能堆放 16 到 20 吨的堆肥，价值 60 日元，相当于 30 美元。在堆肥的过程中，每天都会有一些材料被运来，然后它们会被铺放在地板的一边，堆至 5 英尺高。这些材料达到 1 英尺厚时，其表面会被铺上一层 1.2 英寸厚的土壤或泥浆，然后重复这种做法，直至 5 英尺高。堆制过程中还会往堆肥中加一些水以保持湿润，并且还将室内温度一直保持在低于人体体温的水平。若是夏季，做好堆肥之后，还得在原地放置 5 个星期，冬季则会放置 7 个星期，然后才将其转移到房子的另一边。

图 9-12 奈良实验站堆肥房外观。

如果我们都以整数标识，日本农民每年往其 2 万或 2.1 万平方英里的耕地上施用的氮、磷和钾的总量分别达到了 385214 吨、91656 吨和 255778 吨。这些数值仅仅是近似值，还不包括有悠久历史的、由鱼塘养鱼产生的大量肥料。此外，氮的含量还不包括长期广泛种植的大豆以及其他蔬菜的根所固定的大气中的氮。事实上，1903 年到 1906 年间，把豆科植物作为第二季作物种以制作绿肥的稻田面积只占 11000 平方英里耕地的 6.8%。1906 年，一些坡地也种植了豆科作物，这些土地的面积约有 9000 到 10000 平方英里。

上述数据表明了日本的农民每年往耕地里施用的氮、磷和钾的总量。这些数据相对一些资料显得有点偏高，尽管如此，我们仍然相信日本的农民每年往耕地里施用的肥料的成分远不止这三种，他们施用的肥料为 21321 平方英里的耕地提供的氮、磷和钾每英亩都不少于 56 磅、12 磅和 37 磅。或者我们把日本北部的北海道除外，因为农业在那里还只是一个新兴产业，人们缺乏精耕细作的传统经验，那也完全可以得到为每英亩农田提供 60 磅氮、14 磅磷和 40 磅钾的数据。收获 1000 磅小麦，包括不含水的粮食和麦秸，相当于从土壤中带走 13.9 磅氮、2.3 磅磷和 8.4 磅钾。照此计算，原有的 60 磅氮便足够使一英亩耕地产出 31 蒲式耳的小麦；原有的磷足够使一英亩耕地产出 44 蒲式耳的小麦；原有的钾也足够使一英亩耕地产出 35 蒲式耳的小麦。

以下数据是我们在霍普金斯博士最近的著作《土壤肥力和永续农业》一书第 154 页摘取的：

表 9-1　每年每英亩土地中带走的氮、磷、钾近似值

（单位：磅）

	氮	磷	钾
100 蒲式耳玉米	148	23	71
100 蒲式耳燕麦	97	16	68
50 蒲式耳小麦	96	16	58

（续表）

	氮	磷	钾
25 蒲式耳大豆	159	21	73
100 蒲式耳水稻	155	18	95
3 吨梯牧草	72	9	71
4 吨苜蓿干草	160	20	120
3 吨豇豆干草	130	14	98
8 吨苜蓿草	400	36	192
7000 磅棉花	168	29.4	82
400 蒲式耳土豆	84	17.3	120
20 吨甜菜	100	18	157
日本每年施用量	60	14	40

为了进行对比，我们在这张表格里加入了水稻这种作物，并且将每英亩 300 蒲式耳的土豆增加到 400 蒲式耳。因为每英亩 400 蒲式耳的产量在优良的管理和有利的气候条件下是完全可以实现的，尽管现阶段在缺少肥料和水的情况下其产量远低于 400 蒲式耳。在这张表中，假设收获的粮食中水的含量是 11%、秸秆的含水量是 15%，土豆的含水量是 79%，甜菜的含水量是 87%，那么每年移除 1000 磅的作物而带走的营养成分的数量见下表：

表 9-2　每年收割 1000 磅干物质所带走的氮、磷和钾的近似值

（单位：磅）

		氮	磷	钾
谷物类	小麦	13.873	2.312	8.382
	燕麦	13.666	2.254	9.580
	玉米	13.719	2.149	6.676

(续表)

			氮	磷	钾
蔬菜类		大豆	30.807	4.070	14.147
		豇豆	25.490	2.745	19.216
		苜蓿	23.529	2.941	17.647
		紫花苜蓿	29.411	2.647	14.118
根茎类		甜菜	19.213	3.462	30.192
		土豆	15.556	3.210	22.222
禾本植物		梯牧草	14.117	1.765	13.922
		水稻	9.949	1.129	6.089

从上述日本每年施用于耕地的氮、磷和钾的数量以及这两个表中的数据可以看出，日本农民现在正尽可能多地往耕地里施用三种养分，以增加它们在土壤中的含量，而且这种做法很可能早就开始了，中国和日本的情况都是这样。另外，美国农业的实践最终也没有理由不如此。

第十章

在山东

5月15日，我们乘坐一艘近海的轮船离开上海，向北航行，前往离上海大约300英里的山东省的青岛。我们此行的目的是了解当地的耕作及施肥方法，因为现在在那里正是耕作及施肥的季节。

山东与北卡罗来纳州和肯塔基州的纬度相同，或者可以说它位于旧金山和洛杉矶之间。其面积与威斯康星的面积相近，大约56000平方英里。那里的耕地面积不到总面积的一半，但现在其人口已超过3800万。目前纽约州的人口不到1000万，却有超过半数的人口住在纽约城里。

孔子于2461年前在这里出生，他思想的继承人孟子也曾居住在这里。在孔子之前，公元前2297年，距今大约4100年，黄河发生了巨大的洪涝灾害，大禹就在此时被任命为"公共工程司"，负责疏导洪水和开凿运河。

这里也是义和团运动的发起地。青岛位于胶州湾的入海口，在1895年中日甲午战争之后，德国以两名德国传教士在这里被杀为由，于1897年12月14日强占了胶州湾。作为赔偿，此后在1898年3月6日，胶州湾直到高潮线的水域，包括岛屿，连同青岛，一起被德国租借，期限为99年。租界之外方圆30英里的范围则成为德国的"势力范围"与此同时，俄国强行租借了旅顺港，英国也签订了类似的条约，租借了山东的威海卫，而法国则强行租借了中国南部的广州湾。但是，欧洲列强的对中国的侵占并没有随着这些条约的签订而停止，1898年后期，列强"划定势力范围"的争夺，在铁路建设特权和采矿权的激烈竞争中达到了高潮。列强的暴行惊醒了中国人民，于是他们开始发动起义，与中华帝国的先祖渊源最近的山东自然而然地成为发源地。可以预见，在这种情况下，即使是再热爱和平的人们也会武装起来抵御欧洲列强的侵略，保卫自己的国家。于是，义和团运动便发生了。

青岛港是一个深水且宽敞的常年不冻港，德国对其进行了广泛的实质性改善。他们在码头的外围建设了一个长 4 英里的防波堤，并且第二个码头也已经接近完工，这必将给本省和帝国带来长久的利益。德国人维修了一个气象观测站，而且还建设了一个大型的综合性森林公园，并对其进行了优质的管理。在很短的时间内取得了显著发展。

晚上，轮船抵达了青岛港，接着我们就上了岸。我们发现这里的语言只有中文和德语，但是在美国长老会的传教士 W. H. 斯科特牧师的帮助下，我们联系到了一名翻译，并约定晚上来宾馆见面，但最终他还是没有出现。下午我们去了森林公园，参观了在哈斯（Mr. Haas）先生监督下正重新造林的地带。公园占地面积 270 英亩，但重新造林的地带却超过了 3000 英亩。公园引种了多种林木和各种各样的果树，预计它们将会带来丰厚的利润。

在青岛附近陡峭的山上，我们第一次近距离看到了中国非常严重的水土流失现象，在这些几乎没有土壤的山丘上植树造林的难度可以想象。考虑到自 11 月到次年的 6 月这里一直都是干旱季节，从图 10-1 中能看出这些花岗岩山顶是多么的缺乏土壤，因此植树造林计划才显得异常重要，只要一旦停止砍伐树木，这些地区很快就能恢复植被覆盖。照片中正在风化的岩石属于极其粗糙的晶体花岗岩，其风化的速度惊人，并已进入石层深处。尽管晶体还大块结合在一起，但紧密程度不如一层铺路石。潮气甚至能迅速深入其中。用刀刃一插，毫不费力，石块就碎了。山上的道路已经用锄头和铁锹铺设好了，我们仔细检查岩石之后发现，晶面之间有沉积层，这些沉积层有的是在雨水冲刷下形成的，有的是在岩石中晶体分解的基础上形成的。图 10-2 所示的是在这种土壤上能生长的植被可以长多大，而从图 10-3 中似乎可以预见以后这里的植被、森林覆盖率将会达到多高。图 10-1 和图 10-2 所示的分别是这些土壤的表面以及岩石的结构。

图 10-1　山东青岛的林区表土裸露，花岗岩山坡风化严重。

图 10-2　山东青岛在林区植树造林的情况，几乎无土的石山上
树苗已经扎根生长，多为松树。

　　上述图片是我们在重新造林地带拍摄到的，但那里的植被大多都是野生的，现在德国政府正致力于保护它们，以了解在仔细管理之下这里的植被能恢复到什么水平。

图 10-3　图 10-1 和图 10-2 所示的区域植被恢复后林木丛生的情景。

　　图 7-9 所示的成捆的用作燃料的松树枝便来自这块远离城市的山地。然而，对青岛这样一个有 4 万人口的岛屿，以及海湾对面的胶州有 12 万人口，再加上散布在狭窄平原上的乡村居民，柴薪的需求相当之大。但让人惊叹的是，这里一直保持着很高的植被覆盖率，为人们提供了充足的燃料。

　　森林公园里有一种很漂亮的野生黄玫瑰，它原产于山东，在这里主要起到点缀和美化公园的作用。在我们看来，适宜其生长的国家都应该引进这种黄玫瑰。公园里的黄玫瑰成簇地生长着，形成一道 6 到 8 英尺高的墙。远远看去，它们就如同一团黄灿灿的锦缎，美丽极了。花儿朵朵绽放着，每朵都如玫瑰（Rosa rugosa）一般大。花瓣的黄是淡淡的，却不失娇俏，而花心则是深橙色。如图 10-4 所示，两者形成了鲜明的对比。这种玫瑰花还有另一个显著的特点，即它们是成簇绽放的，有时一簇能达到12到18英寸长。这些花儿十分紧密，有的甚至还重叠在一起。

联系的翻译没有如约出现，但我们仍然在第二天一大清早就搭火车离开青岛前往济南了。我们想去那里看看，以便对整个中国都有大概的了解，同时也记录下可能对我们最有利的田野研究地点。另外，我们还有一个目的，那就是在济南的美国长老会学院（American Presbyterian College）寻找一名翻译。离开青岛后，火车沿着胶州湾驶出大约50英里，我们经过了一个名叫胶州的城市，那里有12万人口。在1905年，那里的进出口总额就达到了2400万元。我们在索镇（Sochen）看到了一个大型的煤矿开采区，那里的男人将煤用竹筐装好，然后再用汽车将它们运走。装筐后，在表层的煤块都会被涂成白色，以此作为标记，若运送的过程有人要偷走这些煤就可能破坏标记，这样就容易发现偷盗行为了。这种做法在中国也很普遍，许多大宗的商品在运送过程中也采用这种方式。我们看到苦力们提着一篮一篮的碎米，篮口上也撒有一些彩色的粉末。运往市场出售的碎石也和煤一样涂有一层白涂料。

图 10-4　近距离观看这些野生的黄色山东玫瑰，是非常好的景观植物。

　　当火车经过潍县这个有 10 万人口的城市时，我们看到了一条有几百年历史的道路，路面已经遭到严重侵蚀，磨损下陷有 8 到 10 英尺深，我们虽然去了几个地方，却仍对这里如此严重的水土流失现象深感迷茫。当火车驶过的时候，我们碰巧看到有五六个车队正走在这条路上，受这几支队伍的启发，我们联想到之前读过的关于这种马路的材料的内容。车队在这些田间道路上穿行，由于庄稼的遮挡而很难被发现，除非是站在车队两边或者是当大篷车经过扬起尘土的时候，人们才能发现车队经过。

图 10-5　简单有效的山东犁。

　　潍县是靠近中国最繁忙的商业干线之一，同时，潍县本身也是山东省的煤矿富集区之一的中心。火车再往济南方向开，我们便经过一个有 15 万人口的大城市——青州府。那一整天我们都行驶在麦田间，发现那里的小麦都是条播的。高密以东的山地也是，但是从这里向西到济南一带，单行或双行连续点播。白天我们经过的时候看见许多用于灌溉的井，其类型如图 10-6 所示。它们中有很多是最近才挖的，主要是灌溉正严重遭受旱灾威胁的麦子。

图 10-6　中国山东临时打的井和便携式的灌溉工具。

不到下午 6 点半，我们的火车就已经到济南了。为了找到一名翻译，7 点半吃完晚饭后，我们叫了一辆黄包车去美国长老会学院。我们不会说中文，拉黄包车的男孩也听不懂英文，但幸亏酒店老板能听懂，他告诉那个男孩我们的目的地。接着我们就驶入了这个在中国还算大的城市的大街小巷。男孩拉着我们走街串巷，他在能跑的地方都极速奔跑，在拥挤或粗糙的石头路上便放缓脚步慢慢行走。我们转过了许多弯，走过了许多桥，穿过了城墙的拱门。天渐渐黑了，拉黄包车的男孩买了一个灯笼，之后将它点燃挂在车上。之前我们预计花半个小时就能到达长老会学院，但现在已经过去一个小时了。不一会儿，这个男孩在路边停了下来，并向警察问起了路。我们开始疑惑起来，然后突然意识到我们在这个有 10 万人口的大城市的小街深巷迷路了。我们知道继续走下去仍无法到达目的地，而此时我们脑海里唯一的想法便是回到酒店去，但是没有人能听懂我们的话。在火车上时，我们结识了一位好心的德国人，他主动给我们提供了一些有用的信息，并从他带的报纸上撕下来一个上等旅馆的广告，报纸上用德语、英语和中文三种语言将酒店的名称标示出来。我们赶紧拿出报纸，指着酒店的名称递给警察看，希望警察能明白我们想返回酒店，但很显然他不懂上面的语言，不仅没有理解我们的意思，反而还误以为我们想询问他去长老会学院的路。旁边有一个男人和一个小孩主动请缨带我们去长老会学院。我们启程后，周围的人群也散开了。之后，我们又转了许多弯，又走进了一些没有路灯的小巷，其中有个巷子连过黄包车都有些困难。给我们带路的人后来也离开了，但我们仍穿梭在黑暗的小巷里。在我们第三次经过城墙的隧道拱门时，拉车的男孩也露出一脸茫然的表情。他停了下来，转过身面向我们。但因为灯笼的光太微弱了，我们无法从他脸上的表情看出他的想法。在这种紧急情况下，我们都无法用语言表达自己的想法。于是我们开始向他打手势，希望他带我们回酒店。最后，不知他走的哪条路，但在晚上 11 点的时候终于把我们带回了酒店。

我们放弃了去长老会学院找一名翻译的念头，于是决定搭早班车返回青岛，幸好见到了斯科特先生办事处帮助找到的朱维庸先生，其服务令人非常满意。这已经是我们第二次往来于这两座城市之间了，因此对沿途一些地方以及这个季节作物的生长和农田耕作有了大概了解。第二天清晨，我们又搭火车去了沧口①，我们迫不及待地想到田间走走，和这里的农民交谈，四千年以来这里的农民拥有的

---

① 沧口位于青岛北部。德国人于 1899 年在沧口建造了火车站。

土地很少，但他们却通过智慧和勤劳，成功地养活了自己的大家庭，并且保持地力生生不竭。图 10-5 拍摄的就是其中一部分耕地。当我们提出想试试犁地时，那位农民感到十分震惊，但还是欣然答应了。我们表现得很笨拙，和他使用犁的手法相比差远了，就是用欧利文（Oliver）或约翰·迪尔（John Deere）牌的双铧犁恐怕也不行，但好像比农民预期的要好，赢得了他的尊重。

一张好铁打就的犁铧，自成一体，呈 V 字形，钝角，一块铸铁的犁壁，旁向的弯曲扭度极好，能有效起垄。犁架是木制的，犁箭的一端装了个调节犁头可以测量犁沟的深浅。这个犁的售价是 2.15 美元。在结束了一天的劳作之后，农民就会扛着它回到远在 1 英里外的家中，并存放好。据中国历史记载，犁是由神农氏发明的（公元前 2737—前 2697 年）。神农氏一生都在教授农业技术以及草药的使用方法，因而被后人尊称为"农业和医学之父"。

通过翻译，我们了解到这个农户家里一共 12 口人，通过耕种 2.5 英亩的土地养活这一大家子。而他所拥有的能帮助农耕的牲畜却只有一头牛和一头小毛驴。除此之外，他还养了两头猪。照此比例计算，40 英亩土地可以养活 192 口人、16 头牛、16 只毛驴和 32 头猪。而平均 1 平方英里耕地上可养活 3072 口人、256 头牛、256 只毛驴和 512 头猪。

在另一块地里，我们跟图 2-4 中站在水井边上的另一位农民进行了交谈，他在抽水灌溉 30 英尺宽、138 英尺长的大麦地。我们从这个农民那里得知他所拥有的并且可耕作的土地只有 1.67 英亩，但他家里却有 10 口人，拥有 1 只毛驴和 1 头猪。照此比例，40 英亩的土地可养活 240 口人、24 只毛驴和 24 头猪。而平均每平方英里的土地可养活 3840 口人，384 只毛驴和 384 头猪。风调雨顺的时候，他的收入能达到 73 美元。

上面提到两处地方种有小麦、大麦、高粱和谷子、红薯、大豆和花生。而这些家庭的女人和小孩则会编织一些稻草制品出售。我们回上海所乘的那艘轮船上装载的货物也全部都是用麻袋装好的花生和打包好准备销往欧洲和美国的草帽。

山东的降雨以小到中雨为主，每年的降雨量也只有 24 英寸多一点，这就决定了当地的农耕方式。从图 10-6 上可以看出，这个井深刚超过 8 英尺，而且它的作用就只是灌溉这片庄稼地，在灌溉了一次之后，它就会被重新填埋起来，然后在上面种植作物。

这里已经连续两年干旱了，人们担心会出现饥荒。从去年 10 月到今年 5 月 21 日我们来考察的这段期间，青岛的降雨量只有 2.44 英寸。因此，在 250 英里铁路的沿线上有许多这样临时的水井。在发挥灌溉作用之后，它们几乎全都被重新填埋，以为下一季的灌溉作准备。人们的家在据此 1 英里甚至更远的村子里，而自有或租用的土地都很分散，彼此相距甚远。因此，灌溉装备关键是要方便携带。他们用的水桶通常很轻，通常是一个表面涂有由大豆粉制成的糊状物以防止漏水的编织篮。辘轳转起来就像附于一根独立轴的长形线筒，并有可移动的三脚支架。我们看见的这些井部分有 16 到 20 英尺深，从这些井里提水时，通常都是将绳子的一端套在牛身上，然后赶动牛将水提起。

梅耶曼斯（B. Meyermanns）博士提供给我们一份德国气象站①记录的十年间青岛的平均降雨量表。然后我们加上了威斯康星州的麦迪逊市的降雨量做出了以下表格：

---

① 1898 年，德国在青岛正式开始气象观测，机构定名为"青岛气象天测所"。1911 年，定名为"皇家青岛观象台"。1914 年，日本侵占青岛后，曾将青岛观象台改名为"青岛测候所"，1922 年为北洋政府收回，改称"青岛测候局"。

表 10-1　青岛与麦迪逊平均降雨量对比

（单位：英寸）

	平均月降雨量		10 天中平均降雨量	
	青岛	麦迪逊	青岛	麦迪逊
一月	0.394	1.56	0.131	0.520
二月	0.240	1.50	0.080	0.500
三月	0.892	2.12	0.297	0.707
四月	1.240	2.62	0.413	0.840
五月	1.636	3.62	0.545	1.207
六月	2.702	4.10	0.901	1.866
七月	6.637	3.90	2.212	1.300
八月	5.157	3.21	1.719	1.070
九月	2.448	3.15	0.816	1.050
十月	2.258	2.42	0.753	0.807
十一月	0.398	1.78	0.132	0.593
十二月	0.682	1.77	0.227	0.590
	——	——		
共计	24.682	31.65		

　　山东省每年的降雨量还不足 25 英寸，而威斯康星州的年降雨量却超过了 31 英寸。在 6、7、8 三个月青岛的降雨量将近 14.5 英寸，而麦迪逊市的降雨量却只有 11.2 英寸。地处这样一个温暖的纬度，再加上夏季丰富的降雨，持续的施肥和认真的管理，使得今天山东省人口达到了 38247900，而同样面积的威斯康星州人口却只有 2333860。美国是否最终也必须在如今只养活 1 个人的土地上养活 16 个人呢？如果事实果真如此，那么我们就必须采取更密集的、更有效的耕作方式。但是我们既不知道这些有几千年历史的古老民族是

怎样做到的，也不知道他们早在何时就采取了这些方法。没有人能告诉我们应该采取怎样的方法更有效地利用人力和机械以改善耕作方式、减轻人类的负担。

　　我们继续考察，发现一个母亲和她的女儿正在一块水土流失严重，并且极度干旱的山坡地上移栽红薯，如图10-7所示。几乎完全干燥的土壤被小心翼翼的起垄，而她的丈夫正跨过峡谷中的沟壑从相距四分之一英里的峡谷中挑来两桶水灌溉土地，如图10-8所示。他在这个沟里挖了四个洞，洞与洞间隔一段距离，然后用补好的葫芦瓢将水装进桶里，轮番从各个洞中取水。

图10-7　山东土壤严重流失的区，小麦种植在残存的坡地土壤上。

　　女儿正在移苗，她一手夹着带有土块的幼苗，一手费力地将铲子插进土壤，然后将铲子往后一带，就在干旱松软的土地上挖出了一条沟，随后便将苗放进沟里，之后用手压实周围的土壤，使土壤表面出现一个洼坑，母亲再舀一瓢水浇到坑里，水渗透到地下后，再盖上一些干土以调和土壤湿度，使整个坑变得坚实，同时也使坑

图10-8　男子担水以灌溉红薯苗。担子的一端是美孚煤油桶，另一端是中
国传统坛子。

表面的泥土变得松软。这整个过程中用到的工具就只有手和一只打
水的瓢。

　　父亲和母亲都穿着粗布制成的衣服，女儿却穿戴得十分整齐，
在她纤细的手上还戴着一枚戒指和一个手镯。母亲和女儿都没有裹
脚。他们家里一共10口人。他们在邻近的一小块地上种了一些小
麦，此时已经接近成熟。他们十分勤劳地在山上开垦了这么一块小
土地种植小麦，而且虽然之前极度干旱，但他们却十分精心地照顾
着，因此，这片小麦长势喜人。红薯就是在这个本应该有充足的降
水，但却极其干旱的时节种植的。已经过去的夏季一直十分干旱，
所以这里很有可能会出现饥荒。政府最近发布了一条政令，禁止农
民出售家里的羊出境，以备将来当做食物。在穿过村子的时候我们
碰见了一个老婆婆，她拦住翻译问我们来这里是否为了造雨。由此
可知这里的人承担的压力是多么大。

当地一个拥有 10 英亩土地的大户告诉我们，在气候很好的季节每市亩小麦的产量是 160 斤，即每英亩 21.3 蒲式耳。然而现在，小麦的收成能有一半就很好了。这个农户会往田里施肥，关于他施用的肥料我们稍后会提到。他将谷物混入肥料中，然后在播种时施用于田间，每英亩施用大概 5333 磅。据他估算，施用的肥料大约值 8.6 美元，即每吨 3.22 美元。图 10-9 所示的就是一堆这样的肥料，而且它们即将被施用于田间。从图上还可以看出这家人的院子是多么干净，以及他们是怎样细心地保存牲畜的肥料。牛和驴也是耕田的工具，图 10-5 所示的就是农户利用牲畜耕田的情景。图 10-9 下半部分的土堆是坟墓。家畜身后的篱笆是用大根的高粱秸秆做成的，而驴右边的篱笆则是用泥砌成的。从篱笆的材料我们可以看出这里缺乏木材。这里的房屋顶也是用茅草盖成的，墙壁则是用泥土砌成，其表面还刷了混有粗糠拌的灰泥。

在旁边的一块田里，男人搬运了一些干燥的粉状肥料堆放到田里，正在给红薯地翻土和施肥。父亲扶犁，而他 16 岁的儿子正跟着他的脚步将篮子里的肥料洒进犁沟，隔一道犁沟撒一层肥，四个这样的犁沟就组成稍后种植红薯的垄。他的大儿子则用一个手耙将这个土堆耙平。因此，肥料是直接施用到这些土堆底下的，平均每英亩施用 7400 磅，价值 7.15 美元，即每吨 1.93 美元。

尽管正值干旱，地表水已经下降到 8 英尺以下，用手抓把土，使我们感到震惊的是土壤的湿度。这片土地之前是没有种植作物的，但耕作过。

针对我们的问题"你预计红薯的产量能有多少呢？"那个农民回答道："大约 4000 斤吧！"换算成我们的单位是平均每英亩 440 蒲式耳（按每蒲式耳 56 磅算）。红薯的市场价是 100 斤一元（墨西哥币），因此，每英亩的总收益能达到 79.49 美元。他的土地价值是每亩60元（墨西哥币），即每英亩154.80美元。

翻译告诉我，在山东，富裕的农民每户拥有15到20亩土地，而这些土地足够养活8口人。这些富裕的农民通常都养有2头牛、2只驴和8到10头猪。中农和贫民只拥有2到5亩地，他们服务于这些大农户。若按照一个只有8口人的家庭拥有20亩土地这种比例来算，每平方英里的土地上应该生活着1536口人，则像威斯康星州那

图10-9　一个中国农家院。一幅是堆肥，一幅是耕蓄。

么多的土地就该养活8600万人、2150万头牛、2150只驴和8600头猪。这些数据是我们从山东省生产力水平最高的土地上考察得来的，但山东省也有很大部分土地都不适合耕种，而且据最后一次的人口普查显示，该省人口数只有我们预计的一半。因此，不是这里的农作实践最有效，就是这里的生活方式最节俭，事实上两者都是。

这天晚上，我们的翻译在一个农家里吃了晚餐，他花8.3美分给我们买来了4个熟鸡蛋。但我们猜想，他自己的晚餐钱也包括在这8.3美分里了。表10-2列举了一些1909年3月23日我们在青岛一个市场上记录的价格：

表 10-2　食品价格表

（单位：美分）

老土豆/磅	2.18
新土豆/磅	2.87
腌萝卜/磅	0.86
洋葱/磅	4.10
小水萝卜/捆（10个）	1.29
青豆/磅	11.46
黄瓜/磅	5.78
梨/磅	5.73
杏/磅	8.60
新鲜猪肉/磅	10.33
鱼/磅	5.73
鸡蛋/打	5.16

上述这些东西只有腌萝卜、水萝卜和鸡蛋的售价比美国便宜。除了腌萝卜、水萝卜、猪肉、鱼肉和鸡蛋，上表中大多数东西都不是当地的时令产品，都是为外国人的消费而从外地运来的。罗斯教授告诉我，在陕西四个鸡蛋只要 1 美分。

翻译要求我们每天给他 1 元（墨西哥币）约合 43 美分，他自己管饭。而在这里，农民劳动一年所获得的报酬才是 8.60 美元，而且这还包括了膳食费和住宿费。我们询问了当地传教士有关家政人员工资的情况。在中国，对于家政人员的基本要求就是做事效率高、为人要忠诚和可靠。利格①夫妇总习惯将买菜这事交给他们的家政人

① T. J. League，汉名林泰吉，美国南浸会传教士，1889 年来到山东。

员，因为他们觉得家政人员会砍价。但当家政人员被要求去买某个东西，而这个东西比平时要贵一两个铜钱时，他通常就会选择一个更便宜的替代品。当主人问起时，他便回答道："那东西太贵了，买不起！"

利格夫人还记得一次家政人员使用厨房用具的经历。在厨房配备了现代化的炉灶和一些新厨具之后，她特意带着家政人员熟悉了一番，告诉他这些厨具的用法。但几天之后当她走进厨房的时候，十分震惊地发现家政人员在新的炉灶上放了一个老炉灶，做菜使用的也是旧厨具。她问家政为什么不用新的炉灶，他回答道："火太大了！"中国的这些家政人员脑中想到的只有减少任何形式的挥霍，或者说，购买东西时，总是不由自主地降低对购买力的判断。

我们越来越强烈地感受到巨大的人口数量给人们带来的压力，也深感压力对人们的体格、习惯和性格造成的影响。就连牛和羊也不可避免地承受了一些压力，我们曾经看到过好几次农民赶着 20 到 30 只羊，沿着蜿蜒于田间的、没有围栏的小路前进，或是在墓地里放牧。前段时间的干旱使得这里的作物所剩无几，因此，羊群每次都只是走过绿油油的小麦和大麦地，却从来不去侵犯。羊群时不时还会被途经的火车挤到田里去，但是它们都很快被驱赶了，没有吃到一口田里的作物。当牧羊人要将这些羊群赶回那光秃秃的、毫无吸引力的农场时，只需朝它们喊一声，然后将一块泥块扔向它们。

在江苏和浙江两省经常能看见五六只羊排成一排走在田间小路上，边走边吃草，被一根绳索像串珠一样地拴着，有时也有小孩牵着。这也经常看见水牛随意地吃着田间、小路上和运河沿岸的小草，虽然四周都是庄稼，却无人看管。在浙江我们看见的最难忘的场景之一就是，牲畜在矮小的中国式船屋前吃草这一梦幻似的场景。在仰望天空和俯瞰运河岸边的植被时，我们情不自禁地想起了童年的时光。当我的目光顺着河岸边流苏般的野草斜着向上看去，恍如在穿过熟悉的草地沿着白水溪①滑行，只要站起来就能看到老家。就在此时，通过舱门进入我们视野的是一头大水牛，如雕塑般一动不动地站在离地面足有 10 英尺高的大坟头上。看着眼前的这一切，我突然想起了 14 年前，在特罗萨克斯②的一座山上看见的情景。那时我们乘坐的马车突然一个急转弯，然后我们便和现在一样，看到了一只苏格兰野狐狸站在一座孤立的小山上，和远处的天空连成一片。我们很快停止了思绪，停止了对两个大洋和其间大陆的回忆，思绪又回到中国，通过狭窄的舱门，看眼前的图像以每小时 5 英里的速度慢慢变换。

在青岛附近我们看见了图 2-9 所示的，从胶州而来、经过许多村庄的独轮货车。这些独轮推车上装载的都是日本制造的火柴，现在离开胶州已经有 11 英里了。我们在上海和其他一些城市看见的独轮车车夫中大多数都来自山东，他们背井离乡来这里务工，心里都盼望着能早日回家。在秋季，很多人也会走西口或者下关东打工，到冬季的时候再回家。

谢立山在他所著的关于满洲的书中指出，每年春天，光烟台一个地方就有两万劳动力乘轮船前往牛庄务工，另外还有一些人乘帆船或其他交通工具。因此，在冬季回乡的时候乘船的人比之前来的时候又多了 8000 人。谢立山总结道，每年山东输往满洲的劳动力大约有 3 万人。

图 10-10 所示的是旱季时山东即将成熟的一些小麦，图中田里

---

① 美国中北部威斯康星州的小城。有本州的森林保护区，威斯康星大学白水小区也坐落在这里。

② 苏格兰地名。当地有特罗萨克斯国家公园（Trossachs National Park）闻名于世。

伞的高度相当于小麦的高度，大约 3 英尺多一点。小麦地的右边有几座坟墓，使得天际线成为锯齿形，放眼望去，我们没看到一座山，因为所处的是广阔的大海冲积平原，平原正好处于两座构成山东高地的山岛之间。

图 10-10　中国山东的麦田，小麦即将成熟，时下正值罕见的干旱。

　　5 月 22 日我们乘火车来到了在胶州半岛以西，离青岛大约 60 英里的地方，此地位于胶州湾高水位线向后延伸 30 英里的中立地带。德国人在这里仿照欧洲最好的碎石路建造了一条碎石路，如图 10-11 和 10-12 所示，但是在这里行驶的却是有四千年历史古老的车辆。除非车辆和劳动力价值改变，单凭他们在这种好路上行走比之前老路舒服的经验，并不足以使他们相信，修建和维护道路的投资是物有所值的。在这样一个历史悠久的泱泱大国，仅有的道路就只是人们一步一脚印踩出来的小路。但是，现代运输方式是上个世纪的科学发展，最近才被引进并具备采用的可能。一直以来，搬运重物的主要是靠双脚，而且是男人的双脚，而在搬运的过程中，若是负重可以被有效分割，那就是单个男人的任务。牲口是辅助负重的工具，不过和人一样，重物也是直接驮在身上的，并不会因道路状况而改变形式。

图 10-11　山东胶州的一条德国人修建的现代公路上通行的四千年老车（1）。

图 10-12　山东胶州的一条德国人修建的现代公路上通行的四千年老车（2）。

　　说到对糟糕路况的适应，独轮车这种由一个轮子和人的一双脚推动的车是最好的。这种车也是在中国使用最广泛的。除了扁担，独轮车在中国的应用之广、效率之高，可以说是世界上任何地方都不可比的。从图 2-9 和图 6-1 上可清楚地看出独轮车上的所有重量都由大轮胎的轮轴承受了。另外，连着独轮车两个扶手的一根肩带，能减轻人手的压力。当独轮车所装载的货物很重或道路崎岖的时候，可以用人或者牲畜来帮忙拖动车子。在大风天，我们经常能看见人们在车上撑起一块帆以推动车子。只有在中国的北方，很少或根本就没有运河，而且是较为平坦的地带，才广泛使用大车。只是如果路况不好，大车很难操纵。大多数大车，尤其是满洲所见的、如图 16-1 的大车车轮，都是直接装在轴上的，轮轴一起转动，轴承就在车子底盘上。不过新型的现代大车已经被引进来了。

　　在利用和发展内陆水运方面，中国毫无疑问是全球第一。在发展陆路交通方面，他们的思路跟个体经济一脉相承，亦是中国人勤奋性格的典型反映。

　　从京师到帝国最遥远地方的沟通是通过政府的信使和驿道来维系的，其中主要的驿道大约有 21 条。这些道路通常都是最近的道，因此，它们经常会经过山区、穿过隧道。在平原地区，道路通常都是 60 到 75 英尺宽，铺上路面，偶尔也会在路两边栽成排的树木，在有些路上每隔三英里还会有一座信号塔，有些还会建有小旅店、驿站和士兵的休息站。

　　我们之前已经提到过，在这里田里和山上的作物都是成行地种植，行上分窝。图 10-13 所示的是一些两行成一垄种植着的麦地，作物间隔是 16 英寸，每棵作物前后距离为 30 英寸。每一对作物间的距离也是 30 英寸，共要 5 英尺宽。这种种法不仅使得人们能在早春时节和每次降雨后经常锄地，还使得人们在田间所施的肥料能得到最好的吸收，并且还方便重复施肥。另外，在旁边面积更宽阔的空地上还可以在不拔除之前所种作物的基础上，经重新犁耕、施肥之后间种上新的作物。双行中的麦窝交错成行，从各窝的中央量起，间距大约是 24 到 26 英寸。

图 10-13　坡地上种植成垄的麦子。垄距 30 英寸，垄宽 16 英寸，径宽 5 英寸。

　　种植作物主要靠手工。若是要在山上种植作物，人们则会使用图 10-14 所示的设计巧妙、使用方法简便的小型条播机。在家门口，我们看见了刚刚从山上回来的、肩膀上扛着条播机的农夫。他向我们解释了条播机的制作和使用方法，并且允许我们在他转过脸去之后给他和条播机拍一张照片，因为他不希望出现在我们的照片上。条播机上有一个铅块，能悬空自由摆动，位于开口处上方。种植作物的时候，操控者来回摆动这个条播机，使得铅块轮流盖住左右口，播出两行交错的麦行。

图 10-14　农民带着双排条播机刚从田里回来。

在这座山坡上所有的田里，最少的一窝种了 20 棵小麦，最多的一窝种了 100 棵小麦。每排小麦之间的距离，及畦与畦之间的距离就是上面我们所述的数值。墒情好、地下水接近地表、土质优良的地方，每窝麦子的棵数就多。这可能和小麦的分蘖有关，但是我们相信，播种的时候他们有意识地在贫瘠、低墒的地里少下了麦种。在之前提到的 10-13 图上，每窝平均种有 46 棵苗，一个麦穗都含有 20 到 30 颗麦粒。如果按理查森（Richardson）的估计，每磅小麦含有 12000 颗麦粒，那么这片田在旱季时小麦的产量是每英亩 12 蒲式耳。我们翻译的老家在高密附近，只需向西再坐四站便能到达。他告诉我们，在 1901 年时，他们那里的气候条件非常好，农民每亩地的产量高达 875 斤，即每英亩 116 蒲式耳。农民精耕细作、认真施肥，再加上充足的雨水，或是及时的灌溉，在小块土地上实现这样的产量是完全可能的。在江苏省的时候，我们便亲眼目睹了面积不大的一块土地产量接近这个数值。

那天晚些时候，我们还看见有三个人一起在田里锄地、剥小米和玉米，其中一个是仅有 14 岁的小男孩。在中国，农民防止被太阳晒伤的唯一方法就是穿长裤，男孩子们则觉得没必要，但当我们和他父亲谈话时，他们还是穿上了长裤。这里每亩地玉米的产量大约是 420 到 480 斤，谷子的产量是每亩地 600 斤，即每英亩玉米的产量是 60 到 68.5 蒲式耳，谷子的产量大约是 96 蒲式耳又 50 磅。按照它们平时的价格来算，农民种植玉米的毛收入可达到每英亩 23.48 到 26.83 美元，谷子可卖 30.96 美元。

走在田间时，我们发现秋季播种的谷物明显比春季种植的大麦更耐旱，这或许是因为较长时间的生长使得作物的根系延伸得更深，也得到了更充分的生长。还有就是小麦的生长过程中有充沛的雨水，而大麦下种之后，这些水却可能在地下的渗透和地表的蒸发作用下消失殆尽。这里农民的锄地方式非常特别，他们在早春时节就开始，每次下雨后也要重新锄一次，显然明白覆盖地表的作用。而他们的锄头，如图 10-15 所示，也是特意为此打造的。宽大的锄板弯曲角度与地表几乎平行，因此，一锄头挖下去的时候并不会很深，锄起的地表土也就直接掉落在原地。这种锄头由三部分组成：一根木锄把，一截长而结实、沉重的铁中腰，一副大锄板。锄板可以随时拆除，而且还可以根据不同的用途选择形式不同、大小不一的锄板。用于松土保护植物根部的锄板刃口，大约 13 英寸长、9 英寸宽。

图 10-15　中国山东农民使用宽刃大板锄锄地护根的方法。

在青岛和济南间长约

250 英里的铁路两边，我们时不时就能看见田里堆放着肥料。图 10-16 中所示的就是其中的一堆肥料。这些堆肥有的堆放在还没有种植作物的田里，有的堆放在作物即将成熟的田里，还有的堆放在已经种植有一种作物但准备在其间套种另一种作物的田里。这些堆肥有的高 6 英尺，如图 10-16 所示，所有的堆肥顶上都是平平的，而且都是立体堆放，用一层胶泥覆盖。有的胶泥层因为干燥已经开裂。我们并不知道农民们这样做的原因，但翻译告诉我们，这样做是为了防止这些肥料被施用于邻近的田里。肥料周身的泥浆还起到了密封的作用，我们可以从泥浆的情况判断出这堆肥料是否遭到了破坏。但是，我们希望增加这样一道工序还有其他的作用，这样做毕竟是很费心费力的啊。

图 10-16　中国山东的农民在还未施用的堆肥表面仔细地抹上一层泥浆。

我们在之前的例子中提到，在山东，每年制作和使用的堆肥数量巨大。其中的一个例子就是农民一季在一英亩的田里施用了超过 5000 磅的肥料，有的甚至施用了 7000 磅。一块田里若同时种有两种或者两种以上的作物，还会对它们进行追肥，那么在每英亩的土地上会施 3 到 6 吨的肥料，甚至更多。之前我们已经了解在江苏、浙江和广东省制作和施用堆肥的具体方法。但山东、直隶地区和满洲的奉天所使用的方法则截然不同。虽然他们的施用方法让人觉得更辛苦，但却更合理有效。在这些地方并不是所有的肥料都是在村子里制作然后运往田里，不管距离有多远。

利格牧师陪我们一起乘火车去城阳①。火车到站后，我们还从城阳步行往回走两英里，前往一个较富余的村庄，了解制作这种肥料的方法。我们在接近傍晚的时候到达了这个村庄，那时农户们正从四面八方归来。他们大多是年轻人，有的扛着锄头，有的扛着犁，有的在肩膀上扛着条播机，还有的牵着牛或驴。我们在日本也曾看过类似的场景，如图10-17所示。当我们来到村里的街道，我们看见了一些老年男人大多把辫子盘在头顶上，和从田里回来的年轻人一样是光额头，在串门吸烟。

图10-17　日本农民结束一天劳动后回家的情景。

---

① 城阳地域清朝属山东省承宣布政使司莱州府胶州即墨县；白沙河以南及红岛等地划入德国租界。现属青岛市区级建置。

在中国，任何人都不能公开抽鸦片，除了一些上了年纪并且已被确认一直有抽鸦片习惯的老人。另外，种植罂粟也被严令禁止。政府对违反法律的人惩罚很重，而且据说这项法律的实施非常严格，也取得了一定成效。第一次违反的时候仅处罚款；第二次除罚款之外还会被判处监禁，以帮助犯人自律；第三次则会被判处死刑。对中国而言，根除鸦片是巨大的福祉。英国要对将鸦片这个最可怕的恶魔引入中国，并给中国人造成了苦难这件事承担主要责任。但很不幸的是，英美烟草公司又竭尽全力让中国人染上了抽香烟的恶习。这种西方人的恶习绝对自私，极其污秽，迫使人人都呼吸被其污染了的空气，很不卫生。它已经成为人类比鸦片更严重和更不可宽恕的负担。

在中国，对耕地的征税是极重的，因而没人愿意在耕地上种植这种作物。所以，中国政府还应该像禁止种植鸦片一样禁止种植烟草。那么就让我们在这一十分必要的时刻采取这一明智的措施吧，因为对所有文明的国度而言，人们最终都是要采取这一措施的。1902年美国种植烟草的土地超过了100万英亩，收获了8.21亿磅烟叶。但这些烟叶却消耗了土壤中2800万磅氮、2900万磅钾和将近250万磅磷。这些消耗都是无法弥补的，即使是中国这一厉行节约、精耕细作的国家也无法使土壤完全恢复。假如在同样面积的土地上种植小麦，其产量应有2000万蒲式耳，即使是将这12亿磅小麦全部都用于出口，土地中消耗的养分除了磷以外，都比种植烟草所消耗的要少。若留作自用，按照中国人的做法，所有养分都将最终回到田里。

1902年美国一个家庭人均消费的烟草是7磅。若中国的人均消费量也是7磅，那么中国4亿人口将消费28亿磅烟叶。这样的话，即使是200万英亩土地全部种上烟草也不足以满足人们的需求。由于部分土壤要种植烟草，所以小麦将会出现 4000 万蒲式耳的缺口。但如果中国继续进口烟草，其巨大的花费既不能使土壤变得肥沃，也不能养活全部的人口，既不能为人们提供足够的衣物，也不能达到教育全国人民的目的。但若将这些钱用于进口小麦则不仅可以养活全部的人口，还可增肥土壤。

谈到国家资源的保护，此时对所有文明的国度而言都是最好的契机。在美国，每年烟叶原料、土地和劳动力的市场价格以及吸烟者的人均消费总额都达到了 5700 美元。众所周知，吸烟者在吸入之后会再将烟呼出，使空气中弥漫着烟味，周围的人也不得不吸二手烟；他们会随地乱扔烟头、污染街道、人行道和每一个公共场所；他们会弄脏许多痰盂、抽烟室和吸烟车。所有这些原本都可以避免，而且都是不被提倡的。因此对于这个民治、民享的国家来说，这些抽烟设施的设置和维持所需费用不仅需要不抽烟者而且更需要抽烟者来支付。抽烟这种昂贵、肮脏和自私的习惯是完全不应该被允许的。让我们从每个新的家庭开始，让母亲帮助父亲给孩子树立不抽烟的榜样，并且严格禁止任何人在公立学校和其他所有的教育机构里抽烟。

利格先生曾把一封介绍信交给村子里一家很有影响的农户。在到达村口时我们碰巧遇见了这个农户的儿子，他正扛着条播机从田里回来。图 10-14 中那个手拿介绍信的男人就是他。我们拍了这张照片之后，又以这里为起点拍摄了一张街道的照片。然后他带着我们来到了家中的院子，院子的面积大约是 40 英尺宽、80 英尺长，略显小。后面所有房屋的门都是朝院子这边开的。院子极其干爽几乎没有任何绿色植被，但却长有一排很高大的树木。这种大树和我国三叶杨同属一科，树枝大约 30 英尺长并且越过茅草房的屋顶垂向地面。我们在院子里遇见了他的父亲和祖父，那个背着条播机的男人的儿子迎了出来，被他抱在了手上，我们便看见了这个家庭的四代男性。当然，这个家里也有妇女和女孩，但是按当地的习俗规定在这种场合她们不能露面。

他们搬来一把四条腿的矮板凳和我们一起坐下，板凳和木匠那长约5英尺的锯木架有几分相像。在浙江的吴夫人家，我们也受到了类似的礼遇。我们的右边是一扇通往厨房的门，厨房里站着家里的一位长者，他的眼睛仍是乌黑明亮的，头发和长长的胡须则略显灰白。这让我们觉得中国人的头发似乎并不会随着年龄的增长而变白。这位长者似乎是家里的厨师，正为我们准备食物。他将火点燃，然后一直在厨房里忙碌着。虽然年纪大，但他却总是能在晚辈意见出现分歧的时候给出很好的建议。厨房的旁边有两间卧房，这样做饭时多余的热量便会通过宽大的炕传递到房间里。面向院子的房间就是这些了。我们的左边则是村里的主街道，它和院子只有一墙之隔。这堵墙是与屋檐一般高，尽管是泥墙，但十分坚固。在我们的前面，与街道毗邻的是一个6英尺深、8平方英尺大小的堆肥池。墙的下面有一个小洞，堆肥就是通过它从池子排出，并且泥土、作物的秸秆和田里的废料也是通过它进入堆肥坑里与粪便混合以制作堆肥的。紧靠着堆肥池的是猪圈，它与堆肥池是连着的，与院子隔开，但堆肥池、猪圈和卧房却共用一个封闭结构屋檐。在我们的后面，沿着之前走过的胡同是另外一些住宅和仓库。这个四世同堂的家庭就是用这样的方式建造了一个既可以工作，又可以晒太阳和呼吸新鲜空气的院子。这两者用我们的标准来衡量，这种住房提供的都不够宽裕。

我们来这里的目的是更深入地了解当地人更多的施肥方法。从图10-18上可以看出，我们的前面就是一堆肥料，旁边的街道上堆了一堆从田里运来的、在制作堆肥的过程中要使用的泥土。街道的最左边站着一个嘴里叼着烟斗的父亲和两个小男孩，他们的身后有一大堆从其他地方运来的、小心堆放好的泥土。而在街道另一边，第一座房屋的角落里便是一堆从墙后的堆肥池里流出来的不完全发酵的肥料。在街道的这边，稍远一些的地方也是一大堆泥土，泥土的两边各站着一个男孩，旁边的门前也站着一个小男孩。在街道左边的树前也站着一个男孩，他的旁边是一头小驴驹和另一个男孩。在这个男孩后面也还是一堆泥土，而对面街道的后部则是一堆部分发酵的肥料。尽管这里的街道上有牛，有毛驴，站着男人和小男孩，并且还堆放有三堆又高又大的泥土和两堆肥料，但这条有 10 杆宽的窄街仍可以供人行走，并且整齐干净，这本来是难以想象的。这里每家农户都会在街上堆放泥土，当我们在村子里走动时，经常能看见男人们正在堆制肥料，他们会将泥土与肥料混合在一起，然后不断翻动它们，准备上地。

图 10-18　中国山东一个村庄街道上堆着肥料和泥土。

我们坐着的地方前面的堆肥池里只堆放有三分之二的肥料。它里面有人的粪便、植物的秸秆以及从街道、田里收集到的各种麦秸和杂草，还有堆在街上的泥土、灶灰。人们时不时地会往池里加水直至将坑里的东西完全淹没，以保证所有的东西都能被浸湿，他们这样做的目的是控制发酵的进程。

这些堆肥池的大小主要取决于农户土地的大小，而堆肥的时间则是尽可能长。堆肥的主要目的是让所有有机纤维全部腐烂，粪肥与泥融为一体。

在即将给土壤施肥之前，或者是在即将给作物追肥之前，人们会先将已经发酵的肥料放到一个防水的篮子里，然后将它们带到图 10-9 所示的院子里或是倒在街上铺开晒干。晒干之后再将它与新鲜的泥土、草木灰混合，并不断翻动，使它们通风，以加速其硝化过程。在此期间，不管是在堆肥池还是在作物正开始硝化的地面上，与泥土混合在一起的、正在发酵的有机物都在将植物养料变成钾、钙、镁等各种形式的可溶性硝酸盐类养料。假如时间允许、气候条件有利，而且湿度适宜，那么在作物种植之前就把沤肥从坑里起出来，拉到地里散开，经过深耕变成底肥。如果不这样的话，这些堆肥就会被一遍一遍地加工，不断添水，直到成为营养丰富完全的肥料，之后，再将它们晒干磨成细细的粉末，通常都是用牛或驴或直接用手推动石磨完成的。从青岛到济南一路上所见到的大量堆肥都是这样花费了大量的人力，在村里堆肥腐熟后再运到地里堆好，并用泥糊上，供下一季使用。

在欧洲历史的早期，在现代化学还没有发明火药和烟火中所需的硝酸钾的生产方法之前，人们一直都致力于发展硝石农业。这种硝石农业正是中国古老农耕方式中的一种特殊的应用，而且它还很可能是从中国引进的。直到 1877 年至 1879 年年间，科学家发现农业发展中必不可少的硝化过程主要是微生物在起作用，而这个世界上普通农民早就意识到这种联系了。正是他们，从亚当时期就开始存在并依附自然生长、与自然共存，养育着整个世界。我们必须承认，当中确实也有一些人认识到了其基本和关键的要素，并在他们的实践中一直传承着。然后，我们发现早在 1686 年塞缪尔·卢埃尔法官（Judge Samuel Lewell）就在他的日记本封面抄了一个花匠制作含硝花坛的配方。配方上除了其他东西，还特别指出要添加"硝母"。根据卢埃尔法官理解，那其实就是旧的含硝花坛上的土壤。但花匠给这个词加的是雌性后缀——母亲（mother），则表明人们认为硝石中含有一种能复制并延续其特征的、与古老而简单的用于生产食醋的微生物同属一类的极其重要的微生物。因此，掌握了这个理念的奶酪生产者，一定是受到相似经历的启发，认识到它是极其重要的一种物质之后，才会长期地用水洗刷奶酪厂墙壁并且将这种习惯从旧厂带到新厂。这些经验当中大多数都来自于实践，但其中一些行为在很久以前就从经验上升到了理论，并在基本思想指导下进行。我们觉得当代人经过 10 年或者 20 年专业训练才注意到某些现象，并且借助复合显微镜发现"硝母"的存在，就声称有了重大发现，实在不值得沾沾自喜。事实上，对这种实体的存在经过了长时间的质疑之后，我们最终完全相信这个真理是被一位或者上百个无名的天才发现的。他们与生命的过程共同劳作，经过长期的紧密关系而对它们了然于心，从那些不可见的过程中，推断出了完整而正确的基本原理，从而能够按这种原理进行百试不爽的实践。

　　还有一种在土里形成硝酸盐的方法也被中国农民广泛使用，也再次突出强调了中国特色的保存方法和利用一切有价值东西的方法。我们能注意到这种方法完全是受四川南充的 E. A. 埃文斯牧师的提醒。这种方法取决于硝化过程中房屋地面的泥土中含有硝酸钙的倾向。硝酸钙是可溶解的，因此能够吸收水汽，并使地面变得潮湿和黏稠。在他自己的房里时，埃文斯博士首先将地面潮湿这种现象归因于通风不畅，他尽量使房子多通风但这种现象仍不见改善。他的一位助手的父亲经常会购买这种土壤用以生产硝酸钾，这种物质大量用于制造烟火和火药。这个情况使他明白了地面潮湿的原因，并想出了一些补救办法。

他挨家挨户地询问，收购这种硝化了的地面土。购买前他首先会取样测量泥土中硝酸钙的含量，确认之后便出钱购买表面 2 到 3 英寸，有时甚至是 4 英寸的泥土，他的出价高达 50 美分。当然，生意成交之后，屋主自己要负责给地面铺上新的泥土。他需要过滤一下买来的泥土，将土壤中硝酸钙溶解进水中，然后再将滤液与含有碳酸钾的草木灰混合，使硝酸钙转化为硝酸钾。埃文斯博士听说，在我们进行采访之前的四个月里，这个男人已经生产出了足够的硝酸钾（硝石），销售额达到 80 元（墨西哥货币）。为了销售货物，他需要外出两天推销。除此之外，他还必须每个月支付 80 分的执照费用，还必须要购买一些草木灰，并聘用两个工人。

假如房屋地面的硝酸盐没有被收走的话，那么它们将作为一种肥料直接被施用于田间，或是用于制作堆肥。随着时间的推移，农村中用于砌墙和建造房屋的泥土都会慢慢瓦解，因此，一段时间后它们都需要拆除。但搭炕时使用的泥砖中包含的混合泥可以广泛使用。当人们了解到泥土质量的改善主要是因为有了底土之后，这些行为就都显得有道理了。因为底土本身的物理状态在风吹日晒之后会变得更好，进而转化为适宜作物生长的处女地。

尽管我们无法准确地给出这些堆肥的化学成分，也说不出山东的农民究竟给他们的土地返回了多少有效的植物养料，但是我们确定，养料的数量和收获庄稼时带走的量是基本对等的。看起来这里的土壤所含有的有机质很充足，庄稼叶子的颜色和整体长势无不显出它们都受到了良好照料。

　　与我们交谈过的那家人称，他们家每亩田通常可以产出 420 斤麦子和 1000 斤秸秆，而他们所说的一亩其实只是法定一亩的四分之三。小麦可以卖到 35 串铜钱，秸秆可以卖到 12 到 14 串铜钱。那个时候，一串铜钱相当于 40 分（墨西哥币）。豆子可以带给他们 30 串铜钱，另外还有 8 到 10 串铜钱的秸秆收入。每亩谷子的产量通常是 400 斤，价值 25 串铜钱，800 斤谷草能卖 10 到 11 串铜钱。高粱的产量一般都能达到每亩 400 斤，价值 25 串铜钱，另外田里还能产出 1000 斤高粱秸秆，价值 12 到 14 串铜钱。若把他们的计量单位都换算成我们的蒲式耳，将他们的货币单位也换算成美元，那么每英亩小麦的产量就是 42 蒲式耳，秸秆的产量则是 6000 磅，其中小麦值 27.09 美元，秸秆值 10.06 美元。接下来就是大豆田了，其中大豆的收入为 23.22 美元，秸秆收入 6.97 美元。这两种作物每英亩的总收益大约是 67.34 美元。谷子每英亩的产量是 54 蒲式耳，秸秆的产量是 4800 磅，分别价值 27.09 美元和 8.12 美元。而高粱每英亩的产量是 48 蒲式耳，高粱秸秆的产量则是 6000 磅，分别价值 19.35 美元和 10.06 美元。

　　以上述小麦为例，如果麦穗或秸秆中没有任何养料被返回到土壤中，那么大约会耗费掉土壤中 90 磅的氮、15 磅的磷和 65 磅的钾。如果一英亩土地产出的 45 蒲式耳大豆和 5400 磅秸秆、叶子也同样彻底地从地里移除，并且假设种植大豆不会增加土壤中氮的含量（当然这只是假设，事实并不如此），那么土壤中氮、磷和钾这三种养料的耗费分别是 240 磅、33 磅和 102 磅。因此，这户农民为了保持土地生产力，不得不以各种方式，每年向一英亩土壤至少返回 48 磅磷、167 磅钾和 330 磅氮。氮可以通过种植大豆或其他豆类植物从空气中积累获得，或者通过有机物的形式返回到土壤中去。前文早已证明，农民每年会给土壤上 5000 到 7000 磅干燥堆肥，若种植两茬作物，每年的施肥量就达到 5 到 7 吨。除了这种干燥积肥外，他们还会使用大量的豆粕或花生饼以保持土壤肥力，因为这两样东西都包含了各自从土壤中吸取的养料。藤叶被用来作饲料喂养家畜或者将豆类作物的秸秆烧了之后作燃料，之后它们所包含的绝大部分植物养料都会最终返回土壤。农民们毫无疑问都已经学会了如何完整地储存被他们的庄稼带走的植物养料，而且他们还会继续这样做下去。

　　德国人在青岛附近修建了道路体系，我们搭黄包车经过这些道路来到了附近的一个村庄。有一次我们经过一个村子时看到整个村子都在用磨榨大豆和花生油。图 10-19 所示的就是磨坊用到的一根直径为 4 英尺、厚 2 英尺的石碾，由一只毛驴带动，绕着磨坊石圆盘一根垂直轴旋转。磨坊能将豆子或者花生磨碎，一方面是靠石碾的重量，另一方面是靠石碾转动。大豆和花生被磨成粉末后，油也就被榨出来了，和榨棉籽油的方式一样，但是豆粕饼和花生饼都要

图 10-19　中国山东用于碾豆和花生的石碾。

比棉籽饼大得多，其直径大约是 18 英寸，厚度约为 3 到 4 英寸。图 10-20 所示的院子十分干净整洁，院中放着一台石磨，在石磨的边缘放着两块这样的饼。最近一些年，豆粕饼会被作为一种肥料运往中国各地，有时还会出口到日本，甚至还会被作为储备食物和肥料运往欧洲。

图 10-20 榨油坊外放着两大块花生饼和装油的器皿。

除了这里的其他任何地方，包括比山东更北的地方用于贮藏粪便的器皿都不是这种大陶罐。气候干燥的地方实行的是干燥储存方法。我们看见青岛附近的农民把大量干粪放在草棚下，而且在使用前都会以一两种方式将它们磨成细小的粉末。图 10-21 所示的就是其中一堆正被施用于地里的肥料，这位老大爷身后就是堆着肥料的茅草棚。他的孙子正往图 10-22 中的菜园里运送准备好的肥料，孩子的父亲则在给土壤施肥。将肥料磨成粉末以及往田里施用，使肥料与土壤充分融合的过程是最辛苦的，因为他们对管理土壤有一条谚语，即"人勤地不懒"，要充分发挥每一平方英尺土壤的生产能力。这样一来，每块土地都会在农夫的管理下获得最高的回报。

图 10-21　中国山东一位农民正在捣碎干粪，准备用在菜地里。

图 10-22　5 月 24 日，中国山东的一位菜农仔细地把粪肥
跟土壤拌匀，准备种第二季庄稼。

这块土地前一茬作物是蓬蒿，另一部分种植的是韭葱。每英亩蓬蒿带来的毛收入是 73.19 元，每英亩韭葱带来的毛收入是 43.86 元。现在田里准备种植的是芹菜。

利用底土或者河底淤泥和有机质混合制作的堆肥并施用于耕地的方法，对整个远东地区农业永续发展起着至关重要的作用，因为这些物质加入土壤后将起到积极的作用，它既能增加土壤的厚度又能给土壤加入所需的各种养料。如果在山东半数以上的土壤施用这些养分充足的肥料，像我们见到的那样，那么 1000 年以来，那里的人们在每英亩土地上施用的肥料就增加了 200 多万磅，相当于我们国家用一般方法耕犁土地的重量，而这么多好土可能含有 6000 磅氮、2000 磅磷和 6 万多磅钾。

在搭黄包车离开宾馆前往码头搭乘上海的轮船时，我们发现后面跟着一个十三四岁的小男孩。他一直走在人行道上，时而超过我们，时而又落在我们后面，当黄包车夫放缓脚步他也会明显慢下来。宾馆离码头整整一英里，这个男孩明显知道轮船的刻表，并且从我们手上提着的手提箱判断出我们是要乘船外出的，并且有帮我们把箱子提上船赚 2 分钱（墨西哥币）的想法。码头上已经有大约 20 个人在做这份工作，他走一英里就是为了占个先机。其实他所得折合成我国货币还不到 1 美分，只相当于 20 串铜钱的服务费。但当我们的黄包车来到码头时，他已经被挤到了人群后面了，前面都是些强壮的男人，眼神中也都透露着强烈的渴望。小男孩被人推了两次，然后就被挤到了一边。在我们的黄包车停稳之前，一个身体强壮的男人抢先提住了我们的箱子，要是我们没有注意到这个含蓄竞争的男孩，他得到的就只是推挤所带来的伤痛。这就是生长在这里的人面临的激烈竞争，连一个小男孩也不例外。虽然辛苦，但小男孩还是不遗余力地争取机会。当他得到超出预期的收获时，除了惊奇，他还会心怀对生活的感恩之情。

第十一章

东方，"拥挤"的时空

时间是每种生命过程的函数。就像每一个物理、化学和思维过程的函数一样，农民在种植作物的时候需要根据作物不同时间内的需求差异来调整自己的劳作。东方的农民是世界上最懂得利用时间的，他们会尽可能地利用每一分钟。外国人总说中国人"不准时"，从不烦恼也从不着急。中国人懂得要抓住时机，并且会利用好每分每秒，又何必慌忙呢？

远东地区农民制作堆肥的方法，以及加工炕土、墙壁和房屋底土的习俗都大大缩短了有机物腐熟过程中化学、物理和生物反应所需的时间。这样做不仅使他们的时间得到了增值，而且还通过使耕地的外围发生这些变化扩大了耕地的面积。同时也使作物获得了一些有效的养料。

不管是稻作农业还是旱作农业，给作物施肥的做法都起着至关重要的作用。在发展旱作农业的区域，土壤长期极度缺乏水分，因此土壤中的肥料发酵十分缓慢。西方的农学家并没有充分认识到这个事实，土壤养分的发展与作物生长之间存在时空差异，因为这两个过程都需要消耗土壤的水分、空气、可溶性的钾、钙、磷和氮等混合物。不管这条重要的农耕经验是否被文字记载下来了，它都是所有的农耕经验中最不可磨灭的。假如我们在传承这个经验的基础上能大量减少所需要的劳动力，或者以一种更迅速有效而且更轻松的方式保证同样的收成，那么我们将会取得农业发展中最重要的进步。

在我们北上来到山东的时候，江苏和浙江的农民正在实行另一种虽然需要耗费大量人力但能节约时间的农耕方法。那就是在小麦完全成熟之前套种棉花。图11-1展示了麦子是种植在凸起的狭窄的垄上，各有5英尺宽，之间用垄沟隔开。图中较突出的地方是一个蓄水池，蓄水池旁边安有一个四人的人力灌溉水泵以灌溉右边的稻田。在江苏和浙江两省，大部分小麦都是以图 11-1 所示的方法种植。种有小麦的狭窄土地自水库后面的土地开始延伸，直到天际线边的农庄，土地的左边，靠近河岸的地方还有一个为灌溉泵搭建的小水车棚。

图 11-1 麦地和四人的人力灌溉水车，用来浇灌位于谷子地之间的一块秧田。

为了节省时间，或说是为了延长棉花的生长时间，在离小麦收割还有 10 天的时候，棉花种子就会播种到土地里。为了掩埋这些种子，人们会用铁锹将地层之间的垄沟挖松，直至有 4 到 5 英寸深，然后再将垄沟中挖出的细沙用铁锹洒向田间，细沙从成熟的小麦中筛落至地面最终将种子掩埋。这些细沙保存了土壤中的水分，保持着足够的湿润以使棉花种子在小麦收割之前发芽。图 11-2 中是翻译对另一块小麦地的近距离特写。在这块小麦地上，棉花种子是按照我们之前所说的方式在 4 月 22 日播种下去的。从图中可以看出，作物的间距很密，高度接近人的肩膀，因此要在其上播种其他种子，之后再掩埋种子就不是件容易的事了。

我们从山东回来之后，这片小麦已经收割了。据麦田的主人说，在这片面积为 4050 平方英尺的土地上，小麦的产量是 400 斤，秸秆的产量是 500 斤。换算下来，平均到每英亩，小麦的产量是 95.6 蒲式耳，秸秆的产量是 3.5 吨。图 11-3 是我们在 5 月 29 日的早晨拍摄的，图上显示的是这片土地在小麦被收割而且棉花已种下时的情景，透过收割之后留下的短短的小麦残茬还依稀可见刚种下的棉花。这片土地之前已经施用过液体肥料。不久之后还要锄一遍地，按照每平方英尺一株的标准间苗。图 11-2 和图 11-3 这两张照片的拍摄时间间隔有 37 天。毫无疑问，用这种套种方式种下的棉花比用传统的先收割再施肥再播种的方式种植的棉花生长时间要多 30 天。从图上可以看出棉花虽然是在小麦还没收割的时候就已经种下了，但是这里的土壤很深而且很开阔。在种植的时候还会用一层大约两英寸厚的松泥土掩埋住棉花种子。另外，间苗时还要用两齿或四齿的耘锄深锄一次。

图 11-2 　地里的麦子已经有 4 英尺 8 英寸多高了，即将收割，而棉花已经播种了。

图 11-3 在 11-2 所示的地里，小麦已经收割完毕，之前种下的棉花已经出苗。

上述在小麦地里种植棉花的方法是时下普遍采用的一种特殊的种植方法。如果气候条件允许，许多地方都会采用这种复种的做法。有时在同一片田地会循环种植多达三种作物，这些作物种植和成熟的时间都不同。我们已经注意到作物种植时间会重叠，并且这里采用的是黄瓜与蔬菜轮种的方法。复种的方法使田里的作物变成了多熟制，充分利用生长季节的每分每秒促进作物生长。同时，对农民们而言也利用了所有可能的时间来照顾作物。在图 11-4 所示的田里，冬小麦即将成熟，蚕豆还差三分之一的时间也能成熟了，而棉花则是在 4 月 22 日刚刚被种下。现在，这片农田被分成了许多块 5 英尺宽的垄，垄间有一条 12 英寸宽的垄沟。

图 11-4　这块地实现了小麦、芸豆和棉花的套种。小麦即将收获，芸豆已经生长了三分之二，棉花刚播种。上图为麦垄间，下图为豆垄间。

垄上种植的两行小麦间宽为 8 英寸，以间隔 2 英尺的距离种在垄上，留出一条 16 英寸宽的空地，如图上半部分所示，先用于耕作，然后施肥，最后在收割小麦之前种上棉花。垄沟的两旁都会种上一列蚕豆，参见图的下半部分，种上芸豆之后，垄沟就被挡住了。豆子是在小麦收割之后和棉花长大之前成熟，晚秋时在豆子收获之后还要重新翻犁和施肥，之后会再种上一茬作物，如此反复，一年便能种植四种作物了。农民不间断地给作物追肥，再加上土壤中含有充足的水分，获得最大的收益便指日可待了。

另一种方法，冬小麦和大麦与绿肥作物，例如"中国三叶草"

这种野生的苜蓿属植物，如图11-5所示，农民会不断翻转它们，为种植在大麦周边的一列列棉花提供植物养料。在收割了大麦之后，原本种植大麦的土地会再次被翻耕和施肥，在棉花即将成熟的时候田里会种上油菜，以便在冬季可以用油菜作原料腌制咸菜。

图11-5　翻压苜蓿作为绿肥，种植大麦和棉花。

在中国，胶州湾附近的天津和北京都可以实行复种制。在这些地方复种的作物通常是小麦、玉米、大麦、谷子和大豆。但这里的土壤也不是很肥沃，年降雨量差不多只有25英寸，雨季大约是在6月末或者7月初才开始。图11-6所示的是这里一片土地在6月14日的情景，从图上可以看出，田里种有两列小麦和两列谷子，两种作物之间间隔28英寸。小麦即将成熟，但是贫瘠的土壤和干燥的气候（从1月1日到现在的降雨量只有2英寸多一点）导致小麦植株异常矮小。

堆放在作物之间的粉末状肥料主要是在小麦收割之后用来给土壤施肥的。小麦收割之后会被绑成捆带回村子，之后农民则将小麦秸秆制成肥料。图11-7所示的是农民忙着用一把笔直的长长的直刃铡刀铡小麦秸秆的场景，图中，农民一手按住小麦的一端，

图 11-6　直隶地区小麦和高粱的复种情况，小麦和高粱收获后将种植大豆，农民在地里的堆肥是为种豆准备的。

另一只手握住刀向下施力。被切除的小麦秸秆不是被用作燃料，就是被运往图 11-8 所示的用泥砖建造而成的堆肥池制作肥料。在这个池子里，小麦秸秆会和粪便以及草木灰混合在一起，然后人们再往里面加入一些水使它们腐烂。它们腐烂之后，可溶解性养料就与土壤充分融合在了一起。它们与土壤的融合并不影响土壤中的水分的毛细运动，在农田外围发生变化，并不会影响地表作物的生长。

　　在套种和复种结合的农业种植体系中，东方农民的轮作或连作将引发一系列物理、有机化学和生物学的有利结果。有人认为作物的根部相互结合在一起能促进生长，如果事实果真如此，那么将作物紧密地种植在一起的这种做法就能为生长提供有利的机会。事实上，真正促成人们实行复种制度的原因并不是这个，而是之前已经列举出的一些很明显而且很重要的益处。

图 11-7 中国直隶地区的一家农民正在铡小麦秸秆，秸秆将用来制作堆肥。

图 11-8 中国直隶地区的一个沤肥坑和猪圈，旁边是一堆稻草，可用来制作
厩肥。

第十二章

东方的稻米种植

中国、朝鲜和日本人民的主食是大米。到1906年为止，日本连续5年平均每年的大米人均消费量达到302磅。1906年日本国土面积是175428平方英里，大约有12856平方英里的耕地用于种植稻谷。其中12534平方英里的耕地上平均每英亩的水稻产量都超过33蒲式耳，321平方英里的旱地上平均每英亩的产量是18蒲式耳。北海道位于日本的北部，其纬度和伊利诺伊州北部的纬度一样，但在北海道53000英亩的耕地上能收获178万蒲式耳水稻。

据中国总领事谢立山说，中国四川平原地区耕地每英亩的水稻产量能达到44蒲式耳，旱地每英亩的产量是22蒲式耳。中国官方给出的数据表明中国每英亩耕地水稻的产量是42蒲式耳，每英亩小麦的产量是25蒲式耳，而日本每英亩耕地的小麦产量通常只有17蒲式耳。

如果中国、朝鲜和日本这三个国家每年人均大米消费量相同，大约都是300磅，那么这三个国家的消费总量是：

表12-1　中日朝大米消费总量

	人口数	消费量（吨）
中国	410000000	61500000
朝鲜	12000000	1800000
日本	53000000	7950000
总计	475000000	71250000

如果朝鲜、中国的水田、旱地的比例与日本水田、旱地的比例相同，而且每年这三个国家水田每英亩土地的水稻产量都是40蒲式耳、旱地每英亩的产量是20蒲式耳，要达到上述水稻总产量所需要的土地数分别是：

表 12-2　中日朝三国达到所述水稻总产量所需土地数

	水田 （平方英里）	旱地 （平方英里）
中国	78073	4004
朝鲜	2285	117
日本	12534	321
总额	92892	4442
共计	97334	

　　通过观察朝鲜安东、汉城和釜山之间 400 英里铁路沿线的情况，我们预计朝鲜实际的稻谷种植面积比之前预计的更多；而从本书第五章所描述的运河地区推断，中国稻谷的面积和之前预计的差不多。

　　每年在日本三个主要的岛屿 50% 以上的耕地种植的都是水稻，这些稻田的面积相当于整个日本帝国除北部库页岛（现为俄罗斯领土）之外的所有土地的 7.96%。在中国台湾和中国南部，大部分地区每年种两季水稻。之前用于计算中国水稻平均产量所用到的种植面积只相当于其国土面积的 5.93%，大约比 1907 年美国用于种植小麦的土地多 7433 平方英里。然而，我们的小麦产量仅有 1900 万吨，而中国在几乎一样大小的土地面积上收获的粮食毫无疑问是美国的两倍，甚至是三倍。除了每英亩产量巨大之外，超过 50% 甚至多达 75% 的土地上会复种至少一种其他作物，这些作物通常是小麦，或者是大麦这些能作为人类食物的作物。

　　如果东方民族的农耕方式传播到北美或者东亚其他地区，那么如图 12-1 所示，在北美的格兰德河①到俄亥俄河河口之间、密西西

————————

　　①　美国西南部和墨西哥的一段界河。

比河到切萨皮克湾①之间也会出现大运河。这两条大运河便会构成2000多英里的内陆水运通道，既能通商，也可以提高河流的水位，更好地利用水资源，还可以对绵延200000多平方英里的渠化沿海平原因水土流失而浪费的肥料进行重新利用和分配。但是，现在这些地方的土地大多都因过度开发而变得十分贫瘠。现在，又有谁能够列举出长期以来通过农民的努力使得糖增产了多少吨？棉花增产了多少袋？大米增产了多少包？桔子增产了多少箱？桃子增产了多少篮？以及通过铁路运输的洋白菜、西红柿和芹菜增产了多少吨呢？或者是说出这些作物又为多少人提供了衣食呢？我们或许可以禁止出口磷，并且往田里施用磨碎的石灰石，但这样的行为从长远来看仅仅只是治标不治本的权宜之计。我们东西生产得越多，人口增加得越快，往海里倾倒的垃圾就会越多，当我们意识到海里的垃圾太多而导致各种问题时，花再多的钱，做再多的祷告也于事无补了。

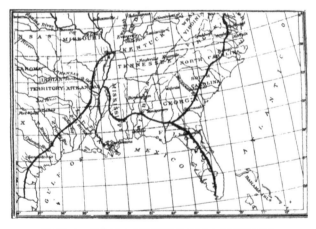

图 12-1　跟中国大运河相似的美国大运河规划图。

_____

① 美国最大的出海口，在美国马里兰州和弗吉尼亚州之间，有150条河流汇入。

　　如果美国想永续发展下去，如果我们要像东方人那样将历史延续至 4000 年甚至是 5000 年，如果我们的历史要一直保持和平的状态不受饥荒和瘟疫的困扰，那么我们就必须自我东方化。还必须摒弃目前的做法，采取措施竭力保护资源，只有这样我们的国家才能历世长存。强化栽培方法只会加快土壤中养分的分解、吸收和消耗，而地表土壤正是生命的温床。复种、密植以及增强作物的生长力都意味着每英亩农田需要更多水分让作物吸收，而这只能是在对流失的地表水资源进行再分配以及在河流分布广泛、气候湿润的地区改进灌溉措施的前提下才能得以实现。我们迟早会在全国范围内实行一种更为全面的水资源保护方式，不仅要利用水资源来发电、发展水陆运输，更主要的是利用它来维持土壤的肥力，并且通过补充灌溉使作物增产。当然，这整个过程中既要考虑到国家和集体的利益，又要对各方的利益进行全面的调整。中国、朝鲜和日本在很早的时候就有了发展永久性农业的意识，现在可以并一定会进一步完善。是否能够借助他们的经验，发扬他们的有利经验，最终为整个世界的农业发展引进一种全新的、先进的农耕方法，则取决于我们和其他国家。

　　这三个国家选择水稻作为他们的主要作物，并实行复种。尽管夏季降水丰富，他们仍保持灌溉和排水相结合的农耕方式。他们广泛且持续地利用植物养料，为了维系土壤中的腐殖质、保持土壤的肥力还实行轮作。以近乎宗教般的虔诚往田里施用能利用的一切废物，以弥补因作物的收获而流失的植物养料。以上种种做法无一不证明这些国家掌握了农业发展的基本原则和要领，而这些正是西方国家要认真思索与反省的。

　　尽管我国现在不需要也还不可能实行劳动密集型的水稻种植，我们也期望后人不会被迫在农业中投入如此多的体力劳动。虽然这样期望，但东方民族的农耕方法仍是值得我们研究的，因为它包含了一些基本的农业发展原则，而且其具体实施方法也很值得我们探究。

毫无疑问，这些国家的稻田意义极其重大，而相对来说旱稻却极少。水稻田都要整成水平状态，四周筑起低矮狭窄的田埂，如图 12-2 和图 12-3 所示。图 12-3 中，三个男人正踩动脚力抽水泵以

图 12-2　日本的一块刚刚插过秧的水田。

图 12-3　中国长江三角洲平原上的一块稻田，已经灌了水准备插秧。

灌溉即将种植水稻的农田。在地势不是很平坦的地方，人们就会将斜坡改造为水平的梯田，而梯田的大小则主要是由斜坡的陡峭程度决定。我们亲眼看到了一些农田不如一间小屋子大。罗斯教授告诉我们他在中国内陆甚至见到过不及餐桌那么大的农田。其中一块只有餐布那么大的田里还种着水稻，它的四周都围有围栏以储水。据官方统计，日本稻田的面积平均只有 1.14 亩①，即大约 31 英尺宽、40 英尺长。除北海道、台湾和库页岛（当时这两处还被日本占领）之外，53% 的日本稻田都不及八分之一英亩，74% 的其他耕地也都不及四分之一英亩，而且这些耕地还有可能会被进一步细分。接下来的图 12-4 和图 12-5 充分展示了在地势较低的盆地中小面积的稻田和梯田是怎样储水的。图 12-4 中间的房子是判断稻田大小和山谷斜坡倾斜度的一个很好参照，田里水稻行距几乎只有 1 英尺宽，我们可以通过计算出突出位置的水稻行数来估算稻田面积。图中房子的前面有 20 多块这样的地块，但我们只照下了一半，相机离房子还不到 500 英尺。

在日本的三个主要岛屿上，有超过 11000 平方英里的地势较低的农田，每块田的四周都有田埂、充足的灌溉水源和排水渠道，而且所有这些系统都得到农户的精心照看和修复。这三个国家地势平坦的地区也被以类似的方法改造成水田，但它们的总面积相对来说较小，因为平地的面积本身就不是很大。从运河和排水渠中挖出的泥土除了用来筑堤之外，大部分都被倒在农田上。筑堤和维修所需的工人总数大大超出了我们的意料，而几乎所有这一切都是人类劳动的产物。

---

① 日本面积单位，一亩 = 30 坪 = 99.1736 平方米。

图 12-4　日本灌了水、插上秧的稻田。

图 12-5　从日本一个陡峭的山谷俯瞰下面的梯田，面积很小，已经插秧。

这三个国家每年田地铺设、修整水田的举动为它们带来巨大的经济收益，而大部分西方国家还未充分认识到这一点。经济收益的规模主要取决于充足的水资源，因为充足的水资源能带来更多的植物养料，从而增加土地的产量。这些水资源大多起源于原始的山林，其中富含已溶解的养分以及尚未溶解的悬浮物。这些上百年形成的水流，含有大量溶解矿物质和植物养料，总量相当可观。如果每年稻田间的田水有 16 英寸深，而且这些水中各种物质的成分与梅里尔（Merrill）先生提到的北美河流中的各种物质相同，单独计算其中的悬浮物或溶解的矿物质所携带的植物养分，则 1 万平方英里稻田能吸收、溶解大约 1400 吨磷、23000 吨钾、27000 吨氮和 48000 吨硫。除此之外，还能将 216000 吨的溶解性有机物和大量中和酸性土壤所必需的溶解性石灰石带入田里，而且石灰石的总量能达到 1221000吨。几千年来，中国、朝鲜和日本在其 10000 平方英里的稻田里，用这种方法积累到的物质 5 到 9 倍地接受着大自然的恩赐。因此，如果按照 1000 年计算，尽管他们采取这种措施已不止千年，在 9 万平方英里土地中累计的磷的总量大约能达到 1300 万吨，这远多于美国迄今为止所开采的所有纯度为 75% 的磷矿石中的含量。

美国的墨西哥湾有 5 万平方英里，再加上大西洋沿岸平原，把这两个地区进行渠化，充分利用淤泥、有机物和水，就能够大幅度增加相应作物的产量，也就能估计出这两个地区往海里排入的养分的具体数量。有朝一日，我们应该而且一定会找到办法，将大量营养丰富的淤泥和有机质送到佛罗里达州的平原沙地，及其与密西西比之间的沙地，还有三角洲平原上的土地，那里目前不是易遭洪水泛滥，就是常年低洼积水。

可能对于一些人来说，如此大量的灌溉，特别是在雨量充沛的国家，肯定会通过淋溶和地表径流造成植物养分的流失。但在这三个国家有效的方法指引下，事实可能并非如此。我们的人民应该理解和欣赏隐藏在他们稻田灌溉做法下的指导思想，而且这是非常重要的。首先，他们会用水浸润稻田，这样能让大部分的水通过作物叶片或土壤的表面蒸发或进入浅底地下水。他们通常选择在施肥一段时间后再让水从一块稻田流到另一块稻田，这样可以保障土壤和作物都有足够的时间利用可溶性植物养料。此外，他们只有在准备插秧之前才会灌溉稻田，此时秧苗已经拥有了强大的根系，能够立刻吸收任何存在于它们根系周围或者向下发展的可溶性植物养料。

尽管是明渠，深度仅有 18 英寸到 3 英尺，但它们却足够多而且紧密，这样一来，虽然土壤中水不断接近饱和的状态，但新鲜的、氧气含量充足的水还是会渗入到根部，以满足根部对氧的需求，使西瓜、茄子、香瓜、芋头等作物能用如图所示的方法在稻田里轮作。在图 12-6 中，每两排茄子之间有一条连接地头沟的狭窄的浅沟，那

图 12-6 在日本，茄子种植在稻田里。土壤常保持湿润，明渠里水有 14 英寸深。

条浅沟里的水有 14 英寸深。在图 12-7 中看到的西瓜同样也是如此，瓜地里覆盖着很厚的一层稻草，这些稻草使得它们能避开潮湿的土壤并且能减少水分蒸发。秸秆在夏季降雨后会腐烂，渗透进土壤成为天然肥料。在图 12-8 中，一条小路两边是西瓜和芋头，两边就是两条干渠，能分别把几条垄沟里过多的水引到总排灌渠去。虽然土壤看起来很潮湿，但是植物却长势良好、生机勃勃，看上去不会出现排水不畅的问题。

图 12-7　水田之间的西瓜，生长环境同图 12-6。西瓜地里覆盖了一层厚厚的稻草。

可见这些人已经给予排水和灌溉足够的关注，并且正在关注植物养分的耗损和补给方式。他们不仅在稻田里采取这种保持可溶性植物养分、减少流失的栽培技术，而且常常把它用于不灌水的农地。较平坦的小块田地和河床经常被低低隆起的边沿包围，当有需要的时候，那些边沿可以完整地在田地里保留雨水，在种植稻米的地方这种方法不仅可以保存可分解的植物养分、减少养分流失，而且有

图 12-8　在日本，两条干渠之间的道路两旁种的西瓜和芋头。

利于雨水分配，这样就能使整片土壤变得湿润，并且能够防止土壤流失。

在中国、朝鲜和日本，如此广泛种植的水稻却几乎是一株一株移栽的。在他们那里，采用什么样的农作技术和方法，取决于是否能获得最多、最好的收成，而不像我国常见的那样，取决于是否省事、省力。我们是在广东省首次见到了水稻苗床，随后在吴夫人所在的浙江嘉兴附近的地里也发现了苗床。吴夫人的农场如图 12-9 所示。太平天国之乱蹂躏了两省，使得 2000 多万人流离失所，那时，吴夫人和她的丈夫被迫从宁波迁移到这里。当时他们在一片很小的空地上定居。家境好转之后，便购置土地，直至拥有 25 英亩地，这相当于当地一般小康农户人家所拥有田地的十多倍。吴先生去世后，吴夫人一直在管理家政，她的一个儿子虽然结了婚，但仍在读书，吴夫人的儿媳妇与她同住并帮忙打理家务。夏天的农活要雇 7 个短工帮忙，而且她还养了4头牛，用来耕地和抽取灌溉用的水。那些帮工的工资水平是夏季5个月每人24元（墨西哥币），这其中还管每天4顿饭。7个帮工的现金花费就等于14.45美元。10年前，一个劳动力每年可挣30元，我们到那里考察时这个数字涨到了50元，分别相当于12.90美元和21.50美元。

吴夫人稻田每市亩的产量两石，也就是每英亩26.7蒲式耳，此后这块地的一部分如种小麦，而每英亩小麦的产量却只有水稻产量的一半；如不种麦子，也会种一季其他作物。两季庄稼施用一次肥料。她说每年购买肥料就要花费大约60元，即25.80美元。如图12-9所示，吴夫人的家里有一个看上去像四合院的院子，院子的南边有一堵8英尺高的墙。她的房子是用泥砖砌成的，屋顶用稻草盖顶。

图12-9 吴夫人住在中国嘉兴，图上是她的房屋和农田。

我们第一次到这里是4月19日。水稻在4天前就已经播下了种子，每英亩稻田大约要用20蒲式耳种子。稻田里的土壤被仔细地犁耕过，而且还被施用了一些肥料。剩下要做的一项工作就是在土地的表面铺洒一些植物灰，但植物并没有充分燃烧，只是表面留有黑色的木炭。直接撒上去的稻种几乎把秧田盖得严严实实。撒种用的是一个平底的簸箕，以手轻拍，让稻种掉下去刚好浸没在草木灰中。每天傍晚，如果预计夜晚低温，人们就会抽取水灌溉农田，第二天如果天气晴暖，再将水撤回。木炭的表面就会吸收一些热量，土壤也会吸入一些新鲜的空气。

　　将近一个月之后，即 5 月 14 日，我们再次来到这里。之前稻田中的作物如图 12-12 所示已经长到 8 英寸高，不多久就能移植了。稻田旁边的部分土壤已经被灌溉和犁耕过了，其表面上覆盖着的用作绿肥的苜蓿也开始发酵，这就为水稻的移植做好了准备。如图 12-9所示，在稻田另一边的房屋前面，垄间的垄沟已经充满了水。这些垄是在水稻收割之后形成的，在它上面种植用作绿肥的苜蓿。图12-12所示的这两片稻田的对岸是一座如图 12-10 所示的车水棚，水车是在一个草棚里，里面两台水车被连接至从运河延伸过来的一条水渠终点。如图 12-11 所示，其中一台木制的水车是由一头蒙着眼睛的牛带动的，越过牛的头部可以看见一个长柄铲子，就是前文提到用于收集牛粪的。

图 12-10　吴夫人农场的牛转翻车，图上有车棚和两部翻车相连的水平驱动轮，翻车安置在与运河相连的水渠的末端。

图 12-11 近距离观察上图所示的水车，图上可见一头牛拉着水车。

一边育苗，一边整理稻田为插秧作准备，这样做能够将水稻的收获时间提前一个月。大部分土地的灌溉时间都被大大缩减了，这样不仅节约了水资源而且还节约了时间。把小块土地作为育苗的苗圃，并精心施肥，这相对来说更便宜也更简单。同时，这样做还能使作物比实地播种生长得更强壮、更整齐。照看苗圃中的作物并为它们除草的劳动量远比打理整片稻田所要付出的劳动量小得多。要在犁耕这小块苗圃的时间内犁耕这整片稻田几乎是不可能的，因为用作绿肥的作物还没有长好，而且它们是被直接埋在地下的，混合这些作物以及使得它们腐烂都需要一定的时间。当苗圃中的稻苗长得很强壮时，它们就进入到生长过程中的另一阶段。在被移植到刚刚翻耕并经过精心施肥的田里时，它们已经适应了一切有利于生长的条件。通过这种做法，人们赢得了作物的生长时间，使作物更好地生长。对人们来说，这种做法似乎是在人口密度大、土地占有量小的情况下所能实行的效果最好的农耕方法了。

图 12-12　苗床上的水稻苗龄达 29 天, 其后的田已灌水耕过, 耙平后即可插秧。

　　我们占有的土地很广阔, 能利用的机械设备也很多, 但是因为人口数量很少, 所以认为他们的耕作方法就觉得原始且不可能。其实就是把我们的土地分割成跟他们一样大, 也按他们的方式来制作我们的机械, 结果还是一样, 甚至更不可能。因此, 可以说我们越是研究中国的农耕环境 (农耕环境是研究农业发展所必不可少的一个因素)、研究他们的人口数量、研究他们的所作所为以及他们已经取得的成功经验, 我们就看得越清楚, 除此之外他们没有更好的选择。

　　上文已经指出过, 在插秧之前的一个月要做的工作是多么繁忙: 制作堆肥、收割小麦、油菜、豆子、往田里施肥以及灌溉和犁耕农田。图 12-13 所示就是其中一块已经翻耕过的、准备要插秧的农田。图中的田被平整过, 挖出的泥土也被弄成了粉末, 然后与泥浆混合在一起。图 12-13 和图 12-14 所示的是一片面积稍大的农田。这种彻底的整地方法保证了稻秧跟土壤立刻紧密接触, 快速成活。

图 12-13　中国浙江省的一块稻田已经用平耙平整过，并且灌满了水，准备插秧。

在一切准备就绪之后，妇女们就会带着四条腿的矮凳子到苗圃里去，她们坐着将稻秧从田里拔起来，在仔细冲洗其根部之后再绑成方便移植的小捆，最后再将这些小捆的稻秧插到稻田里。

图 12-14　平整稻田经常要用到的滚切式木耙。

图 12-16 是我们在同一地点每隔 15 分钟拍一次照所形成的照片组。如图所示，移植工作一般都是由几个家庭通过换工的方式完成的。田里间距 6 英尺拉起一条直线，7 个男人并排，一人插六行苗，行距 1 英尺。一窝秧 6 到 8 株，窝距 8 到 9 英寸。男人们一手抓着一小捆水稻，另一只手分出中意的几根水稻秧，抓着它们的根部，然后迅速地将它们插进田里。秧根不包泥土，每插一窝只有一个动作，飞快地一下接一下，横着插完六窝，再插下一排。他们是倒退着插秧的。从头到尾插完稻田的一部分后，就把剩下的秧扔到待插的另一个部分，再拉上线从头开始，直到插满整块稻田。我们了解到，在土地已经被犁耕过，水稻秧已经被成捆地运到田里的情况下，通常一个男劳动力每天能给两亩约合三分之一英亩的稻田插秧。7 个男人一天能给大约 2.3 英亩的土地插秧。如果吴夫人雇佣了他们，则每插一英亩的秧能得到将近 21 美分的工资。这种雇佣人力的插秧方法远比我们用机器插包菜和烟草秧要便宜得多。从图 12-17 和 12-18 中可以看出，女人参与插秧在日本比在中国更普遍。

图 12-15　一组中国妇女正从苗床中移苗，并将稻秧绑成捆儿，准备插秧。

图 12-16　中国农民在插秧，在同一地点每隔 15 分钟拍一次照
　　　　　所形成的四张照片组。

　　水稻不像我国小麦那样，插秧之后不是所有工作就结束了，它
还需要不时地锄地、施肥和灌溉。为了方便灌溉，所有的田都经过平
整，而且都分布在运河、沟渠和排水沟旁边。为了能更好地施肥和锄
地，水稻秧苗都是被布置成行、成窝，也是为了有利于施肥和耘苗。

图 12-17　一组日本妇女正在雨中插秧（日本福冈实验站）。

图 12-18　日本年轻妇女头戴遮阳帽，正在插秧。

　　如我们在日本所见，水稻移植之后首先要做的就是用一个四齿耙子耘苗，这更多的是为了翻松土堆之间的泥土，加强泥土中的空气流通，而不仅仅是为了除草。如此之后，土地还会被如图 12-19所示的方式再翻耕一遍。图 12-19 中一个男人用双手将翻出的土地抹平，仔细地拔去每一棵杂草，然后再将它们埋在地底下，并且每次经过小土堆的时候还会用手加固这些小土堆。有时为了方便除草，有时候会在手指上套上竹套。最近，日本开始使用一种手扶旋耕机。图 1-14 所示的就是两个男人正使用旋耕机的情景。旋耕机的轮轴上有一些轮齿，这样旋耕机在沿着预设的路线行进时这些轮齿也会随之旋转。

　　这三个国家都对施肥给予了高度的关注，同时他们对土壤中有机质的维系也给予了高度关注。图 8-8 和图 8-9 中出现的粉色苜蓿是在秋季收割了水稻之后播种到田里的，在稻田被犁耕的时候它们就已经成熟了，并且能被割下来埋在土里作为绿肥。这种苜蓿的产量是每英亩 18 到 20 吨，在日本，每英亩所产的苜蓿通常要被施用在 3 英亩田里，而它们的残茎和根通常被施用于生长苜蓿的田里。平均每英亩田里施用的绿肥就达到了 6 到 7 吨，其中包含至少 37 磅钾、5 磅磷和 58 磅氮。

图 12-19　日本的农民在插秧之后第一道活：耘禾。

图 12-20　中国江苏的农民正在运河收割水草以制作绿肥。

　　人口多但占有的土地少的家庭通常都没有多余的土地来种植能用作绿肥的作物，于是他们通常都是收集一些山上或者运河里的杂草来充当绿肥。5 月的最后一天乘船离开苏州开始西行时，我们看见一条船上载有许多从运河中收集来的丝带一样长的绿草。为了收集杂草，人们不得不在齐胸深的运河里挥动一把从底部看去像一根 16 英寸的竹柄的月牙形镰刀。他们手握镰刀并沿着运河的底部挥过去，之后再挥回来，这样就能砍下一些长到河面那么高的水草。水草被砍下来之后浮到水面，人们会将它们堆放在自己的小船里。另外，如图 9-10 所示，在墓地、高山以及山地之上也能砍到一些能用作绿肥的植物。

　　水稻及其他一些作物的秸秆如果没有被用作燃料就会被混合进稻田的淤泥里。如图 12-21 所示，比如谷糠，常常被撒在插了秧的稻田里作肥料。

图 12-21 将糠撒进稻田作为肥料。

之前已经提到这些国家是如何利用各种废物来帮助土壤维系生产力的，但是考虑到西方各国的利益，为了使西方人最终也能实行这种经济的施肥方法，我们必须再次明确且详细地阐述日本在这方面的具体做法。根据他自己所作的记录，日本农工商部的川口博士告诉我，1908 年日本人施用于田间的人类粪便达到了 23850295 吨，堆肥达到了 22812787 吨，进口的商业性化肥达到了 753074 吨，其中有 7000 吨是磷酸盐。除此之外，日本施用的草木灰至少也有1404000 吨，在不到 1400 万英亩的土地上施用的绿肥大约有10185500 吨，而这些用作绿肥的植物大多生长在山上以及荒野之中。必须指出的是，日本这样做主要是因为找不到比这更好的方法来永久保持土壤肥力以养活如此大量的人口。

在水稻成熟之前，除了施肥、移植和除草以外，农民还需要不断地灌溉，这是一项艰巨的任务。灌溉用水很多都是依靠力气抽取上来的，有相当一部分是靠人力抽上来的。图 12-22 中两个穿着清凉、宽绰、下口紧束式夏裤的男人正用戽斗提水，令人惊奇的是这种方式竟然可以把水提高 3—4 英尺。我们之前就已经提及如图 2-4、图 10-6 所示的便携式的汲水装置。图 12-23 所示的是一种四棱锥状提水桶和桔槔，在直隶地区被广泛使用。图中这个农民一天的劳动可以从 8 英尺深的井里提上来浇灌半英亩农田的水。

图 12-22　中国直隶地区人们用戽斗汲水灌溉。

图 12-23　桔槔和四棱锥状提水桶，汲水灌溉。

图 12-24 所示的是中国使用最广泛的汲水器具和踩动它的踏脚。图 12-3 所示的是三个人踩动一个类似的水车汲水，图 3-10 是这一场景的近距离展示图。另外，如图 12-25 所示，在一大片的水田附近也有一台这样的水车。在我们拍摄这些图片的地方，当地的一个老农民告诉我们，这两个男人通过踩动抽水泵从 3 英尺低的地底下抽水，他们在两小时之内抽取的水足够使两英亩土地水面上升 3 英寸。这相当于每人 10 小时能够灌溉 2.5 英亩土地 1 英寸水深，而他们的酬劳是 12 到 15 美分。因此，按一个生产季节需浇水 16 英亩/英寸来计算雇佣劳动力灌溉，在包膳食的情况下，需要花费大约 77 到 96 美分。按照美国的标准，中式水泵所需要的劳动力实在太便宜了。

图 12-24　三人式中国木质水车，在中国广泛运用。

这种翻车就是一个敞开的箱槽，内部安有一串可活动的叶片以从运河中提水灌田。槽与叶片的尺寸因驱动力和提水量的大小而异。

这个泵看上去似乎有一些简陋，但无论制作与维护的成本，还是使用效率，当然是就中国的条件而言，西方的产品都完全不能和它相提并论。也没有什么能比这些高效而简单的工具更能反映这个民族的性格了，那就是在构造和成本的一切细节上都极尽简约之能事，最伟大的成果以最简单的方式取得。如果运河上要建一座桥，而单拱跨度不够，中国的工程师就会在运河上选择一个方便的位置，先把多孔桥建好，再把运河水引到桥下通过。我们在松江的时候看到一座横跨在运河上的铁路桥，那时候河水刚被引到修好的大桥桥下，被迫自己冲出一条新水道来。因为有了这座铁路桥，运河上的交通并没有被阻塞，所以就节省了许多开支。

日本的脚踏水车省去了全部的传动装置，而是依靠人力脚踏叶片驱动，如图12-26所示。有些水车的叶轮直径有10英尺，这是由所需提水的高度决定的。

图12-25　农民刚用水车灌溉了土地，准备耕地。

图 12-26 日本灌溉水车。

这三个国家灌溉一般都是靠畜力完成的，而且所使用的驱动轮类型也主要是图 12-11 所示的装置。图 12-27 所示的是在浙江和江苏两省最常见的棚子。我们数过，在半径为半英里的范围内，这样的棚子多达 40 个。这些棚子可为牲畜提供避暑和避雨的地方，由于稻田经常需要灌溉水，因此牲畜也得到一定的照顾。

图 12-27 中国江苏省运河岸边的水轮及其顶棚。

在不平坦的地方，那里的河流会有足够的落差，筒车应用广泛。在筒车的周围缚有一些盛水的水筒，到水筒通过河流时就装满，然后升到最高处时就倾倒在一个连有管道的容器中，水顺着管道流向田地。四川的一些水车很大，也很漂亮，很容易让人联想到摩天轮。图 12-28 所示的就是一个这样的水车。该图是罗林·T. 张伯伦①拍摄的，由于其精湛的拍照技术，我们还能看见水车上的雕刻。这个水车直径大约 40 英尺，拍照的时候它还在运转，它将水提起来，然后再倒入位于水车另一边的两根杆顶端的一根水平木槽里。木槽还连接有一根伸向左边天空的长管，该长管是将竹茎连接在一起形成的，目的是将水输送到田里去。

图 12-28　中国四川巨大的水车，由罗林·T. 张伯伦拍摄。

---

① 张伯伦在 1909—1910 年来中国探险。据记载，这次探险是"东方教育调查委员会"调查项目的一部分。东方教育调查委员会 1908—1909 年由美国洛克菲勒公司出资，芝加哥大学组织，派往远东进行教育、社会和宗教的调查。

到了收割的时候，尽管稻田面积很大，需要收割的粮食数量也多，但因为土地较为分散，单块土地面积很小，地表高低不平，所以农民要使用我们的机械设备去收割几乎是不可能的，即便在美国算是小型的收割机械也派不上用场。如图12-29所示，最终收割还是要依靠镰刀，和之前种植水稻一样一窝接一窝地收割。

图12-29　日本农民用镰刀这一古老的工具收割水稻。

在作物成熟之后、收割之前，要抽干地里的水，这样土壤才能变得又干又硬。此时雨季还没有结束，在处理这些作物时还要很仔细、很小心。这些一捆一捆的作物需要如图12-29所示或者在稻田的边缘竖立，或者是需要如图12-30所示将它们倒着悬挂在竹架上，稻穗朝下。

图 12-30　日本农民将稻穗倒挂在竹竿上晾干，为脱粒做好准备。

人们将稻穗放入打谷机里面，在金属排齿的作用下，稻谷就被剥落，然后就被堆放在图 12-31 右边的位置。谷子堆放的地方地势较低，而且还是被堆放在一个篮子后面。篮子的旁边一男一女正用两个筛子筛去稻谷中的灰尘和谷壳。风选机就是利用老一辈农民筛选谷物

图 12-31　日本农民脱粒的工具。一根不长的竹竿，其中夹着细金属条，形同梳子。

的原理制作而成的，中国和日本在很早之前就已经使用了类似的机器。筛过之后的谷子在用作食物之前还必须去壳。图 12-32 所示的

是日本历史最悠久、操作方法简单的谷物抛光方法，即利用谷物之间的摩擦来去掉壳。将大米倒入木质的舂米桶里，用一杆大木槌击打容器里的稻谷，这时谷粒就会相互摩擦，最终会将谷壳剥去。

这种使用木槌、依靠人力抛光的方法被广泛使用。还有另一种抛光方法，一群男人站在杠杆的一端使杠杆的另一端翘起来，

图 12-32　日本农民用于舂米的大木槌。

然后再一起离开使杠杆落下，以此来带动活塞活动。然而，我们发现日本最近也开始利用汽油发动机来完成谷物的去壳和抛光工作。

秸秆的多种用途使秸秆和大米本身一样具有十分重大的意义。秸秆可以作为牲畜的食物，也可以用来铺设牛圈和马圈；可以用来盖房顶和棚子；可以用作燃料，也可以用作护根；可以为土壤提供有机质，也可以直接作为肥料。总的说来，它就和钱一样具有十分广泛的用途。除了上述的用途，秸秆还可以用来编织常用的小物品。据估计，如图 12-33 和图 12-34 所示，每年日本在收割完 3.4615 亿蒲式耳谷物和 2819 万蒲式耳大豆之后，会用秸秆编织大约 1.887 亿多只编织袋，而这些编织袋价值近 311 万元。另外，还有许多编织袋被用于装运鱼类和配制好的其他肥料。

兵库县有 596 平方英里的耕地，而罗德岛有 712 平方英里耕地。1906 年，兵库县的农民在其 26.504 万英亩的土地上就产出了 1058.4

万蒲式耳稻谷，价值 1619.14 万元。平均每英亩的大米产量是 40 蒲式耳，光是大米这一种作物就能带来 61 元的毛收入。另外，农民在同一土地上、同一季节内至少会复种几种其他作物。假如种植的是大麦，那么其每英亩的产量将超过 26 蒲式耳，大约值 17 元。

图 12-33　日本，用秸秆为材料的编织袋给稻谷打包。

图 12-34　日本，稻谷打包后装船，准备运往别处。

图 12-35　日本的一个农民家庭正在为大麦脱粒，大麦作为冬季的护根和绿肥。

完成基本农活之后，日本的农民在冬天的夜晚通常还会用一部分秸秆编织一些席子以及各种各样的网。898 万张席子和网能创造出 26.2 万元的市场价值；483.8 万个袋子能创造出 18.5 万元的市场价值；874.2 万双拖鞋能创造大约 3.4 万元的市场价值；而 625.4 万双凉鞋则能创造出 3 万元的市场价值；另外还有一些小杂物大约能创造 6.4 万元的市场价值。总而言之，依靠近十一个半乡镇的农民，大约能创造出共计 2100 万元的收入，这个县四分之三的耕地平均每英亩能出 80 元的价值。如此算来，换算成我国以 40 英亩为一个单位的农田，120 英亩的耕地能获得 9600 元的毛收入，另外 40 英亩土地的收益则刚好弥补所有的成本。

我们从奈良实验站得知，每英亩土地收获的谷子价值为 90 美元，没有加工的稻草价值 8 美元；每英亩收获的大麦价值 36 美元，麦秆价值每英亩 2 美元。这里的农民遵循着他们自己的种植规律：在开始的 4 年或者 5 年实行稻谷和大麦轮种；接着，在夏季种植瓜

图 12-36　吃米饭。

类，每英亩大约有 320 元的收入；在第 5 年或者第 6 年时开始种植蔬菜，每反（tan）① 值 80 日元，相当于每英亩 160 元。为了保证有足够的绿肥，他们每年都会在大麦的空行间种值大豆，时间是每年的 11 月。每英亩地大约能产出 5290 镑的大豆，在大麦收获后的一个星期，农民就把豆子翻到地里作为稻谷的天然肥料。这样，奈良的农民每年在五分之四或者六分之五的稻田中可获得 136 元/英亩的收入，剩余的土地能收入 480 元/英亩，其中不包括为了培肥而种植的大豆以及其他的手编加工产品。和奈良在同一纬度的大西洋南部和墨西哥湾沿岸地区的农民能达到这个水平吗？只要有最好的灌溉系统、最好的肥料、合适的种植制度和多元的作物，我们有理由相信他们也能做到。

---

①　日本面积单位。1 反 = 10 亩 = 300 坪。

第十三章

丝绸文化

　　东方另一个伟大的行业，在一定程度上也可以说是最了不起的行业就是桑蚕业，以及用桑蚕丝织造精美的绫罗绸缎的丝织业。其杰出之处在于产量巨大而且诞生于中国古代，至少是在公元前2600年，原料是一种已经被驯化的野生昆虫家蚕吐出的丝。迄今为止丝绸业已有4000多年的历史，规模大到曾经一次运往美国西海岸的丝绸价值都超过了100万美元。人们还会用急件将大量丝绸运往纽约，以满足圣诞节的需求。

　　1907年日本桑叶的种植面积达到了957560英亩，蚕茧的产量达到了17154000蒲式耳，生丝产量达到了26072000磅。若将这些生丝用于出口，其价值能达到1.24亿元，相当于整个帝国国民人均2美元。如图13-1、

图13-1　　日本妇女正将产在纸上的蚕卵移下，集中在一起，准备孵化。

图13-2、图13-3和图13-4所示，1906年时整个日本帝国大约有1407766个家庭的700万人从事桑蚕的养殖。

　　理查德在他的《中华帝国地理志》①一书中指出，1905年中国向世界出口的生丝总量达到了30413200磅，若以日本的生丝出口价格来计算，其总价值达到了1.45亿元。同时理查德还指出，中国每年销往法国的丝绸占其出口总量的12%，即1000万磅。以此计算，

---

　　① 作者是法国耶稣会传教士，此书英文名称为：*Richard's Comprehensive Geography of the Chinese empire and de-pendencies*，由法文翻译而来。

中国单是出口的生丝就将近 4 亿美元。

图 13-2 一个日本女孩正在给蚕添加新鲜的桑叶。一个架子 16 个竹
匾，其中之一拿了下来，竹匾放在木质的架子上。

图 13-3 给蚕提供结茧的场所。

图 13-4　根据大小和形状判断蚕卵雌雄，并从中挑选最好的蚕卵用于孵化。

　　将丝绸用于制作服装在中国比在日本更常见，而中国的人口是日本人口数的 8 倍，所以在中国家庭里，丝绸的使用量要比日本多得多，当然其丝绸的年产量也比日本多得多。谢立山指出，四川的生丝产量是 543.95 万磅，大约相当于日本生丝总产量的四分之一。另外还有 8 个省也生产生丝，加总计算，这 8 个省的总面积将近是日本的 5 倍。这样算来，保守估计中国的生丝产量将达到 1.2 亿磅，如果再算上日本和朝鲜，这三个国家每年的总产量将达到 1.5 亿多磅，价值约为 7 亿美元。这些生丝的价值差不多等于美国小麦所创造出的产值，但是生丝所占用的土地却仅仅只是麦地面积的八分之一。

　　据丹多拉伯爵（Count Dandola）的观察，桑蚕很小，70 万只卵才 1 磅重，但是它们成长速度很快，孵化之后要蜕 4 次皮，70 万条蚕第一次蜕皮的时候能有 15 磅重，第二次的时候有 94 磅重，第三次时有 400 磅重,最后一次时则有 1628 磅重,等到真正成熟的时候,它们总共能有 5 吨,确切地说是 9500 磅重。但是据佩顿(Paton)的说法,在桑蚕 60 天的生长期里,70 万条蚕第一次蜕皮的时候就吃掉了 105 磅桑叶,第二次时吃掉 315 磅,第三次时吃掉 1050 磅,第四次时吃掉 3150 磅,在最后阶段,成茧前还要吃掉 19215 磅桑叶。因此可以说这些桑蚕要长到 5 吨重必须要消耗将近 12 吨的桑叶。平均一下,桑蚕每成长 1 磅就要消耗 2.5 磅桑叶。

根据佩顿的说法,70 万粒蚕茧大约重 1400 到 2100 磅,另据谢立山在四川的所见所闻,这些蚕茧能生产出的生丝重量是其自身重量的十二分之一。因此,可以说这些蚕茧在破茧之后能生产出大约 116 到 175 磅的生丝。按照 1907 年日本生丝的出口价格,这 116 到 175 磅的生丝大约价值 550 到 832 美元,每生产 1 磅的生丝要消耗大约 164 磅新鲜的桑叶。

在浙江的时候我们曾和一个中国银行职员交流过,他告诉我们,蚕破茧成蝶之后会将蚕籽产在一张 12 英寸＊18 英寸的纸上,这些蚕籽要长成蚕需要大约 2660 磅桑叶,之后它们能产出 21.6 磅的生丝。平均一下,每生产 1 磅的生丝要消耗 123 磅桑叶。1907 年日本在 95.756 万英亩的土地上产出 2607.2 万磅桑叶,平均每英亩桑树只产有 4465 磅桑叶,而每英亩桑叶也只能生产出 27.23 磅生丝,这样算来,生产 1 磅生丝就需要 164 磅桑叶。

这三个国家种植的桑叶主要有三种,从这三种树上又可能分季节采摘桑叶,分别饲养春蚕、夏蚕和秋蚕。我们从日本的名古屋实验站了解到,好的春桑产量是每反大约 400 贯,夏桑的产量是每反 150 贯,秋桑的产量是每反 250 贯,因而每英亩桑叶总产量有 13 吨多。然而,这个产量却已远高于整个日本的平均产量了。

图 13-5 是浙江一个桑园的近距离特写,图中的桑园已经施用了

运河中的淤泥作为肥料，并且已经到了收获的季节。图前面的树枝桠上有一捆砍下的树枝。事实上种桑叶的人通常都并不养蚕，他们会以每担一元（墨西哥币）或者是 100 磅 32.25 分的价格出售桑叶。一周以后，在江苏南京周围，桑叶的售价也是如此。

图 13-5　浙江一个桑园的近距离特写。

图 13-6 是早春时节一些还没真正成型的桑叶。树上的长枝是由去年的嫩芽发芽长成的，而且它们上面的桑叶至少已经被采摘过一次了。在长势良好的桑园里，树枝可能长到 2 到 3 英尺。图 13-7 所示的是桑园中一些刚被砍掉树枝的桑树。这些树大多都有 12 到 15 年历史了，树枝末端的树瘤越来越大，就是年复一年在几乎同样的位置剪枝的结果。桑树底下的土壤上覆盖一层厚厚的刚绽放的粉色苜蓿，之后会将它们埋进土壤里，它们就会为土壤提供氮和一些有机物质，腐烂之后它们还会释放出一些钾、磷和其他矿物物质作为植物养料。

图 13-8 是三行间距为 4 英尺的桑树，它们与水稻间种在一起，

图 13-6 近距离观察一个树龄较老的桑树。可见去年长出的枝条，等新叶长满又会被收修剪掉，仅剩下老树干。

矗立之地狭窄，但比周围的稻田高出 4 英尺。究其成因，部分是整地，部分是不断增加河泥作肥料的结果。桑树的两边种有芸豆，左边还种有油菜，这些作物通常都是在 6 月初收获，然后这片土地就会被重新灌溉和犁耕，之后再种植水稻。春季桑叶的产量至少是每英亩 3 担，有时可能多达 20 担，但夏季的产量却从来不会超过三担。两季的产量加起来大约是每英亩 9.2 吨，价格大约是 59.34 元。桑叶在采摘之后要趁新鲜赶紧运送，尽量在一天之内给蚕吃完。摘了叶子之后的树枝也会在出售的地方捆成捆存储起来用作燃料。

中国南方的桑树往往是压条生根后，从低矮的树桩上长起来的，之前我们乘南宁号轮船游历广东三角洲时看见茂盛的桑叶，还误认为是即将盛开的棉花。图 4-1 所示的就是广东三角洲的桑树，日本使用的修剪方法也和这里的一样。日本中部地区和中国浙江、江苏两省一样使用的是高修剪的方法，而在日本北部，桑叶则和其他所有带叶子的作物一样被直接采摘下来，再往北的地区则完全没有修剪。

图13-7　桑园最近第一次修剪枝叶，右边是尚未修剪的树木。

在这三个国家里，并不是所有的丝绸都是依靠家蚕生产出来的，也有相当一部分是依靠以山地和丘陵地区的栎属植物的树叶为食的野蚕生产出来的。在中国，最大的丝绸生产蚕是生长在山东、河南、贵州和四川的柞蚕。在东北的山区也生长有这类蚕，它们的茧通常运到山东烟台制成蚕丝。

图13-8　三排桑树套种在地里，这块地即将被用于水稻种植。

据兰多特先生（M. Randot）估计，四川的野生蚕茧每年产量大约有1018万磅，谢立山先生却认为这些蚕茧大部分来自于贵州。据理查德先生的说法，1904 年中国出口的野生蚕丝大约有 440 万磅，这就意味着野蚕茧的重量不少于 7530 磅，而且可能不到中国国内消费丝绸总产量的一半。

从谢立山收集到的数据来看，1899 年，从满洲的牛庄港依靠轮船运出去的柞蚕丝就达到 1862448 磅，价值 172.12 万元，并且其产量还在迅速增长。1898 年，从这里依靠轮船出口的丝绸有 1046704 磅。所有这些丝绸都来源于满洲南部、辽河平原以西、鸭绿江以东近 5000 平方英里辽阔的山地和丘陵地带，我们有幸在乘坐辽沈铁路的火车时经过了这一带。

5 月初到 10 月初的这段时间，每个季节都会有两窝野生蚕孵化出来。秋季的蚕茧过冬之后，蛾子会将卵产到一张布上。孵化之后人们就会从山上采摘新鲜的橡树叶喂给幼蚕，它们第一次脱皮之后，要用山里的鲜嫩柞树林的叶子喂养，最后，人们才会将它们放到长有矮柞树的山上，让它们自力更生，它们会在树叶底下结茧。

脱了一次皮后的蛾子会被再次受精，然后用蚕丝将自己绑在树枝上，之后它们就开始产卵，这些产下的卵长大之后就会产出第二批柞蚕丝。为了保证这些蛾子能吃到新鲜多汁的柞树叶，人们会定期砍掉一些长得太长的枝条。

因此可以说，这三个古老国度平凡的人们通过开垦山地、种植桑树和养蚕等长期不懈的劳动，不仅成功地创造了一笔可观的出口贸易额，而且还生产出了制作衣服、用作燃料和肥料以及充当食物的原料。一些大蚕蛹在缫丝之后就能直接食用，也可以加入一些调味品再食用。除此之外，蚕蛹没被缫丝的部分还可以用于制作丝绵或者是用于制作有钱人死后在棺木里使用的软垫。

第十四章

茶产业

在中国和日本，茶叶种植是继桑蚕养殖之后又一伟大的行业。在为人民谋福利方面，假使茶叶种植业没有超过桑蚕养殖业，也至少和桑蚕养殖业并驾齐驱。毫无疑问，茶叶种植是在人们希望在饮用水中添加某种物质而使其变得可口的基础上产生的。在这三个国家里，饮用热水是很普遍的，并且大家都把它作为抵御致命细菌的一种有效方法。在人口密集的国家，除了将水煮沸腾，其他方法基本都不可能隔绝这些细菌。

考虑到迄今为止实行的最彻底的消毒措施本身固有的困难，并且这个难度会随着人口的增加而放大，我们有理由相信，现代化的消毒措施必将以失败告终，绝对安全的方法只能是将水煮沸，或者采用其他具有相同效果的方法。将水煮沸这种方法源于东方民族，这种方法消灭了水中存留的病菌。另外，中国和日本广泛使用沸水消毒，不像我国的卫生工程师，迄今为止也只能在城市里处理这一至关紧要的民生问题，也只在可能的情况下，为某些人口相对稀少的山区供应饮用水。我们的城市生活并不会比中国和日本更安全，我们的大城市里已经爆发了伤寒流感，政府给市民的建议也就是饮用煮沸的热水。

假如世界各地都学会饮茶，并且这种习惯能随着人口的增长而延续，那么中、日、朝三国的茶产业势必得到长足的发展，他们要做的就是在更广阔的山地上种植茶叶，改进耕种方式，改良制作工艺，提高产量并积极发展出口，以获得相当可观的商业收益。这三个国家的气候和土壤条件十分有利于茶叶的种植，人口也十分密集，能满足种植茶叶对劳动力的需求。重要的茶叶种植地区都迫切需要改进并传播茶叶种植法，以保障向市场提供同样质量的纯正好茶叶。同时，在国际商业道德准则的约束下，跟贸易伙伴公平贸易、均享利润。

这三个国家的环境十分适宜发展水稻种植业、丝绸业和茶产业，而这些产业足以促进国家经济的发展和延续。其他国家在不同环境因素的制约下或许更适合发展其他产业，因为新时代已到来，干净和丰富的生活要求以最低的成本实现最大的产量，每一种生产方式都有存在的价值，并将决定社会进步和发展的方向。随着人们日益了解到世界和平的可能性及必要性，我们必须承认，世界和平不仅只是永远不再发生血腥大屠杀，而且还最大限度地促进世界工业、商业、宗教以及人类智慧的发展。

随着交通迅速发展和世界各国间的交流日益频繁，我们已经进入社会高速发展的新阶段。整个世界被看成一个利益相关的和谐产业整体，但同时我们也不得不承认，在有些地方因为其有利的土壤、天气和劳动力条件会更适宜某种作物的生长，而且数量充足，其较低的生产成本会使高额的运输费用也变得不值一提。假如中国、朝鲜、日本以及印度的部分地区可以生产出质量最好、价格最便宜的丝绸、茶叶和大米，那么它们之间实现利益最大化的方法就是互通有无。这些国家设置不合理的关税壁垒无疑就是向其他国家宣战，最终必定会破坏世界和平与发展。

中国推出茶文化的具体时间无法考证，但一般认为早于公元纪年，约有2700年历史了。日本的茶文化是从中国引进的，其具体时间大约是在公元805年。在这些国家里，不管茶产业起源于何时，以何种方式起源，这些国家在很早之前就已经掌握了栽培技术，而且现在也是如此。1907年日本茶园的面积达到了124482英亩，茶叶的产量达到60877975磅，平均每英亩茶叶的产量是489磅。在日本，近200平方英里的土地上产出的茶叶有6000多万磅，但国内消费的茶叶还不到2200万磅，其余全部出口。1907年，其茶叶出口收益达到了6309122美元，平均每磅的售价是16美分。

中国茶叶的年产量远大于日本。谢立山先生指出，光是四川每年输入西藏的茶叶就达到 4000 万磅，而且主要产区分布在岷江以西的山区。理查德先生则指出，1905 年四川直接出口到国外的茶叶出口量达到了 176027255 磅，1906 年则达到 180271000 磅，因此，该省每年茶叶出口总量必定超过 2 亿磅，其年生产总量必定超过 4 亿磅。

图 14-1 所示的是日本的一些茶树丛。茶树的形状、树叶的形状和大小以及其闪耀的绿色都让我们情不自禁地想到了大多用于搭建篱笆墙的黄杨树。当茶树还是幼苗的时候，它们中间还种有一些其他作物，当茶树长到齐胸高的时候，其地面就会覆盖稻草、树叶或是山上的野草。这些覆盖物既可以保护茶树的根部又可以作为肥料；既可以起到防止山体滑坡的作用，又可以使雨水充分被土壤吸收。

图 14-1　日本一个乡村茶园的特写，枝繁叶茂的茶树。

　　许多茶树都分散种植在住宅周围一些小片、零星、不规则的地块上，或者是尚未开垦的土地上，但如图14-2所示，也有很多茶树是种植在面积宽广的种植园里。采完茶叶之后，人们会用修枝剪给茶树修枝，使整个树丛看上去就像篱笆一样。

图 14-2　日本一个山坡茶园的全景，其后是山林。

　　茶叶通常都是手工采摘的，而且采茶的通常都是女人。如图14-3所示，女人们通常都是用手轻轻地将新芽采摘下来放进篮子里，然后再将它们拿去称重，如图14-4所示。

　　在日本，每季通常都能采三次茶叶，头茬的产量每反是100贯，二茬茶叶产量是每反50贯，三茬茶叶的产量是每反80贯，也即每英亩3307磅、1653磅和2645磅。因此，一季的茶叶总产量是7605磅。每磅茶叶能给农户带来2.2到3美分的收益，因此1英亩茶叶能给农户带来167到209.5美元的毛收入。

　　我们了解到，秋季和早春时节，以及第一次采摘茶叶之后要给茶园施肥，而每段茶园肥料成本达到 15 到 20 日元，或者说每年每英亩茶园的肥料成本达到 30 到 40 美元。在茶树还很小的时候，茶农在冬季会在茶园里套种冬夏两季蔬菜、豆子或者大麦，每英亩能给农户带来大约 40 美元的收入。这里一直有种说法，即茶园若能得到精心的照料和充足的施肥，那么茶树生命就可能不断延长，据说可到 100 岁以上。

图 14-3　一群日本妇女正在采茶。

当走在宇治和木幡之间的种有茶叶的乡间小道上时，我们看见了一个炒茶房，房子只有一层楼高，整体呈长方形。房子有 20 扇窗户，每扇窗户下都放有一座烘炉。每个炉子前都有一个装了茶叶的平锅，旁边站着一个男人不停地用手掌翻动托盘里的茶叶。男人身上只缠着腰布，大汗淋漓地用双手不停的揉捻着茶叶。

我们还在另一个地方目睹了制作茶末的过程。茶末属于低档次的产品，它是用茶树上要被摘除的叶子或者是被剪的枝条上的叶子制作而成的，方法是用连枷在打谷场上敲打干燥的茶树枝条。买茶末的人通常都是些下层人。

图 14-4　日本茶园中称重新茶。

第十五章

关于天津

6月6日，我们从上海乘轮船离开华中地区，前往天津及更北的地区考察。这是我们沿海岸又一次航行在浑浊的海水中，黄海海水之黄让黄海名副其实。我们的轮船在青岛作了短暂停留，几个德国士兵上船之后又继续航行，之后又在烟台靠了岸。我们发现青岛和烟台之间的海水大部分不那么浑黄。浑黄的也不只是海水。10号的早晨我们离开烟台，取道蜿蜒的白河前往天津。因为一路上都狂风大作，而且风中还充满了沙尘，所以直到下午两点半我们才抵达天津，这阵充满沙尘的大风使整个甲板变得十分灰暗，行走在上面感觉就像驱车行驶在科罗拉多沙漠一样。由此可见，亚洲内部的沙尘仍会被洪水和大风带向东部的山谷和沿海平原。在天津和北京之间的广大地区，所有的树木和灌木都是沿着道路两侧一列列整齐地种植，整体呈矩形分布，其目的是减弱风力以及减少水土流失。在这一片片树丛之间种着一些庄稼。

在这次的旅行中，我们碰见了来自四川顺庆的埃文斯博士。埃文斯博士的妻子是一名持有行医执照的女医生。在讨论中国人口增长的速率时，她告诉我们，在中国有很大一部分的母亲都生有7到11个孩子，但真正活下来的却只有一两个，往往不超过三个。也是据她介绍说中国儿童的死亡率一直都很高，主要是因为一些习俗。在中国，母亲总是在孩子还没长牙时就给孩子喂咀嚼之后的肉，孩子吃了之后就会不停地抽搐。我们的船上有一位乘客是个很有经验的爱尔兰医生，他就中国家庭大小的问题发表了看法，他说："我不确定中国家庭大小受农作物的影响有多大，在收成好的年份家庭成员就会多些，在饥荒的年份，孩子特别是女孩子通常都会因缺乏照料而夭折，或者被卖到其他省份。"尽管不愿意，但必须得承认这些都是事实。假如能了解到一些细节，那么苏格兰医生说的这些话就不再只是冷漠的陈述了。

埃文斯博士告诉我，中国的土地税收已经很高，而且在一年内同样的税种征收两三次是很平常的事。对中国不同地区税收金额的调查表明，中国每亩地的税收金额是 3 分到 1.5 元（墨西哥币）不等，也即每英亩 8 美分到 3.87 美元。按这个比例来算，一个拥有 40 英亩耕地的农户需要缴纳 3.20 美元到 154.80 美元的税，一个季度 4 次。天津总领事 E. T. 威廉斯①收集的数据显示，山东每英亩土地要征收 1 美元的税，直隶地区则只要征收 20 美分。江西的税率是每亩 200 到 300 个铜钱，江苏则是 500 到 600 个铜钱。按照当时的汇率换算一下，江西的税率是 60 到 80 美分一亩，或者是 90 到 120 美分一英亩；江苏则是 1.5 到 2 美元每亩，或者是 1.8 到 2.4 美元每英亩。按这个比例，对 160 英亩土地征收最低的税额是 96 美元，最高则达到 384 美元。

日本的税收是按季度征收的。国税、地税和村提留合并征收，通常为政府核定地价的 10%。除了台湾和库页岛（当时被日本占领），1907 年水田的估价就达到了每反 35.35 日元，旱地则是每反 9.40 日元，原野和草地则是每反 0.22 日元，换算成英亩的估价分别是 70.70 美元、18.80 美元和 0.44 美元。40 英亩的水田、旱地和草地要征收的税收分别是 282.80 美元、75.20 美元和 1.76 美元。

在农村，干各种活都是按工计价的。埃文斯博士告诉我们，农村妇女一年的工资不会超过 8 元（墨西哥币），即 3.44 美元。我们问他妇女一年的工资为什么就只有那么一点，他回答道："如果她什

---

① Edward Thomas Williams（1854—1944），美国传教士、外交官、学者。1887 年来中国传教，并学习中国语言、历史和风俗。1896 年离开教职担任美国驻华外交官。1918 年卸任外交官，任加州伯克利大学东方语言文学系教授。他的作品有：《中国的昨天与今天》(China Yesterday and Today)（1923）、《中国简史》(A Short History of China)（1928），以及大量有关中国和远东的论文、评论和译作。

么都不做的话就一分钱赚不到。做事的话虽然钱只有一点，但也足够支付她的衣服开支，而且还能有点剩余。"在他教堂里的纺纱女工，把一磅棉花纺成纱线能获得一又四分之一磅的棉花。其中的四分之一磅棉花就是工人所得到的报酬。

埃文斯博士还向我们描述了一种在中国各地广泛采用的移植桑树的方法。首先将桑树枝一个分支的下端切开一个口子，然后将树枝稍微向上弯曲，用刀将树枝稍微劈开一些，然后再将一些用稻草裹住的湿泥土裹住树枝。这样不仅能使树枝一直被土壤包裹着，还能为以后的灌溉作准备。将树枝种下之后，再在其外表绑上一圈竹篾条以固定枝条和草球。用这种方法人们又能扦插出许多的桑树，开辟许多新的桑园。

早晨 8 点我们驶入了白河河口，继续向西，进入了一个辽阔的平原，地面与海平面齐平，像沙漠一样直抵远方地平线，巨大的白色盐堆星罗棋布的分部在大沽官盐场上，地面上还有无数架迎风转动的风车，它们将海水源源不断地车入旁边的一个蒸发池里，之后海水便开始不断蒸发。图 15-1 中有 5 个大盐堆和 6 架大风车，另外也还有许多小盐堆。图 15-2 是蒸发池的近距离特写，池子之中的海水已经排干，一堆堆盐巴从地面被刮了起来。直径约为 30 英尺的风车可以驱动一架或者两架大型的木质翻车，把卤水从海水池中提到较高的二、三级蒸发池中，在那里进行第二次和最终的结晶。如图 15-3 所示，虽然风车的外观不是很好看，但它的工作效率却很高，建造成本也很低，操作也极其简单。8 张风帆，每张 6×10 英尺，如此悬挂是为了充分利用风力使得风车旋转。当风帆经过临界点的瞬间，帆叶会自动倾斜以受推力。面积约 480 平方英尺的风帆受风力推动，旋转半径达到 15 英尺。水平驱动轮的直径有 10 英尺，周围携带有 88 个木齿，与 15 个齿的小齿轮相啮合。与小齿轮同轴的另一端是 9 个齿的翻车驱动轮。翻车叶片的大小为 6×12 英寸，彼此间隔 9 英寸。一有微风，翻车就会转起来。

图 15-1　直隶地区白河口盐场上的盐堆和风车。

如上所述，通过风力、潮汐、太阳能以及很便宜的劳动力就能低成本地创造出大量盐。在到达天津之前，我们经过了政府的储盐场，在盐场已过了三分之一后我们才开始计数，发现露天场地上就有 200 堆盐，每堆盐都超过了 3000 立方英尺，整个盐场所储存的盐大约有 4000 多万磅。不管是白天还是黑夜，盐场都安排全副武装的士兵巡逻，每堆盐的上面还搭有长席子制成的防雨篷。

图 15-2　蒸发池近距离特写，盐堆即将被运走。

在中国，北至山海关南至广州的广阔海岸沿线地区都是用这种方法制盐的。从谢立山总领事的报告中我们了解到，四川每年的盐产量达到 30 万多吨。那里主要是依靠畜力将卤水从 700 到 2000 多英尺深的井里抽起来，之后再蒸发而生产出盐。

图 15-3　中国直隶大沽官盐场上汲卤水的中式风车。

谢立山向我们讲述了自贡市一口 2000 多英尺的深井采卤的过程，在一个养着 40 头水牛的大水牛棚地下，安装了一个巨大的竹滚筒，12 英尺高、圆周长为 60 英尺，立在一根竖轴上，用 4 头水牛拉着转动。滚筒上绑有一根麻绳，绳子的一端连接至一个滑轮，筒离地面大约有 6 英尺高。通过上下拉动连接至一个安装在 60 英尺高处的轮子，挂上一个直径为 4 英寸、长 60 英尺的竹筒。在被拉到最顶端的时候放开绳子，竹筒就会以最快的速度冲向井底。在竹筒到井底的时候，上面有 4 个工人就会将绳子每人套上一头牛，然后不停地驱动水牛快跑，大约 15 分钟后竹筒才被拉到井口。拉起竹筒之后，人们会解开水牛身上的绳子，在倒水和重新把竹筒扔进井底的空当，人们会换上 4 头新的水牛接力。这样的流水作业日夜不停。

从地里提起浓盐水之后倒入分流池里，然后池里的水会沿着铺设好的竹管流入到蒸发池。那里的拱形砖灶上安着直径 4 英尺大的圆底浅口铁锅，灶下烧的燃料则是天然气。

在这片面积大约有 60 平方英里的土地上，开凿了 1000 多口采卤井和 20 多口采天然气的火井，烧水所用的天然气就是从这些火井里采出来的。火井井口用砖石封闭起来，井上连接一根表面涂有石灰的竹管，可燃气体正是通过这些竹管导入到熔炉中去的，最终导入水壶底下的铁制燃烧器。让我们感到惊奇的是，自贡市的卤水和天然气井从基督诞生前就一直被用于盐的生产。

每头水牛大约价值 30 到 40 美元，而 40 头水牛每天要消耗 15 到 20 美分的粮食。用这种方法生产盐的成本大约是每斤 13 到 14 个铜钱，另外政府还要对其征收 9 个铜钱的税，所以说每 100 磅盐的出厂成本大约是 82 到 115 美分。制盐业是政府直接管控的一个行业，生产出的盐要么被卖给政府，要么就被卖给某个地区有专卖权的商人。进口盐是被严令禁止的。为了征收盐税，中国划分成 11 个销售区域，每个区域都有自己的盐源，同样的，政府也严令禁止这些区域地之间交易。

据说，每斤盐的成本一般是 1.5 到 4 个铜钱，其零售价是每磅 0.75 到 3 个铜钱，大约相当于成本的 12 到 15 倍。中国每年的盐产量大约是 186 万吨，在 1901 年时，对盐征收的税将近 1000 万美元。

除了盐田，河流沿岸每隔一小段距离还零星分布着一些没有窗户的矮房子，如图 15-4 所示。这些房子都是用泥砖和粘土砌成的，屋顶为了更好地挡雨还加盖了一层谷壳和秸秆的混合物。屋顶看上去很新，后来我们才知道这是因为雨季即将来临，人们不久前对屋顶进行了翻新。这些村子后面有一个满是坟墓的平原，关于这些坟堆在前面我们已经作了介绍。我们沿着河流走了一个多小时才发现一些绿色植被，因为这边土壤中盐分含量巨大，不适宜作物的生长。越过这片土地，后面就是硕果累累、枝繁叶茂的田野和菜园，构成了河岸边一道绿色的风景线。在岸边一些小面积的土地上还种有水稻。一般来说，岸边的土地会分成两级，水稻则是种植在地势较低的土地上，高层种菜，用于稻田和菜园灌溉的水车通常都是靠人手或者脚，或者是畜力带动的。

图 15-4　中国直隶白河岸边的村庄。

　　村子里到处都是类似山东的堆肥，路边还到处都是粪便。驴子的身上绑着连接至石磨横杆的绳子，在人们的驱赶下带动石磨转动，将堆肥磨成粉末状。之后再将干燥的泥土与炕上拆下的泥砖混合做成肥料，供小麦和大麦收割后下一季作物使用。这些肥料被装载到船上，然后通过河流、运河等水路运输到田里。

从天津到海边，特别是有铁路横亘的田野上，极不适宜作物的生长，只长有一些矮草。这是我们到访时候看到的景象。在有些地方，这些矮草还会被收割了勉强充当干草喂牲口。这里的耕地主要分布在河流、运河或者是其他一些水道旁边，因为这些地方有更好的排水和灌溉系统。江苏和浙江广泛而密集分布的运河在这里是很少见的，也正是因为此，在某种程度上可以说这里的土壤没有那两地肥沃。发达的运河系统可以实现充分的排水和防洪功能。在广阔的平原上，良好的防洪系统是最为重要的，如果解决得好，它可以为中国提供更多更好的资源。我们在对北京至大沽的旧马路沿线进行考察期间，天气干燥时经常看见地表分布有白色的蒸发盐。天津的城建规划师告诉我们，在天津的外国租界，树木生长了几年之后其根部就会深入盐碱地，不多久之后树木就会死亡。但是在他们开凿河渠、改善排水之后，这里的树木就不会再死掉了。毫无疑问，河渠的开凿可以改善排水、改进灌溉，从而使盐碱地像现有河道周围的土地一样大大降低其盐碱化程度并提高生产力。

在我们到达的前两天，大沽下了大雨。当我们向一个租车店老板租马车的时候，他十分怀疑道路能不能通行，他在前一晚派了一队人前往营救被困的顾客和马。在我们的劝说下，老板最终答应了我们的请求并多给了我们一匹马。此时正是雨季，原本就凹凸不平的地面因为积水而变得更加难以通行。我们经过一个小村庄时，其原本就很狭窄的路中间竟有一条 3 到 4 英尺深的沟，仅两旁的住户门前各有 5 英尺宽的地方能通行。当我们的马车驶过时，沟里的积水差不多就要漫过我们的轮毂。

前一晚下过雨，之后的清晨，我们看见居住在天津和北京之间的广大农民都在田里劳作。他们赶在第一时间挖起道路上的一些淤

泥，然后铺在田里作物周边，以保护作物的根部并减少土壤水分的
蒸发。如图 15-5 和图 15-6 所示，锄板大小为 9 英寸宽、13 英寸长，
按在一根长柄上，弯曲度设计得恰好锄松表土，非常有效，能很快
锄完一块地。

图 15-5　中国的浅耕法，以土盖根保持水分。

再往前走一些，我们看见了 6 个中年妇女正低头拾掉在地里的
一些早熟的麦穗。我们能感觉这些女人的身体很健康，我们不知道
她们这样做是一种特权或只是在完成一项任务，但她们都穿着适时
的衣服，劳动时也很高兴。此时已将近中午，但她们每个人的手上
都仅有几棵稻穗。此时直隶地区就和山东一样处于极度干旱的时节，
因而作物都长得不太高，现在这里的人们正尽量节约粮食。人们努
力节约粮食，比起生产来，这里的人民更擅长节约。这些麦穗掉在
地上若是没人来捡，它们就被浪费了。如果这些妇女是被赋予到田
里捡麦穗的特权，毫无疑问她们最后得到的回报肯定要比我们在法

国时看到的在田里收割成熟小麦的妇女更多。

图 15-6 中国锄头，锄板有 13 英寸长和 9 英寸宽。

位于天津和北京之间的麦田里的小麦都是被连根拔起的。人们将麦秆绑成小捆，在用手抓着麦秆的根部之后晃动双手将麦秆上的泥土抖落。之后人们将麦秆放在如图 15-7 所示的由驴子和牛共同拉动的车上，将麦秆运回家中。此时，人们已经在麦地里种下了谷子，而且它也已经开始出苗了。在收割小麦之后，土地会被重新翻耕、施肥以便种植大豆。干旱使得农民预计每英亩小麦的产量大概只有 8 到 9 蒲式耳，但他之前预计每英亩谷子的产量能达到 13 到 14 蒲式耳，大豆的产量能达到每英亩 10 到 12 蒲式耳。按照当地的农产品价格，每英亩这些产量的小麦能带来 10.36 美元的收益，大豆能带来 6 美元的收益，谷子则能带来 5.48 美元的收益。这片土地是归皇室所有的，农民们是以每英亩 1.55 美元的价格租用这些土地。这片土地稍微有点沙化，并不是很肥沃，为每英亩土地施肥要花费 3.61 美元，农民最终能得到的毛收入就只有每英亩 16.71 美元。

图 15-7　中国天津收麦图。麦子连根拔起，扎成捆。运输队一般都是由一头小驴和中等大小的牛组成。

我们还与另外一个农民进行了交流，他在收割小麦之后，又一排小米一排大豆地混合种植了这两种作物。他预计每英亩小麦的产量是 11 到 12 蒲式耳，大豆的产量是 21 蒲式耳，谷子的产量是 25 蒲式耳。按照当地的谷物和秸秆的售价，每英亩土地能为这位农民带来 35 美元的毛收入。

在快要到达下一个车站时，我们有幸看见农民们为了尽可能增加作物产量而作的努力。这片田野毗邻防风林，但作为防风林而种植的树木根系都十分发达，基本都延伸到了地下深处，它们消耗了土壤中的水分和养料，因而大大地威胁到了作物的生长。为了抑制水分和养料的流失，农民会在离防风林 20 英尺远的田里挖一条 20 英寸深的大沟，这样一来就将地里的树根砍断了，树根也就不能再消耗土壤中的水分和养料。壕沟一直都存在，但随后我们发现了一个很有趣的现象，那就是几乎每段靠近农田的树根都有一小段长有树叶，而和树木相连的却不见新枝的踪影。

直隶地区的农民和中国其他地区的农民一样都很善于利用一切水资源灌溉耕地。有一位农民先是在田里种植包心菜，收获之后再种上瓜和萝卜。每英亩土地的租金是 6.45 美元，每英亩这 3 种作物的肥料要花费将近 8 元，因而每英亩土地需要花费 29.67 元。洋白菜能给农民带来 103 美元的收入，瓜能带来 77 美元的收入，萝卜能带来 51 美元多一点的收入，因此这位农民每英亩土地的总收入就是232.20 美元。除去花费，每英亩地的净收入是 202.53 美元。

另外一个农民种植的是土豆，第一季赶早上市的每英亩的产量是 8000 磅，第二季的产量则是 16000 磅。第一季土豆能带来 51.60美元的收益，第二季则能带来 185.76 美元的收益，因此农民的总收益就达到了 237.36 美元。农民们很早就种下了头茬土豆，在同一季节内田里就能同时种植两茬。与我国俄亥俄州的哥伦布以及伊利诺伊州斯普林费尔德等地区处于同一纬度的中国北方，各地都保持有类似的种植习惯。土豆的第一次收获是在土豆块茎长到核桃那么大的时候，这位农民每英亩土地的租金和肥料花费共计 30.96 美元。

还有一个农民主要种植冬麦，收割之后再种植洋葱，之后再种包心菜，其中洋葱和包心菜都是移栽的。三季作物的收成是每英亩176.73 美元的收益，每英亩土地的租金和肥料花费共计 31.73 美元，因此农民每英亩土地能得到的净收益是 145 美元。

老一辈人已经掌握了如何保存诸如梨和葡萄等易腐烂水果的方法，并且一直在对其进行改进。他们通过这种方法保存水果，使这些容易腐烂的水果能够不断季。总领事威廉斯先生告诉我，6 月底的时候梨最常见，葡萄一般要卖到 7 月份。翻译给我讲解了农民们保存水果的具体方法，但我仍然不是很理解，我知道的就只是农民们会将水果用纸包住，然后将它们保存在一个能够保持恒温的泥窖里。据我所知，还没有哪个外国人知道这种方法。

如图7-17所示，蔬菜都是在冬季的时候被放进这些泥窖里的，放好之后，泥窖就会被密封起来。

我们从总领事威廉斯那里了解到劳动力的价格，一个熟练的技工每天的工资是50分（墨西哥币），一名脚夫是18分，即21.5美分和7.75美分。农场里的劳工每年的工资是20到30元（墨西哥币），即8.60到12.90美元。算上食物、燃料以及其他一些补贴，一年的工资总计大约17.20到21.50美元。这点工资比我们在美国支付给一个低效率劳力的月薪还要低。中国的童工相对较少一些，可能主要是因为成年的劳动力极其充足而且廉价。

第十六章

中国东北与朝鲜

天津的纬度是北纬 39°，向西刚好穿过像靴子一样的意大利的脚趾位置、葡萄牙的里斯本、美国的华盛顿和圣路易斯，太平洋东岸的则是圣克拉门托的北部。我们即将离开的这个地区 7 月的温度大约是华氏 80°，1 月的温度大约是华氏 21°，但这里有可能结 2 英尺厚的冰。这个地区近 18 年来平均极端温度最高气温是华氏 103.5°，最低的则是华氏 4.5°。18 年间大约有两次气温达到了华氏 113°，两次气温低于华氏 7°。与华盛顿同纬度的沿海地区平均年降雨量是 19.72 英寸，但 6 月、7 月、8 月和 9 月四个月的降雨量却只有 3.37 英寸。7 月 17 日早晨 5 点 40 分，我们搭乘关内外铁路公司①火车前往与芝加哥位于同一纬度的奉天。天津到沈阳的铁路大约有 400 英里长，穿过中国北部的沿海平原。再往北就是全球最冷的四分之一地区，那里 1 月份的最低气温低于华氏零下 40°。从那里向南刮的风使奉天 1 月份平均气温只有华氏 3°，而 7 月的气温则高达华氏 77°。这里的年降雨量平均是 18.5 英寸，和天津一样，降雨主要集中在夏季。

尽管中国沿海平原的降雨量很小，但其效用相对来说却很大，降雨的时空分布合理，大多集中在高温炎热的夏季。4 月、5 月和 6 月是作物生长的前期，降雨量是 4.18 英寸。在作物快速生长的 7 月和 8 月，降雨量达到 11.4 英寸。9 月、10 月是收获季节，降雨量有 3.08 英寸，剩下一些月份的降雨量只有 1.06 英寸。因此可以说，降雨量主要是集中在作物成长急需用水的时节，而在作物基本不怎么生长的冬季，降雨量也是最小的。

火车离开天津很长一段距离，经过的地区农业都不怎么发达，

---

① 即中国最早的铁路公司之一开平铁路（Kaiping Tramway and Imperial Railways of North China）。

土地基本没有被开发耕作，地势较为平坦，但土壤极度盐碱化，排水系统亟待改善。在有运河分布的地区，作物长势明显要更好，而且作物主要都是分布在运河两岸。我们经过的时候天气十分闷热，但农民们都还在挥动着锄头，他们身上都穿着一件短袖和一条宽松的裤子。

在塘沽过了村庄后就是盐场区，一座座巨大的盐堆、高低大小不一的盐堆和一辆辆风车，所有这些构成了塘沽一道独特的风景线，但可惜的是，这里基本没有作物和植被。远处北塘也有一些制盐工厂，旁边还有一条流向天津的运河，这些盐的最终目的地很可能是天津，除此之外还有一些盐堆和风车，直到汉沽才出现了一些别样的风景。汉沽也有一条流向北京的运河。在汉沽，海岸线离铁路渐渐远去。城市外围的广阔平原上分布有许多的坟墓，成群的羊都在那里吃草。

赶往滦河三角洲过程中，到达唐山之前，我们穿过了一个较为富庶的地区。那里树木茂盛，一眼望去是一片绿的海洋。村子所处的平原一望无际，道路的两旁尽是广阔的谷子地、高粱地和小麦地。之后映入眼帘的是一片套种有两列玉米和一列大豆的农田，列与列之间的距离不到 28 英寸。每隔 16 到 18 英寸一株玉米，周围都仔细锄过，没有一根杂草，而且地面还覆盖着一层淤泥以保护其根部，显然都是人们精耕细作的结果。尽管如此，在炎热天气下，玉米的叶子还是卷了起来。唐山是一个近期在铁路沿线新兴的大城市，主要位于平原地区，但在这个平原上，零零落落有一些 100 到 200 英尺高的圆锥形山丘，显然是一个因靠近铁道、最近才发展起来的大城市。这里总是用马车将粉末状堆肥运送到田里，每堆肥大约是 500 到 800 磅，堆与堆之间的距离大约是 40 到 60 英尺。开平的土地有些起伏，而且我们还经过了第一批深 6 到 8 英尺的山洞，那里的地下水大约离地表10到12英尺。过了古冶，铁路右边是一些小山包。在几乎没有植被的狭窄地面上分布有许多堆粉末状的堆肥。这片土地上基本没有植被，或者说有一些我们叫不上名字的植被。这里给作物施肥比在山东省和那些用桶挑水到田里灌溉播种或移栽的作物更普遍，从而保证新一茬作物能够充分利用即将到来的头次雨水。

我们继续前行，穿过了一个宽300英尺的已经干涸的河床，平原上种有一片防风林，在防风林中的狭窄地带种有一些作物，这些作物都还很幼小，在防风林的庇护之下，虽然作物长得不是很高，但却明显长得比其他地方好。有些沙子会被吹落在防风林中，形成大约3英尺高的沙堆。前往奉天的沿途地区到处都可以看见这样的防风林，而且这种防风林主要种植在已经干涸的河床的北部。

继续向山海关前行的过程中，我们看到了比中西部玉米带更平坦和畅通的一块平原，平原上种植的作物有玉米、高粱、小麦和大豆，铁路两侧没有栏杆，隐约可见远处有一些没有篱笆的矮房子，它们分布得十分稀疏，在一片片的树丛中若隐若现。放眼整个平原，我们几乎看不到一条道路。我们穿梭在一片田野之间，看见许多农夫正忙于劳作。眺望远处，我们似乎行驶在一片无穷无尽的田野上，感觉已经迷了路，因为这里没有任何路标。

在这片套种多种作物的田野里，早期种植的作物已经收割完了，剩余的作物周围都覆盖着一堆堆泥土和农家肥。估计整片田里已经施用了几百吨的肥料，三四天之后这田里的几千堆肥料就将融入土壤中为以后的耕种作准备，从视线中消失，到下一季庄稼和下一年再重现。

如图16-1所示，正是在滦州（今滦县），我们碰上了出口到日本和欧洲的大豆潮。大豆装在黄色麻袋里，然后再用骡子拉着大车将大豆源源不断从满洲运来。滦州的露天道路两边堆满着一袋袋的大豆，并无遮盖，等待着火车将它们运送到港口。

图 16-1　在直隶滦州，满洲运来的大豆。

这里的作物和其他地方一样也是一排一排地种植着，但一块农田里并不是只种植一种作物，通常都是种植两排玉米、高粱或谷子，然后再套种一排大豆，而且排与排之间的间距通常都不超过 28 英寸。至于种植方法，这里广泛实行的是高垄栽培技术，这种种植方法保证了田里种植的大部分作物都能获得生长所需的阳光，同时还利用大豆根部富含的固氮菌增加了土壤的生产力。在玉米行或者高粱行间种植大豆的方式更能使根系小瘤积聚的氮立刻得到利用，因为小瘤死后当季氮化，而套种的作物此时正处于生长期；伴随这一腐化而生的磷和钾也可被庄稼吸收。

下午 6 点 20 分，我们的火车停在了位于直隶地区和满洲交界的山海关，结束了我们一天的旅程。我们选择了一家日本人开的小旅馆入住，第二天早晨起床之后，站在二楼的走廊上，映入我们眼帘的便是长城的东端起点。整个长城自此向西跨越 20 个经度，绵延1500 多英里，看上去无比庄严雄伟。长城经历了 21 个世纪的风吹雨打，但仍矗立于崇山峻岭之间，可以说它是人类有史以来由人类设计、由一个民族建造的最壮观的建筑。长城的城根有 20 多英尺宽，顶部是 12 多英尺宽；墙体高度大约是 15 到 30 英尺，顶上两面都有城堞，每隔 200 码（约为 1 米）就会矗立一座 20 英尺高的烽火台。几千年来，长城主要用于抵御外族的侵略，而它也确实在这方面发挥了巨大作用。建造和之后的维修都需要巨大的费用，从这方面也可以说明中华民族当时的国力是无与伦比的。

长城是 20000 个工匠历时 10 年才建成的。守卫它的士兵多达 40 万人，还需要军需人员 2 万名，再加上从事运输、开采石矿和制陶等其他工作的 3 万人，如果以当时中国人口为 6000 万来计算，那也只占 0.8%。据埃德蒙·瑟利①估计，尽管欧洲目前是和平年代，军官和士兵的人数却占到 4 亿人口的 1%。即使他们每天的食物、衣服和生产力的损失只是每天 1 美元，10 年也要花费 140 亿。因为独特的传统，对中国而言，要养活 47 万士兵相对简单得多。每天只需支付给每个士兵 30 美分，所以 10 年也只需花费 5.2 亿元。1900 年法国内阁通过一项海军计划，该计划估计未来 10 年海军的开支大约是 6 亿美元，这等于是其国内所有人，包括男人、女人和儿童都被征收 15 元的赋税。

我们在早晨 5 点 20 分的时候离开山海关，经过一整天的旅行，终于在晚上 6 点 30 分的时候到达奉天。满洲的面积有 36.37 万平方英里，相当于南北达科他州、明尼苏达州、内布拉斯加州和爱荷华州加在一起的总面积。东三省的轮廓像一只大靴子，地形由西向东倾斜，最东边是旅顺港，它与华盛顿处于同一纬度，而山海关的纬度则与匹兹堡相同，从轮廓来看，这两个地方都位于靴子轮廓的脚

---

① 埃德蒙·瑟利（Edmond Thery，1854—1925），法国经济学家。

趾位置。靴子轮廓中，脚的位置在美国大约是宾夕法尼亚州、纽约州、新泽西州和新英格兰地区的位置，跨过新布伦瑞克，脚跟的位置大约是圣劳伦斯海湾。位于脚背的哈尔滨则相当于蒙特利尔以东50 英里的位置。腿部向西北延伸到了詹姆斯湾，覆盖了整个渥太华河以及加拿大所处的太平洋沿岸。整个这片地方纬度大约跨越了1000 英里，经度大约跨越了900 英里。

30 英里宽的辽河平原和松花江平原的核心部分，是满洲最大的平原，两者一起形成一条窄窄的谷地，自旅顺港和山海关之间的辽河湾向东北部上延到辽河，再向下到松花江和黑龙江，总长大约有800 多英里。两个平原土层深厚、土壤肥沃，因此满洲的农业主要分布在这些平原以及一些小河的河口。正是依靠这些总面积不到 25000 平方英里的耕地养活了八九百万人。

满洲的森林覆盖率很高，草地面积广阔，矿产资源丰富，这些潜力都有待开发。与达科他州北部处于同一纬度的齐齐哈尔市，9月、10 月因人们将大量牲畜带到市场上销售而人口激增，其人口从30000 猛增至 70000。该省中部的吉林市是松花江上蒸汽轮船可抵达的顶点，由于木材资源极其丰富，而且十分廉价，因此成为中国帆船的制造中心。松花江是一条巨大的水系，洪水季节河口的流量大于黑龙江。黑龙江能够容吃水 12 英尺的汽船通行 450 英里，还有1500 英里水道可供吃水 4 英尺的船航行。因此，夏季的时候，这里的中部和北部有天然的内河航道，但其入海口却位于北部，而且一年中大约有 6 个月的冰冻期。

这里的长城正在迅速变为废墟，部分原因是它的建筑材料已经超过了使用寿命。此外，长城旁边还有一条宽大但几近干涸的河流，岸边还开着几朵类似之前我们在苏州看见的白色野蔷薇，这种野白花芳香四溢，小簇小簇地盛开着，似乎跟此前在南方的苏州以西所看到的相同。运河岸边上有这样一片野花蔓延到了树林，把其中一颗高达 30 英尺的树整个包了起来，长的小花如图 16-2 上半部分所示，这棵蔷薇的茎干高 3 英尺，粗 14.5 英寸。图的下半部分则是对这些小白花的近距离特写。如果这种蔷薇在美国也能生长的话，用作公园和观光公路两边的观赏植物再好不过了。在旅行的后半程，在从奉天前往安东的旅程中，我们经常看到这样的小白花，但是却没有哪个地方比这里绽放得更美。这种蔷薇的花朵直径不足四分之

图 16-2　6 月 2 日在苏州西、6 月 18 日在满洲所见的盛开的野
　　　　生蔷薇。下图是这些小白花的近距离特写。

三英寸，一簇通常都只有 3 朵，最多不过 11 朵，有的只有两朵，少见有单朵的。有的花儿是 5 叶，有的是 3 叶；叶子通常是披针形锯齿状的小阔叶，头尖细齿；花刺不是很多也不是很大，复生，通常都只长在小枝上。

远处有一头驴正拉动一个长 3 英尺、直径为 1 英尺的石碾，碾压刚刚犁起的地垄，一次两条。当地的主要农作物是小米、玉米和高粱。不远处又是一条即将干涸的河流，农田变得起伏不平，且多被深沟切割。除了在青岛一个陡峭的山坡边看见过类似景象之外，头一次在中国见到。这里尚有未开垦的土地，在荒地上有一些羊、猪、牛、马和驴等家畜正在吃草，总数大约有 50 到 100 头。

满洲的耕地比中国其他地方的耕地要宽阔一些，一行庄稼往往有四分之一英里长，因此，农民都是利用驴和牛来耕作的。4 个、7 个一伙或 10 个、20 个一群，最多一块地有 50 来人，在锄谷子地。这样的雇工，如上述最多的那一伙，工钱可能是每人每天 10 美分，这些农民们一般都是从山东来的，他们春季来到这里，希望劳作一段时间后能在 9 月或者是 10 月回家。不管是农民还是牲畜，吃晚饭、喂饲料的地点一般都是在田里。当天早些时候我们曾经看见人们用木爬犁将粮草和饭食连同犁耙和其他一些劳具运到田里去。中午的时候，这些木爬犁就充当了牛、骡子和驴这些牲畜的食槽。

在需要开挖紧密而较深的垄沟的农田里，常常是由一头大牛和两只小毛驴组成的团队来完成，它们并排站在一起拉犁，但犁通常是套在牛的脖子上，若是没有牛则由骡子替代。

大部分田里已经开始种植或者移植作物，但是由于雨季还尚未到来，所以人们有时用桶从旁边的小溪里挑水，有时用马车运来许多装满的水箱以满足农作物的需求。农民们会用锄头在垄上挖出许多小坑，在种植作物之前先用长柄瓢一点点浇水。这一定又是一种这些勤劳的农民，为了给庄稼提供充足的成熟时间，帮助种子在极其干旱的地里发芽，并存活到雨季而采取的不惜劳动的措施。

这里的农田到处都是垄沟，而且都处于同一水平位置，这种做法似乎对充分利用前期降水很有帮助。如果后期的降水是以骤雨的形式降下，那么这种做法也能充分地利用这些降水，深沟窄垄能让大雨立即蓄积到沟底，不会漫过地垄。垄沟底部的土壤在充分湿润之后有助于水分的横向渗透，同时也有助于将可溶解养料带入地下。在雨水骤降的时候，每条垄沟就相当于一个大水库，不仅能减缓雨水的冲刷，而且还能加速渗透，使垄不至于被冲刷形成水坑，因此能让沟里的水下降时土壤中的空气及时逸出。如果是平地上，雨水太急就会堵塞土壤空隙，阻止了空气的流通。空气一定要先出来，水才能进入。

地里起垄后，垄上的水分因表面积的增加而使得水分蒸发得更旺盛，把垄设计成只有24到28英寸可以减少这种浪费，再加上起垄所能获得的其他好处，因此，在这种条件下，可以说他们的做法还是合理的。

离开山海关之后，播种之前，有的地方在播种之后，也普遍施用粉末状堆肥，跟关内一样。在距离铁路较近、目所能及的地方，农家院子堆肥的现象比比皆是。一路上大约有三分之一的土地已经被耕种了，有的是前不久刚耕种过，因此急需施用大量的堆肥。这里通常都是用三头骡子拉动的大车运送肥料。在沙后所城和宁远州①之间，数了数，不到半英里之内大约有14块农田正在施肥；下一个英里大约有10块地施肥；接着的1.25英里内，是11块地。紧跟着的两英里我们数到了100块。在到达下一个火车站前，我们拿着手

_____

① 现名兴城市。

表数了 5 分钟，看到有 95 块地已经播种，施了这种肥料。有的地里肥料是撒在已经收获了的上一季庄稼行间的沟里，显然是要翻耕到地底下去，从而倒换起垄的位置。

过了连山，铁路很靠近大海，坐在火车上也依稀可见海上的帆船。路边的蒸发池里堆着一堆一堆的海盐，海滩上总有许多风车水泵迎着风不停转动。我们发现荒地里有许多牛、马、骡子和驴等家畜在吃草。驶过这些土地，我们看见了一大片已经播过种的耕地，这些田里并没有堆放肥料，在其间耕作的农民们分成一组一组地忙着锄地，其中一组有 20 人。

山海关到奉天之间的每个铁路站台上都有手握刺刀的士兵站岗。列车驶到锦州府站，我们的车厢上来一个中国官员，带着客人和随从，以及全副武装的士兵。官员及客人们的容貌举止深深地吸引着我们，一个个都慈眉善目，风度翩翩，衣着华丽，色彩绚烂，但又不张扬。他们大部分时间在严肃地交谈，时而也会爆发出一阵阵笑声。他们大约 1 点上的火车，然后乘务员便开始为他们准备午餐，午餐十分丰盛，而且直到下午 4 点最后一道菜才摆上桌。列车每经过一个站，站台上站着的士兵都会行军礼，直到列车完全驶过。

快到达锦州府的时候，我们看见收割了第一季作物的农田还残留一些作物的残茬。在大多数情况下，作物的秸秆都会被人们一捆一捆地收集起来运回家，堆放在院子里，或将它们用作燃料，或将它们制作堆肥。火车经过大凌河①的时候，我们看见两群男人正在谷子地里锄草，他们分别在田的两端，其中一伙大约有 30 人，另一伙大约有 50 人。旁边有一群为数不多的牛、马、驴和羊等家畜正在河道边以及没种植作物的田里吃着草。驶过了大凌河之后，我们看见

---

① 又名白狼河，在今辽宁凌源县境内。

了一个沙丘地带，沙丘上种满了柳树，柳树之间人们还种上了小米。辽河平原上有一条铁路通往牛庄港，而且这条铁路途经沟帮子。沙丘的不远处还有一些荒地，上面零散地分布着几座坟墓，几头牛正在那里吃草。正是在这里我们发现了一片类似美国的湿地草场的迹象，紧接着大片的碧绿就从远方扑面而来。如果不是体型巨大，人们一定以为那是新鲜的野草；其实那是一垛垛亮绿的干草，无疑是在干燥的天气里风干的。

打虎山站铁路两旁的货场上堆放着大堆麻袋装的粮食，不过这次上面盖着席子。在这附近，我们又看到三头体型较大的骡子正驮着干燥的堆肥往田里走，而人们则在打谷场上忙着配制肥料。这里的庄稼几乎都是各种各样的谷子，还有相当一部分的田荒着，上面满是牛、马、骡子以及驴等牲畜。一路上又见到 8 堆刚堆起来的油绿大草垛。

新民府①是火车的一个中转站，因为火车在行驶至这里之后便开始东行，跨过辽河之后就能到达奉天了。火车到达新民府之后，我们第一次看见了许多用于出口的豆饼和大豆。大豆用麻袋装好之后就堆放在铁路沿线或货场里，有的甚至已经堆放在即将开动的火车车厢里。火车驶出了新民府站之后，我们发现周围的谷子因缺氮全部都是黄黄的，这也是我们在中国第一次发现土壤中缺少氮。新民府下一站的作物也还是高低不等、斑斑点点地生长着而且也呈黄色，这种状况在中国并不常见，但在我们国家却十分普遍。辽河的河道极宽，水量也是我们见过最大的，但水位比较浅，裸露着宽大的河床和游移的沙丘，仍然是半干旱气候的旱季末尾的特征。很快我们就到了下一站。铁路两边的货场里都堆放着豆粕，周围土地的作物

---

① 今辽宁省新民市。

高低不等，颜色呈黄色，表明土地十分贫瘠。

日俄战争爆发之后，满洲输出的大豆和豆粕的量大增。此前豆饼都被销往中国的南方各省用作肥料，但因为现在豆饼有了新的市场，其价格猛增，许多农民纷纷反映，现在已经买不起豆饼作肥料了。1905 年 1 月 1 日至 3 月 31 日，营口的大豆和豆饼的出口量大约是 228.6 万磅，但在 1906 年，其出口量猛增至 488.3 万磅。但天津官方发表的一份报告却显示，1909 年 1 月 1 日至 3 月 31 日，牛庄输出的大豆和豆饼价值仅 163.5 万美元，而 1908 年同期为 306.5 万美元，1907 年为 512 万美元，表现出明显的下降趋势。

爱德华·C. 帕克①在《评论之评论》② 采写的报道中指出："1908 年从牛庄、大连和安东三地的豆饼、大豆和大豆油的运出量分别是 515198 吨、239298 吨和 1930 吨，其总价值大约是 15016649 美元。"根据霍普金斯先生的大豆成分分析表，伴随着大豆和豆饼的大额输出，土壤中共计有 6171 吨磷、10097 吨钾和 47812 吨氮也被输出了。假如这样的比率持续 2000 年，那么中国土壤中将会有 2019.4 万吨钾、1234.2 万吨磷和 95624 万吨氮被售出。这些元素的吸收量大约是美国本土迄今为止所产磷的三倍还多，超过 1906 年世界上纯度为 75% 的磷矿含磷量的 18 倍。

在华北及东北地区，将谷子和高粱作为主要作物和在南方将水稻作为主要作物一样，是十分明智的选择，而且意义深远。这几种作物对养活中国庞大的人口至关重要。营养方面，这两种作物和小麦旗鼓相当，其粗大的秸秆也被广泛用作燃料和建筑材料，其短小

---

①　Edward C. Parker，美国明尼苏达州人，当时在东北经营一个农业实验站。

②　《评论之评论》(The Review of Reviews) 是 1890—1893 年由英国改良派记者斯迪德在伦敦创办的月刊杂志，包括 1891 年在伦敦创办的《评论之评论》、1892 年在纽约创办的《美洲评论之评论》和 1893 年在墨尔本创办的《澳洲评论之评论》杂志。

的秸秆则被用来制作优良的饲料，有的被直接埋入土里以维持土壤中的有机质。这些作物比较耐旱而且成长比较迅速，所以它们可能更适应中国北方的气候，因为东北的雨季在 6 月底才开始，而且东北的气候十分寒冷，不利于作物生长。这些作物成熟得比较迅速，可能也比较适宜在南方种植，可以用来套种。因为其作物的耐旱性比较强，所以在干旱时节作物还是能存活一段时间的，等到大雨来临再快速生长，所以在没有灌溉条件的坡上也能普遍种植。

山东的高粱的产量高达每英亩 2000 到 3000 磅，每英亩秸秆的产量达 5600 到 6000 磅，大约相当于 1.6 到 1.7 考得干橡木的重量。在满洲的奉天，高粱米的产量大约是每英亩 35 蒲式耳（每蒲式耳 60 磅），其中还能收获一吨到一吨半柴火或者建筑材料。谢立山先生说，在东北，高粱是人和牲畜的主食，其食用方法是先用水清洗高粱，然后再将清洗之后的高粱倒入 4 倍的水中，煮一个小时即可食用，不需要加盐。和吃米饭一样，使用筷子，就着炒菜或者咸菜吃。霍西先生还指出，一个仆人每天所需的高粱大约是 2 磅，但一个体力劳动者所需的数量大约是 4 磅。他的一个中国朋友家有 5 个仆人，每个月给这些仆人提供 240 磅高粱米，外加足够他们吃两天的 16 磅面粉，以及够吃两天的猪肉，数量不详。此外还有一些作物例如粟米、黍米、小麦、玉米和荞麦，虽然也当口粮，但是主要用于调食谱、换口味。

就像日本和中国南方用水稻秸秆编织席子和袋子一样，高粱的叶子也会被做成席子或者用作包装的材料。

山东小米的产量高达每英亩 2700 磅，其秸秆的产量是每英亩 4800 磅。1906 年，日本有 737719 英亩的土地用于种植谷子、稗和黍，其总产量是 1708.4 蒲式耳，平均每英亩的产量大约是 23 蒲式耳。同年，用于种植荞麦的土地面积有 394523 英亩，其总产量是

596.43 万蒲式耳，平均每英亩的产量是 15 蒲式耳。从图 16-3 中可以看出，6 月中旬在已经成熟的蚕豆田里套种的谷子也已经长到了 6 英寸高。此时豆子已经采摘完了，豆叶也已经掉落了，过不了多久，等到作物根部开始腐烂的时候，人们就会将秸秆拔起来绑成捆用作燃料或肥料。

图 16-3　日本千叶市的一块地，在两行蚕豆之间种小米。

在一整天不停地观察途经地区并作记录之后，我们终于到达奉天了，已经精疲力竭。我们要下榻的艾斯特宾馆离火车站大约 3 英里，下了火车之后唯一能带着我们和行李前往宾馆的只有四座马车，这种马车是敞篷的，座位是硬木板，我们的行李已经占据了马车的一半空间。在经过整整一小时的颠簸之后，我们终于到达了宾馆。外国人在这里和在其他东方国家一样，异国风情转移了对一切生活不便的关注。我们乘车穿行在傍晚的大街上，对一个个满族妇女的独特发髻惊叹不已。如图 16-4 所示，她们的头发乌黑发亮，虽然发型整体上看还比较流畅，后面看上去就像公鸡的尾巴一样弯弯的。相对来说，我们更偏爱汉族和日本一些年轻女性朴素而精致的富有艺术感的发型。

图 16-4　满族贵妇和仆人。

从奉天到安东需要两天时间，夜晚的时候我们的火车停靠在草河口站①。这一路我们经过的都是山区，火车行驶的窄轨大约只有3.2 英尺宽，所以我们的车厢都很小，也主要是靠一个小火车头牵

---

① 为沈阳铁路上的一个火车站，建于 1907 年。

动。这条轻轨铁路是在日俄战争期间日本为方便往位于松辽平原的主战场运输军队和粮食而铺设的。路上有些地方十分陡峭、弯曲，列车在好几处都要分解成几个部分，才能让火车头拉过去。

辽河平原以南的地方种植的作物主要是谷子和大豆，当然有些地方也种大麦、小麦和燕麦。离开奉天后，我们首先经过了浑河①，发现浑河两岸分别是两片种有大豆的土地，其中一边大约有24块形状规则的地块，另一边大约有22块，之后的15英里铁路两边大约有309块类似的大豆田。随后我们就进入丘陵地区。在此期间，我们还看见了两座日本人为纪念其两个有纪念意义的战争而矗立的纪念碑。这一带的土地十分平坦，大约高出旁边几近干涸的河床16到20英尺，其耕作也主要依靠马和牛这两种牲畜。

火车驶出辽河平原后便进入了一个不足1英里宽的曲折山谷，有的地方因为坡度太大了，火车也得分成几组分批通过。这里60%的山坡都用于耕作，连山顶也不例外，使得山坡看上去大约高出五分之一到三分之一英尺。没有被开垦的山坡则密密麻麻地种上了一些小树，这些树都很小，只有很少一些有20到30英尺高，而且很明显能看出树龄的差异。远处山坡上的一些耕地周围修建了田埂，像梯田一样。之后我们的火车跨越了一条大河，铁轨架在河中的筏上。过河以后，要爬一座坡度为三十分之一的高坡，列车又被分解，火车头跑了五次，才把全部车厢拉上山顶。这座隘口的另一侧，下山的坡度为四十分之一。

峡谷里也分布有一些农舍，在道路的两边堆放着许多呈长方形的堆肥，它们大多有30到40英寸高，占地面积大多是20到40平方

---

① 浑河，是纵贯辽宁省东部和中部的著名河流，长368公里，古称沈水，又称小辽河。

英尺不等，有一堆甚至达到 60 平方英尺。我们走出峡谷才发现原来这片山地植被覆盖率很高，而且新种下的树木也都生长得很迅速。另外，频繁砍伐这些植被也是一直以来的传统，当然所砍伐的植被所处的生长阶段都不尽相同，但一般都是在树木还很低矮的时候就砍掉了。铁路沿线也堆有大量柴薪，有些正装车，有的是原木，有的已经被劈开，其中还有许多是用这些木料烧制而成的木炭。装载这些木料的麻袋就和图 12-33 所示的装载稻谷时所使用的编织袋一样。峡谷里有些地方的树木 20 多年以来一直都没有被砍伐过，但这种地方毕竟是少数，大部分地方树木被砍伐的频率很高，经常都是 3 年或 5 年一次，也有的是 10 年一次。

在我们经过的一些湍急的大河上，有几个地方装有现代涡轮机的原型，它们在水流的冲击下转动以研磨大豆或谷物。作为一种中国本土的机械设备，水轮机的工作原理极其简单而且基本是家喻户晓。它们是下冲式涡轮机，与美国的现代化风力磨坊极为相近。水轮直径大约是 10 到 16 英尺，横安在从磨坊地板伸出的竖轴上，其叶片带一圈边儿，河水落下通过水轮时，受倾斜的叶片反激，带动水轮。在在美国工程师与机械师看来，这种水轮机十分原始、简陋，效率也很差。然而换一个角度来看，事实上水轮机是很早很早以前人们发挥聪明才智将水力资源成功转化为动力的一项杰作。

我们的旅行过程中一直都是太阳高照，十分温暖。我们清晨离开沈阳上火车的时候，遇见一个与我们同行的日本人，只穿着和服，脚上穿着一双拖鞋，手里拎着一个手提箱和一个包袱。他第一天都在火车上逛来逛去，如果不论礼节，可算是整列火车上穿着最合时宜的。第二天早晨他仍穿着同样的衣服坐到了我们前面的位置。但是，在火车快要到达安东的时候，他从行李架上取下手提箱，然后拿出一套西服穿在身上，并且将和服折叠好连同拖鞋一起装进了手提箱。

　　我们从安东乘渡轮穿过鸭绿江前往新义州①，最终于 6 月 22 日早晨 6 点 30 到达。尽管那里的铁路官员、沿线的工人、警察以及警卫和在沈阳时一样都是日本人，但新义州却是一个与沈阳截然不同的地方，不同的国度，不同的人民。位于安东和新义州之间的鸭绿江和位于佛罗里达州杰克逊维尔段的圣约翰湾一样，流速缓和，河面宽阔，变得不再像是河流，而更像是大海的一个海湾。

　　6 月 22 日是朝鲜的全国性节日"秋千节"，在前往汉城的过程中，我们发现田里基本没有人劳作，人们盛装打扮聚集在铁路沿线，如图 16-5 所示，有时聚集在一起的人能达到 2000 到 3000 人，甚至更多。许多年轻人都坐在巨大的秋千上十分享受地荡着。男孩和男人们则在各种"游泳池"里泡澡。当然，也会有一些公众演说家在露天演讲，如图 16-6 所示。

图 16-5　朝鲜的"秋千节"，人们盛装打扮聚集在一起。

---

　　①　位于朝鲜西北部中朝边境的鸭绿江南岸，是平安北道的首府。

图16-6　秋千节上聚集的朝鲜人，一位演说家正在演讲。

几乎每个人都穿着白色的外套，其布料和蚊帐差不多，有许多小孔，还有些透明，甚至能看见内衣，而且也不是十分柔软，可以说有点硬。图16-7所示的是5位穿着十分漂亮的朝鲜妇女，从图上可以看出她们的裤子比例搭配得十分协调，基本遮住了脚踝。这种衣服似乎被赋予了一种强烈的排斥性，因而互不粘连，也不贴身，穿起来无疑会非常舒服。此时的天气闷热潮湿但有风，看着这种衣服在风中飘动，让人感觉到丝丝凉意。

朝鲜和中国的男人一样留着长发，但又不像中国男人那样会绑辫子。他们也不剃光额头，而是将头发盘成一圈顶在头上，然后再用一根簪子固定住。但和我们在同一车厢的一个朝鲜人却很时髦，他用了一个价值10便士的铁针来固定头发。与这种衣服相搭配的帽子是用薄薄的竹条编织而成，又高又窄、小锥形的敞口帽，戴上去也会给人以凉爽的感觉。

这里和中国满洲一样，所有的作物，包括小麦、黑麦、大麦和

图 16-7　5 位穿着白色硬挺衣衫的朝鲜妇女。

燕麦等谷物都是成行种植的。我们首先经过了一个土质偏沙性、水位不会低于地面 4 英尺的湿地，在地势最低的地方还盛开着一种与我国鸢尾花（flower-de-luce）类属极为相似的野生花卉。地里的小麦已接近成熟，这里的玉米和小米却明显要比满洲小得多。早晨 7 点 30 分的时候，我们离开了新义州，在 8 点 15 分的时候，我们驶过了一片低洼地进入了山区峡谷。山坡上稀疏地长有一些 10 到 25 英尺高的松树，但当我们走近时才发现山上满是一两年前种下的小橡树。这里的屋顶是将水稻秸秆按照图 16-8 所示的排列方式盖成的，就像排列瓦片一样。图中远山上也种满了小橡树，十分密集。路边的棚子里堆放着一捆捆松树枝，显然这些松树枝都是要作为燃料的。

　　在 8 点 25 分的时候，我们穿过了第一个隧道，一路上有许多隧道，其中最长的一个火车开了 30 秒才穿过。远处一个山谷上满是小麦地，在成排的小麦中间套种有大豆。到目前为止，我们还没有发现朝鲜有农田精耕细作的程度比中国高的，作物的长势比中国好。

图 16-8　林木茂盛的山脚下草顶泥墙的朝鲜农舍。

之后我们还经过了一座山，山上的松树分别是在两个时期种下的，其中一部分大约有 30 英尺高，剩下的一部分只有 12 到 15 英尺高，有的甚至更矮。这些松树中间还长有许多柞树苗，它们很可能就是野蚕的食物。从一些地方明显可以看出，除了松树的生长时间长一些，柞树以及其他一些落叶树每年都会被砍伐一次，草也一样。随着我们继续南下达到黄州，发现黄州的山上满是柞树苗，它们大多都长在山坡上，2 到 4 英尺高，山脚下的房屋旁边也看到了这类柞树苗，这再一次说明柞树的树叶可作为柞蚕的食物。尽管已经明显过了蚕第一次蜕皮时间。离开汉城之后，我们驶入了较宽广的山谷地区，这些地方广泛种植着水稻，山上砍来的柞树树枝和野草则被用来沤制绿肥。

　　经过一个冬季和早春一段时间的生长，作物已经可以收获了。收获之后人们就会用小公牛拖动铁犁将田埂犁成垄沟，这种小公牛与中国不同，但却与日本十分相似。然后人们就会用水灌溉，直到它们变成图 1-12 所示的样子。在灌溉后的地垄撒上一些绿草和橡树苗，在准备种植下一季作物耕地时，这些植物就会被掩埋进土里成为绿肥。人们还会用脚把叶片都踩进土里，直到枝叶都看不见为止。图中间的土地已经被翻耕过，并且已经插了秧苗；左前方的两块农田也已经翻耕过，但还没有犁完；在紧靠前面的地方，可以见到野草和树枝，第二遍还没开犁。

我们走在路上，身边经过了许多刚刚从山上下来的满载着树枝的小公牛和农夫，往釜山方向，越来越多的山地被用来种植这种农田用的绿肥。图16-9中突出位置和图16-10的土地上人们正忙着将作物踩进土里，这两块稻田就是施用的这些绿肥。大多数情况下，绿肥都是堆放在田埂上，但也有在作物收割之后立刻就施用到田里的情况，还有就是在作物即将成熟的时候将树枝堆放在作物排与排间的空隙中。有些田里每隔3英尺就会堆放三分之一蒲式耳绿肥，有些则是将草木灰与绿肥间隔堆放，先把粪肥和草木灰混合搅拌成堆，再和绿肥一起间隔撒到田里。

图16-9 朝鲜稻田的远景，农民正在插秧，前面一块稻田里的绿肥来自附近的山地。

图 16-10　山上运来的橡树叶和野草遍布稻田，一位农民用脚将它们踩进土里。

另外，我们还看到田里凌乱地堆放着一些秸秆，等待着人们收集起来加以利用。在清道，所有稻草都和一些淤泥与草木灰混合，再加一层薄薄的水，调和制作堆肥。

火车经过庆山之后，我们发现人们都是用设计巧妙的鞍架，再把支架套在小公牛背上，将它们大捆大捆运下山。我们看见一个人正像背画架一样背着一大背架绿肥，刚回到自家的小片地里。我们还发现朝鲜人也种植水稻，灌溉条件好的话，产量非常高。通常在夏季，尽管雨水充沛，人们会从山上引下富有有机质的山水灌溉农田。他们的农田周围满是植物，这样就能为农田提供充足的腐殖质和有机质，除此之外，农田施用的草木灰也是通过燃烧山上的植物得来的。这些腐殖质、有机质和草木灰弥补了农田因密集耕作而造成的养分流失。

如图 16-8、图 16-11 和图 16-12 所示，在我们途经的山谷中，植被覆盖率并不是很高。很明显，朝鲜的树木定期会被砍伐一次，大量的木柴被截成 1 英尺长短，用牛驮到火车站。从图 16-12 还可以看出，有些地方肯定时常会发生严重的水土流失，我们到达金泉之前就经过了一片这样的土地，但这样的土地毕竟只是少数，大多数的山上都或多或少有些低矮的灌木和草本植被覆盖。

图 16-11　位于山顶的稻田，其后是零星生长着松树的山地。

图 16-12　麦田背后是一座出现水土流失的山丘，没有植物覆盖的部分就是水土流失的位置。政府鼓励封山造林。

朝鲜最南端与美国北部南卡罗莱纳州、佐治亚州、阿拉巴马州和密西西比州处于同一纬度，而其东北部大约与威斯康星州麦迪逊和内布拉斯加北部纬度相当，因此，可以说朝鲜南北大约相隔9个纬度，南北绵延大约是600英里，朝鲜的国土面积大约是82000平方英里，相当于明尼苏达州，但其领土大部分都是高山和山地。6月23日的时候，雨季还没有开始，汉城以南地区的人们就已经开始收割小麦和其他谷物了，之后人们就都在忙着用连枷给谷物脱粒。人们通常都是把连枷放在房屋前面的空地上或者是直接放在田里，而且通常都是4台连枷同时工作。我们发现越往南，土地就越开阔，作物长势也越好，耕作的方式也越先进，庄稼长势也越好了。

在朝鲜既没有依靠脚踏、畜力的提水器具，也没有中国式的木制翻车，我们看到的是许多拥有长柄的勺状物，用绳子吊在高高的三脚架上，悬挂于水面上。如图16-13所示，每个人都能操作，从低处提水显然非常高效。图12-26所示的是其他形式的提水装置，图中的人正踩着滚筒状水轮汲水。这种情况在日本也很常见。朝鲜南部种有许多麻，但普遍是种在孤立的小片地里，应该都是属于单家独户的，其碧绿身姿点缀了大地。

下午6点30分的时候，我们终于风尘仆仆地到达了釜山。列车员的服务让我们非常满意，但美中不足的是火车上没有像美国一样提供冰水，取而代之的是在每个大站都会有日本小男孩出售包括苏打水在内的各种品牌的冰水。往来日本的轮船与火车时间衔接很紧，方便转乘。我们立即登上将在晚上8点起锚、开往日本门司和下关的壹岐丸号。尽管轮船不是很大，但里面的装备十分精良，提供的服务也非常优质。我们很幸运地被安排在了一个舒适的包厢里，轮船在第二天早晨6点30分的时候抛锚，由汽艇摆渡到码头，然后我们换乘前往长崎的火车。

图16-13　朝鲜的汲水水斗，扬程3到4英尺。

　　我们乘火车驶过了九州岛，沿途的风景和我们之前经过地区的风景相差无二。沿途都是些具有典型朝鲜特色的稻田，但这些地方的耕作方式更先进，密植的程度也更大，生长季节也更早。这些地方都不是像朝鲜那样用公牛而是用马来耕地。我们从中国来到了朝鲜，又从朝鲜来到日本，从这一路的所见所闻看来，朝鲜的农耕方式及措施跟日本的更接近。我们看到日本的农耕方式越多就越强烈地感觉到要么是日本学习朝鲜的农耕方式，要么就是朝鲜大量沿袭了日本的农耕方式，从中国学来的并不多。

　　我们是在乘火车从门司前往长崎的过程中了解到日本火车上极其引人入胜，而且让人十分满意的午餐服务方式。火车停在一些大

325

站的时候就会有人端着一个外表十分光滑、装满茶水的陶制茶壶以及配套的茶杯来到车窗前卖茶水，整套茶具和茶水售价是日币 5 钱，合 2.5 美分。茶水里既没有加牛奶也没有加糖。火车上的午餐十分丰盛，它是放在一个做工精细的三格木盒里端上来的。木盒第一格放有一张餐巾纸、一根牙签和一双筷子；第二格则放有一些肉片、鸡肉、竹笋炒鱼、泡菜、一块蛋糕和咸菜；第三格，也是最主要的一格则放着米饭，这些米饭并不是特别软，而且没有加盐，但这是中、日、朝三国的传统。木盒大约 6 英寸长，4 英寸高，3.5 英寸宽。木盒是用薄白纸包着分发给旅客的，虽然白纸依稀透着点别的颜色，但整体看起来还是非常干净，甚至可以说是一尘不染。这样一盒饭的售价是日币 25 钱，即 12.5 美分。旅客通过车窗递出 15 美分，就能得到恭恭敬敬地递来的一份丰盛的饭菜和茶水。

第十七章

再访日本

在第一个雨季的中期，我们回到了日本。6月25日一整天和前后的两个夜晚，长崎一直下着淅淅沥沥的小雨，几乎没怎么停。隔着狭窄的街道，日本大饭店对面是它旗下的两座馆社，矗立在一个贴鹅卵石地面的大露台前的左方。露台比街道高出28英尺，面朝美丽的海湾，去那必须要由路边曲折的石阶往上攀登。石阶夹在护土墙之间，墙上爬满灌木，茂密的叶子在雨中青翠欲滴，行人到此会靠中间行走，否则，雨滴就可能在衣服上留下印迹。再走过一段更漫长曲折的石阶，我们到达了美国领事馆。在这个优美而又隐蔽的处所，总领事西德莫尔①在这里过着悠闲的日子，避免了处理许多繁杂却又无关紧要的、发生在美国游客和黄包车夫之间鸡毛蒜皮的争执。

在札幌帝国大学和国家农商部的热心安排下，时东教授在长崎接待了我们，并在接下来的日本之行中一直陪同我们。我们参观的第一站是长崎的县立农业实验站。在日本的四个主岛上共有40个这样的实验站，平均每4280平方英里、120万人就有一个。

九州岛的纬度和密西西比州中部地区以及路易斯安那北部地区相同，九州的水稻一年两熟。在长崎，农民每年要种植三季作物。一户农家通常种植5反土地，也就是不到1.25英亩的田地就可达到250美元年收益。为了保证收益，每英亩使用的肥料价值60美元。这种肥料大都是城市的废弃物、动物粪便、排水沟的泥巴、草木灰以及野草经过堆肥处理之后产生的。这笔支出似乎有点贵，但是要知道，几乎所有的产品都卖掉了，而且一年有三季。要有高收入，就要密集种植，相应地就必须多施肥。在这里，好的耕地每反价值300日元，约为每英亩600美元。

---

① George Hawthorne Scidmore（1854—1922），美国职业外交官。1884—1922年一直在远东工作。

我们返回门司到福冈县的农业实验站考察时，我们发现位于这条线路第一部分的水稻大约长出了距水面 8 英寸高。沿途一些大荷塘的水也都还没被排干，在稻田和还没有种植作物的山地之间则种植南瓜、玉米、大豆和土豆。许多小块土地被一排接一排十分紧密地种上了红薯，窄垄密行，垄上有时撒了稻草或其他野草，为遮挡强烈的阳光，防止泥土受雨水侵蚀和阳光暴晒。在喜喜津我们经过了政府的盐场，很明显，日本和中国一样都是依靠蒸发海水制盐，制盐业也是政府垄断行业。

路边的野草以及其他一些作物都被收集起来并绑成捆以用作稻田中的绿肥。此外，如图 17-1 所示，一些淹水的稻田里已经施用了绿肥，人们正在将绿肥埋进土里。此时山上的植被覆盖率是最高的，但除了寺庙周围以外这些树木都不是很高大，树龄也不尽相同，明显可以看出它们都是按照相同的树龄一小丛一小丛地生长。有一些片区的树木最近已经被砍掉了，有些则是在第二年被砍，有的是在第三年，还有的则是在第四年，但也有些是在生长了 7 到 10 年之后才被砍伐的。旁边的一个村子里堆满了从附近地区砍伐而来的用作燃料的灌木堆。

图 17-1 给稻田施绿肥，为水稻种植作准备。

少数几块地里还长着 2 月份套种在谷子行间的大豆，另外一些种植着水稻的田里覆盖着一层绿肥。许多肥料已经堆放到了田间，一层肥料一层秸秆地堆高。堆状有棱有角，整体呈矩形且与地面垂直，大约有 4 到 6 英尺高，每层沤肥的厚度约有 6 英寸。

在到达田代时，我们经过了一个地方，那里稻田之间的田埂上种满了蜡杨梅树，种植方式和我们在浙江的稻田间桑园里看到的一样。远远望去，那一片蜡杨梅树林像极了我们的苹果园。

我们从福冈实验站了解到，当地农民犁地的深度竟然达到了 3.5 到 4.5 英寸，正是如此，这里作物的产量要比其他地方多得多。连续 5 年的试验结果表明，犁地深度达到 7 到 8 英寸深，作物产量就能比平时增加 7% 到 10%。附近地区的绿肥会被运到这些稻田里用作肥料，平均每英亩所施用的绿草达到 3300 到 16520 磅。据分析指出，这些绿草将会给每英亩土壤增加 18 到 90 磅氮、12.4 到 63.2 磅钾和 2.1 到 10.6 磅磷。

有些田里也会施用豆饼作为肥料，其施用率大约是每英亩 496 磅。随着豆粕的施用，土壤中会增加 33.7 磅的氮、将近 5 磅的磷和 7.4 磅的钾。一些干旱土地施用的主要是堆肥，肥料在土壤中腐烂之后还需要经历至少 60 天的发酵过程。在此期间，人们会将堆肥翻动三次，以保证其通风。这些一般都在家中完成。如果用在水量充足的稻田里，发酵程度则可低一些。

在这里，水稻产量最高可以达到每英亩 80 蒲式耳，而麦子的产量甚至更高。这两种作物可在同一年里种植，其顺序是先种植麦子然后才是水稻。日本大部分地区农民口粮中 70% 是裸麦、30% 是大米，这两种作物的烹调和食用方法大致相同。因为麦子的市价更低一些，这样多吃麦类，省下大米多换钱。

在种植每种作物之前土地都要施肥，根据实验站专家的建议，

每英亩农田在种植麦子和水稻时要施用的肥料数量如表 17－1 和
17－2 所示：

表 17-1　裸麦施用肥料

（单位：磅/英亩）

肥料品类		氮	磷	钾
粪肥	6613	33.0	7.4	33.8
菜籽饼	330	16.7	2.8	3.5
尿肥	4630	26.4	2.6	10.2
过磷酸盐	132	……	9.9	……
共计	11705	76.1	22.7	47.5

表 17-2　水稻施用肥料

（单位：磅/英亩）

肥料品类		氮	磷	钾
粪肥	5291	26.4	5.9	27.1
绿肥，大豆	3306	19.2	1.1	19.6
豆粕	397	27.8	1.7	6.4
过磷酸盐	198	……	12.8	……
共计	9192	73.4	21.5	53.1
每年施肥总量	20897	149.5	44.2	100.6

　　在采纳了配方建议的地区，每年每英亩土地施用的肥料总数达
到 10 吨，这就为土地增加了 150 磅氮、44 磅磷和 100 磅钾。在这种

情况下，这片土地裸麦的产量达到了每英亩 49 蒲式耳，稻谷的产量达到了每英亩 50 蒲式耳。

这里农作物的轮作周期一般建议是 5 年，头 2 年冬季种植的是小麦和裸麦，夏季种植的是水稻；第三年冬天种植的是粉色三叶草（紫云英），或者是一些用作绿肥的豆科作物，夏季种植的是水稻；第四年冬季种植的是油菜，一般来说油菜籽都会保存下来榨油，秸秆则会碾成灰作为肥料撒播在田间或者是直接埋入地里；第五年冬季种植的是蚕豆或芸豆，夏季则种植水稻。当地农民并没有广泛实施严格的轮作制度，农民冬季主要种植的是油菜或裸麦，2 月份的时候则会在垄里间种芸豆或大豆，然后在夏季种植水稻的时候将它们收割用作绿肥。

据我们的观察，中国施用堆肥比日本和朝鲜要更普遍，为了鼓励人们制作和施用堆肥，在这个县和其他县只要在指定地区制作和施用面积为 20 到 40 平方码的堆肥，农民就会得到每年 2.5 美元的补助。

我们到达的那天刚好是播种季节的最后一天，这在日本算是一个假日，因此福冈农业大学并没有上课。图 17-2、图 17-3、图 17-4 和图 17-5 所示的分别是实验站和福冈农业大学的一些主要建筑，这些图是按照其编码从右到左依次排列的，构成实验站的土地和建筑的全景，还有美丽的园林景观。美国的农学院和实验站在华而不实的建筑装饰上一掷千金，日本人是在创造研究条件上慷慨大方，不管是人员配备还是所需的设备也都高于美国类似的机构。他们的宿舍系统在学院算是新潮，每间房一个月只需要花费 8 日元，即 4 美元。一间宿舍通常是 8 个人住，但给每人都配备了一张书桌，但是没有床，晚上睡觉的时候将床垫铺在有席子的地板上，白天的时候则将床垫收起来放在牢固的壁橱里。

图 17-2　福冈实验站的一栋主要建筑。

图 17-3　鸟瞰日本福冈实验站的农田和建筑。

图 17-4　鸟瞰日本福冈实验站的农田和建筑。

图 17-5　鸟瞰日本福冈实验站的农田和建筑。

　　如图 17-6 所示，日本的犁和朝鲜的犁极其相似，图中右边的犁价值 2.5 日元，剩下的那个则价值 2 日元。左手握住犁柄，右手操纵滑杆，就能控制犁的走向，可以让犁任意倾斜，把土翻到左侧或右侧。

图 17-6　日本的两种犁。

图 17-7 所示的是水稻育种测试使用的苗床和进行的各种试验，我们发现毗邻水沟的稻苗长势要比苗床中间的好，它们长得更高，绿色也更浓，营养吸收得更多。最让我们奇怪的是，这些长势很好的作物并没有被移植，好像它们还不如柔弱的秧苗似的。

图 17-7　水稻育种的试验田。

图 17-8 日本的公共交通。

6月29日傍晚我们离开了九州岛，在下关等候早班火车打算穿越本州岛。下关附近的山谷都种有水稻，种植总面积相对来说比较大。山谷的水稻成排紧密地种植着，排距大约只有1英尺，成窝栽培。山地和丘陵地区植被覆盖率比较高，山脚种植的松柏居多，山腰和山顶尤其是南坡主要种植的是一些可以用于制作肥料和作为牲畜食物的绿草。在刚刚砍伐的地方，农民又补种了一些不到1英尺高的小树，山路的两边还种有一些修长的竹子，因此沿途的风景十分美丽。满载着竹竿的车正颠簸地行驶在一条有围栏的狭窄小路上，竹竿直径大约是2到4英寸，长约20多英尺。在稻田之间的小道上堆放许多秸秆，不需多久它们就会被放置在一排排的水稻中间，然后会被水淹没，腐烂、混入泥土之后可以增加肥力。这里的农民和其他地方一样都必须采取措施和大量疯长的、各种各样的野草和在我国也很常见的猪尾草斗争，对稻田里的草也不能掉以轻心。在整个旅途中，都有大片无法耕种的山丘，待开垦的并不多；在这个时候还未灌水插秧的耕地面积也相对较小。

　　面对这片美丽的土地你若还觉得单调乏味，只能说是因为窗外风景消逝得太快，脑海中留下的只是一幅幅拼凑起来的画面，从而导致美感的消失。这就像我们看到妇女将大量形状各异、歪歪斜斜、皱巴巴的小布片缝缀成一整张布时的感受，让人觉得十分震撼。这里仅仅记录的是一段旅程：火车过了幡生后，可以看见小山丘上种满了针叶树，十分茂密。山谷极为狭小，只能在其周围种些水稻。竹子皆为自然生长。路边有一捆捆截成灶膛长短的柴火，如图 17-9 所示。在到达厚狭之前，地块都不大，毗邻的小山最近被砍伐过，新苗已经出土，形如灌木，其间有不少松树。现在我们身在一条峡谷之中，两边或是小块稻田，或者什么也没有，不过马上冲入一片近似水平的稻田区，主要在铁路的一侧。上午 10 点 30 分我们到达了小野田，之前经过了一大片平坦的稻田，火车大约行驶了 3 分钟农田便消失了，旁边则又是山丘，山上满是松树，中间夹杂着许多一丛一丛生长的竹子。4 分钟之后我们的周围又开始出现小块的稻田。10 点 35 分的时候，我们通过了又一个谷口，再一次驶过一个零星分布着小面积稻田和荷塘的山谷，但是不到 1 分钟它们就又消失了，映入我们眼帘的又是小山丘，彼此挨得很近，其间只容得下一条铁路。10 点 37 分的时候火车正行驶在一个开垦梯田种植水稻的山谷中，山上稀疏地种着松树及其他一些小树木，因此土壤依稀可见，也星星点点长着松树和其他树种。走出山谷是小片园地，里面覆盖着厚厚的秸秆。10 点 38 分的时候车窗外的山开始变得更高了，周围的稻田面积依旧很狭窄，仅仅行驶了两分钟，我们便又置身于低矮的山丘之间了，山丘上分布着旱梯田。10 点 42 分，火车奔驰在种有水稻的平坦山谷之中，但很快就驶出了，接着又驶入了发生严重水土流失的山丘之中，甚至可以看见裸露的土壤。这是快到富海的情景，我们是顺着一条河道行走的，河宽60英尺，两边只有很小的几块农田。10点47分我们再一次经过一片面积狭小的稻田，紧挨铁路。人们正弯着身子用手除草，裤脚都卷了起来，水没过了脚踝。10点53分我们驶入了一个向南部大海延伸的宽广山谷之中，但是整个过程却不到1分钟。10点55分，我们穿过一个稻田面积更宽广的山谷，大部分种的是稻谷，少数水田种的是席草，像水稻一样分行成窝栽培。11点17分我们离开了这个平原，驶入一个没有农田分布的山谷。因此，可以说日本大部分农业用地都分布在峡谷周围，通常还在一些陡坡上，这些山谷通常都有一些十分突出的山坡，使得整体看上去很不规则。

图17-9　一位日本农民正往市场运送木头。

今天我们有14个小时是在火车上度过的，整个旅程长350英里。一路上所经过的山脉连绵起伏的地区，中间还夹杂一些面积很小的稻田，风景十分秀丽，但这种美景我们只在东方山区稻作文化看见过。现在正是插秧的季节，插秧结束 15 天之后就不再适合了。这里既没有高山也没有宽阔的山谷，没有大河却有一些湖泊；这里没有坚固的裸岩和高大的林木，也没有宽阔的平原可及天际。但是这里低矮、圆头、土顶的山丘长满了荒草和小树，绵延到不大的荒坡和狭窄而陡峭的山谷。谷地里一连串水平的梯田直抵主河道，如图 17-10 所示。这里绵延着一大片梯田，梯田四周的田埂要比田面略高一些，而且田埂周围还有水流淌，再加上梯田刚种下的绿色稻秧，整幅画面看上去十分雅致。因为田里刚刚插过秧，所以可以透过稀松的稻秧看见淙淙的水流，整个田里透着一抹绿色。梯田四周长有一些小草，它们有效地防止了梯田水分的流失。整体看来，梯田四周的田埂都充满了绿意，整个山谷看上去就像经过大自然这位卓越的艺术家修饰过一样，而且是 2000 年前的作品，后人共同努力保持了原貌。天空中的雨水和阳光都被水稻吸收了，促进了水稻的生长，为这里的人们提供了生活所必需的粮食，甚至也为整个国家提供了粮食供给。两周以前，这里的景色与现在截然不同，而两周以后梯田表面的水也会被处于快速生长期的水稻所吸收。秋季的时候，整个稻田将满是成熟的水稻，山谷的谷底也尽是稻田，旁边还有一条小溪，为谷底增色不少。有一次我们曾坐车沿着陡坡下行，之后又沿着一个蜿蜒在山谷之中的陡坡上行，山谷的周围是一座凸出的山脉，我们发现在山腰矗立着几座日式的小屋和别墅，如图 17-11 所示。小屋和别墅的周围有溪水流淌，不远处还有几亩稻田，远远望去稻田恰好与别墅的烟囱同高。看过此景，难道还有人会怀疑日本人不爱他们的家园吗？或者还有人会质疑他们不是天生的山水画家吗？

图 17-10　日本的梯田谷，位于本乡和福山之间。

图 17-11　一组房屋矗立在山谷，四周被水田包围。

到达本乡之前，我们看到有相当大面积的土地被整成又长又窄、东西走向的苗床，上面盖着草席，朝南略微下倾，离地 2 英尺左右，但是向北敞开。我们并不知道这里种植的是什么作物，但很显然这些作物还有一个重要的作用就是遮阳，因为这里仲夏十分炎热，我们怀疑这里种植的是人参。在这里我们进入了栽培席草的地区，以广岛和冈山县种植面积最大，但是在这个帝国的其他地方并不普遍。

席草的栽培方式跟稻谷一样，先育苗，一段时间之后移植到田里。席草的产量巨大，1英亩席草苗就能供10英亩农田种植。每窝大约有20到30棵，每窝间隔7英寸，每窝秧苗中心行距是6英寸。农民们给这些农田施用了很多肥料，每英亩的花费是120到240日元，即60到120美元。所施用的肥料包括豆饼和草木灰。近年来为了增加土壤中的氮含量，有时也会施用硫酸铵，为了增加磷含量会施用过磷酸钙。一季席草所需的肥料，翻耕土地的时候施用的底肥占总施用量的10%，随着季节的推移，需要追肥以保持土壤中各元素的平衡。每年同一片土地或是种两季席草，或是与稻谷轮作。但是席草绝大部分都是种在排灌条件稍差或不适合种其他庄稼的农田里。图4-3和图17-12所示的就是与稻谷轮作的席草。在席草田以外靠着海岸的地方就是官盐场。

图 17-12　席草田和新近插了秧的稻田。远处是官盐场。

图 17-13　3个日本女孩以标准的姿势坐在地板上玩花牌。

图 17-14　日本一家高档宾馆装饰华丽的客房，吃饭和睡觉都在铺席
　　　　　子的地板上。

席草的长势非常好，最高能长到 3 英尺多，其市场价格主要视茎的长度而定。生长条件最好的时候，干茎的产量能达到每英亩 6.5 吨，略高于平均产量。1905 年 9655 英亩土地的总产量达到了 8531 磅，平均每英亩产出的价值大约是 120 到 200 美元。

当地的人们还会将这些席草编织成标准尺寸的垫子，然后再将这些垫子如图 17-13 所示铺在客厅的地板上充当座位。图 17-14 所示的是日本一家一流旅馆的一间装修精良的客房，整个房间都是用自然质朴的木头装修的，格子滑门上贴着半透明的纸，拉开门后是门廊，可通向走廊或者是另外一间客房。房间的花瓶里放有一束插花，好像是用单株紫叶枫制作的，枝叶的切面以焦化处理来保鲜，插在花瓶的水里。

> 我听说有两位少女，她们都品味独特。
>
> 她们相隔八千英里，各自都有房间要装修。
>
> 一个在日光的小巷，一个在百老汇的大道。
>
> 小小的房间如何摆，梦中已经有模有样。
>
> 爱丽丝上街置办，买了一张铜床。
>
> 衣柜、椅子和饰物，一对烛台放两旁。
>
> 还有一面可爱的镜子，照出她的俊俏脸庞。
>
> 她还买了一张梳妆台，一定应该用得上。
>
> 还有一个矮矮的书架，放上书本和瓷像。
>
> 衣柜上面有空地，找些摆设排成行。
>
> 还有一个写字台，零零碎碎往里装。
>
> 她还购置了一台电话，可跟好友拉家常。
>
> 东方式的小地毯，马德拉斯布制成的窗帘。
>
> 窗帘里层的蕾丝别出心裁，与玻璃的设计交相辉映。

还有一张可爱的沙发，上面还配有软软的垫子。

还有一些亚麻、丝绸和长绒棉的枕头，一共 40 个。

她所购买的装饰品种类繁多、不计其数。

摆来摆去老半天，还有一半是空房。

总有一个好办法，都用照片来补上。

一切结束，她长吁一口气。

环顾四周，她的眼底浮现一抹忧伤。

哎呀呀，纽约的爱丽丝还是不满意：

"来个银鹤小雕像，那样房间不再空荡。"

呱嗒呱嗒呱嗒嗒，日本近江也逛店啦。

一把纸扇一领席，窗边再来瓶百合花。

左看右看还疑惑，漂亮的近江也叹气：

"说真的，你不觉得吗？又是百合又是纸扇，

真是有点太拥挤啦！"

这是玛格丽特·约翰逊发表在《圣尼古拉杂志》① **上的诗。**

1906 年，日本的乡村一共编织有 14497058 张铺地用的垫子和 6628772 张其他用途的垫子，总价值大约 2815040 美元。另外还有 7657 英亩优质的席草被编织成用于出口的高档垫子，这些垫子价值 大约 2274131 美元。平均算来，上述地区种植席草的土地和编织席 子的劳动投入，每英亩土地创造的价值大约有 664 美元。

在小野教授的带领下，我们参观了明石农业实验站，了解到日 本实行的一些水果种植方法。当时小野教授正忙着研究改进修剪梨

---

① *The St. Nicholas Magazine*，一份美国儿童杂志，由 Scribner's 出版社在 1873 年 11 月创刊。

树的方法以使梨树能够按照他所设定的方式生长，另外他们还在研究如图 1-6 和图 1-7 所示的给水果套纸袋的利弊。纸袋是在我们考察的时候制作的，具体步骤是妇女们先将旧报纸裁成小张，然后按一定的方法折叠，最后再将它们粘贴在一起。每年果农会给这些果树施用两次肥料，施用的肥料包括鱼肥和过磷酸钙，每年施用于一英亩果园的肥料要花费 24 美元。

本地品种的梨，如果种的好的话，每反的梨树能给果农带来 150 日元的收益，但从欧洲引进的梨树反而能带来 200 日元的收益，两种梨树平均每英亩的收益分别是 300 美元和 400 美元。这里还种植枇杷，在中国十分普遍，其每英亩能卖到 320 美元。

在这里我们第一次看到牛蒡，这里的气候条件十分有利，每年可收获三季，或者作为套种的三个作物之一。牛蒡有用的主要是根部，每英亩的牛蒡根价值 40 到 50 美元。它们通常是在 3 月的时候种植，7 月 1 日就能收获。

在乘火车前往明石的那天清晨，我们透过车窗远远看见几个男人或驾着牛车或驾着马车行驶在乡间的小路上。车上装载的是一些从神户运往田间的城市粪便，期间的路程大约有 12 英里，其每吨的售价大约是 54 美分到 1.63 美元。

从下关前往大阪的一路上，我们经常能看见农民将石灰粉撒入稻田，但是在明石农业实验站所在的兵库区，1901 年就明令禁止往稻田中撒熟石灰，除了是一些土壤呈酸性或者是饱受害虫侵袭的农田，而且还要在农业实验站专家的指导下才能撒播石灰。到目前为止，农民往每英亩农田撒播的熟石灰还只有 3 到 5 吨每英亩，而这些石灰每吨要 4.84 美元。最初，法律将熟石灰与有机肥的配比限定在 82：827 磅，但是因为农民坚持多用熟石灰，完全禁止是不大可能的。

在兵库县，施用堆肥能获得一定补助，而且县内每个乡还会在检查委员会的评定下评出最佳堆肥奖。在每个乡，获得本乡最高奖项的四种堆肥还会被送去参加由县里组织的最佳堆肥奖的评选，由另一个委员会评审。

在兵库收割了水稻之后，农民就会种植紫云英以作绿肥。在气候条件有利的情况下，其每英亩产量能达到20吨，施用面积相当于种植面积的3倍，平均每英亩施用6.6吨，其残茎和根部则会被保留在种植的土壤之中。

7月3日我们离开了大阪，向南经过堺市之后来到了和歌山。然后又往东北方向前行去了奈良实验站。火车在驶过两个站之后，我们发现周围的土地十分平坦，田里的棚架上满是黄瓜，西葫芦也长势良好。另外田里也种有芋头、生姜以及其他一些蔬菜。越过浜寺之后，就开始出现一些沙地，上面密密麻麻地种了一些松树，松树林中间的空地上种植了一点水稻，在这些稻田上使用的是如图1-14所示的轮转式除草机。水稻在大津广泛种植，那里使用的是短柄爪式除草器手工除草。前一季作物的残茎现在已经完全被拔了起来，如图17-15所示，被成堆地放在田边，不过多久，农民就会将它们撒播在田间并埋入淤泥中。

这片山区种有许多松树，但它们全部归私人所有，每隔10年、20年或25年就会被砍伐一次，由那些来买的人自己砍伐，一马车木材的售价为40钱。

铁路线从这里开始穿越纪之川峡谷，坡度急剧升高。山谷里的水大多都被抽取用以灌溉稻田，汲水形式各异，有的是靠牲畜带动的水车，大部分是脚力踩动的水轮，如图17-16所示，人们扶着一根长杆以保持稳定踩踏轮叶。山坡上种满了树木，但前一段时间人们刚对这里进行了大规模的砍伐，所以整片山地显得异常开阔敞亮，

就是图 17-16 中颜色较浅的地方。我们正是在这附近的桥本拍摄到
了如图 12-4 和图 12-5 的美景。

图 17-15　把残茬踩入泥水肥田。

图 17-16　日本车水的脚踏式圆水轮。

我们从实验站了解到，奈良县的人口有558314口人，耕地面积大约是107574英亩，其中三分之二的耕地种植的是水稻。在整个奈良县范围内，共有1000多个平均深度超过8英尺的灌溉水塘。所以，除了正常的降水之外，水库能给奈良县的稻田提供16.32英寸的灌溉水。

在未开垦的山坡地中，大约有2500英亩土地出产做绿肥的青草。前文已经讲述了将这些作物制作成堆肥的具体方法和步骤。一般来说，在奈良县每年对两季作物所施用的肥料量是：

表17-3　奈良县每年对两季作物施用肥料

肥料	重量
有机质	3711—4640磅/英亩
氮	105—131磅/英亩
磷	35—44磅/英亩
钾	56—70磅/英亩

按照表17-3所列出的数据，在作物生长所需的各种元素没有其他来源的情况下，这个施用量已经足够支撑30蒲式耳小麦的生长和紧接其后的30蒲式耳水稻的生长；而其中磷的施用量绰绰有余，钾的施用量则稍显不足。

在奈良，我们下榻的酒店十分漂亮，我们住的是二楼，一出房门就对着一个小阳台。阳台底下是一个小公园，整个公园的面积不超过100英尺宽、200英尺长。公园里面有一个美丽的小池塘，其面积大约只有20英尺宽、80英尺长。池塘以岩石垒岸，石头错落有致；两岸芳草萋萋，树木丛生，包括竹子、柳树、杉树、雪松、红叶枫、梓树等。沿着湖畔一条从客栈门口延伸出的林荫小道漫步，便依稀可见一座"半遮面"的茅屋，那显然是女佣的住处，因为女佣不停地在小径上来回走动，显得很忙碌。在日本，这种魅力无穷的自然景致是如何被搬到家门口的，可以从图 17-17 略知大概。它比以上描述的规模要小。

　　7 月 6 号的早晨，我们每两人坐一辆人力车，离开也阿弥宾馆，前往市郊两英里外的京都实验站。当走在乡间小路上时，我们发现周围有一行运货的车队，每辆运货车都装载有 6 个 10 加仑的、装有粪便的密封容器，装着从城里淘来的粪。在到达实验站之前，我们一共看见了 52 辆这样的运货车，回宾馆的路上我们还看见了 61 辆。从这一天的见闻看来，这些运货车至少连续工作了 5 小时将城市里的粪便运往乡村地区，搬运的总量至少有 90 吨。这条路只是其中之一，其他乡间路上也有类似数量的粪车往来不停。如果车上的货物不足以装满一车，那么就会被分散平均放在车的前后两端，以充分利用车身的弹性减少滑动和损耗。

图 17-17　居家的日本美女。

　　燃料是从乡村地区运往城市的最常见的商品。小树枝掰断扎成捆，大树枝砍成24到30英寸的一段，有时是4到6英尺长，将它们绑成捆；还有用树干和大树枝烧的木炭，长约1.5到6英寸长不等。然后再将这些木炭装入竹筐运往城市销售。日本所使用的畜力一般是牛或者公马，我们还没怎么看见母马和被阉割过的马。

图17-18　在京都圆山公园的老樱花树。为了避免在大风中受损，樱花树的枝干被人们用木头支撑着。

　　早在1895年日本政府就任命一个专门委员会研究制定全面改良马种的计划。1906年马管局的成立标志着此项政策的执行达到顶峰，马管局制定了一个马种改良的30年计划。前18年是计划的第一阶段，在此期间政府分配给乡村地区作私人配种用的公马数量预计要达到1500头。后12年是第二阶段，新一代的马匹应当都是改良过了的，农民应当也熟悉了改良和管理的适当方法，此后的一切就由他们自行完成了。

因为我们的时间有限，而且此行的主要目的是了解农业的相关信息，包括人们所施行的农耕方法，所以我们基本没有时间观光，对人们改进农业生产方式的研究也只能浮光掠影地了解一点。但是在历史悠久的京都，这座从公元 800 年开始到 1868 年一直都是日本天皇宫廷所在地的城市，我们还是忙里偷闲参观了也阿弥酒店以南大约 300 码的清水寺。清水寺对面就是圆山公园，这个公园里有一棵百年的巨型樱花树。如图 17-18 所示，樱花树的树干直径有 4 英尺多长，整棵树枝繁叶茂，十分壮大。在日本，樱花树主要用于景点的点缀装饰，十分美丽。樱花树所结的果实并不能食用，如图 17-19 所示的是盛开的樱花。日本政府运送到华盛顿的第一批树正是樱花树，但只是因为当时它们感染了病菌，会威胁到当地原生树木的生长，所以最后全部都被烧毁了。

图 17-19 观赏樱花盛开。

京都及其周围地区的景色十分秀丽，很显然选择京都的人很有洞察力，这里的美景独特，已成为许多艺术家进行创作的首选之地，从而使其愈发美丽。现在我们脑海中浮现的是清水寺，确切地说是清水寺树木繁茂的盛景。清水寺周围满是树木，一直蔓延到后面的山顶，所以远远望去，整个清水寺就如同隐藏在绿荫繁密的山脚一样。清水寺实在是美不胜收，任何华丽的辞藻、神奇的画笔和高超绝伦的摄影技术都无法完全将它呈现。人们一定要亲自见识才能感受那里的美。那天许多老人和小孩都来到这里欣赏美景，虽然他们大多都不是很富裕，但和我们一样都被这碧绿的山色美景深深吸引，流连忘返。如图 17-20 所示，清水寺的门口有一条小路，路的两边是一些商店，沿着这条小路一直走就可以到达山顶，然后就能俯视清水寺的全景。在和时东教授一起离开这儿的时候，我们恰巧看见 6

图 17-20 日本清水寺的山门。

个穿着随意的小男孩正在沙地上用沙子堆砌公园，他们堆砌的公园面积有 9 英尺宽、12 英尺长，应该已经堆了几个小时了，因为他们已经堆好了池塘、小桥、矮山和一些沟壑。另外他们还在公园的周围种了一些青苔和其他一些植物。他们十分专心，连我们站在旁边两分钟了他们都还没发现，我们注意到其中最大的一个也还不到10 岁。

图 17-21 中是"含羞半遮面"的清水寺，周围树木苍翠，远远望去那一整片都是碧绿的。寺庙里有一对农民夫妇正走向神龛，然后抓住门上用绳子制作而成的长门环，并且将绳结放在大锣的前面，在一面大锣上重重敲三响，告诉神明他们来了，然后跪下一脸虔诚地进行祷告，他们比任何一个基督徒都要虔诚，因此可以想象，等他们祷告完毕起身时精神已经得到升华。谁能相信他们不会超越想象而跟神灵沟通？

图 17-21　仰视清水寺和山林，经过几百年的保护，山林树木繁茂、郁郁苍苍。

第三处景色是同一寺院绿荫下的休息处，作用跟我国公园中的草地座椅相同，如图 17-22 所示。

清水寺充分体现了日本人与生俱来的美感，他们真的是美学大师。这些大师有千百种的方式来体现美，而且他们特有的方式让人记忆深刻。图 17-23 中种满了鸢尾花的花园就是一个很好的体现。鸢尾花中间种有一些芦苇，它们的存在一点都没有给鸢尾花造成压力，反而给花园增加了一丝美感；花园的小路上散落了几根从路过的运货车上掉落的原木，它们并不十分显眼，只是若隐若现；狭窄的小路两旁矗立着一棵根系发达的百年老松，看上去极富沧桑感，让人不禁联想到百年以来的风风雨雨；图中出现的女士们无不穿着亮丽的服饰而且姿势都十分优美，所有这些无不证明了日本人体现美的方式实在各具特色。另外，也不得不承认这幅图的摄影师感受到了所有美好的一切，而且很好地将它们诠释了出来。

图 17-22　清水寺的第三幅特写图。可以看见树荫下和公园草坪上都为游人提供了座位。

图 17-23　日本鸢尾花园。

图 17-24 展示的是玛格丽特·约翰逊拍的近江花贩。另一个人正在买一枝花，那花跟我们在奈良酒店房间里见到的红枫叶类似。花贩一般就是用那种常见的竹竿挑着花沿街叫卖的。

图 17-24　街上卖花的小贩。

从京都实验站回城里的路上，我们看见了几块种有日本靛蓝的农田，图 17-25 所示的就是其中一块。田里种植的一种与荨麻十分相似的名叫蓼蓝（Poligonum tinctoria）的植物，这种作物的生长条件与水稻极为相似。日本在进口苯胺和茜素染料以前，蓼蓝这种靛青色作物的种植面积远比现在大。1897 年蓼蓝干树叶的产量达到了160460000 磅，但 1906 年产量却降到了 58696000 磅。而日本的苯胺和茜素染料 1907 年的进口量分别是 160558 磅和 7170320 磅。日本的兰草有 54% 种植在四国岛东部德岛县。德岛县的人口共计 707565，耕地面积共计 159450 英亩，每英亩耕地平均 4.4 人，其中 19969 英亩的耕地种植的是蓼蓝。这样生产粮食的耕地就减少了，每英亩要养活 5 口人以上。

图 17-25　一块位于城郊的田里种有日本靛蓝。

2 月份的时候人们先将蓼蓝种在育苗圃里，5 月份的时候再将它们移植到田里。第一季收割是在 6 月底或 7 月初，收割之后给田里施一次肥，之后残茎就又会出现新芽，经过一段时间的生长，人们便可以在 8 月底或 9 月初进行第二季收割。人们在田里种植蓼蓝之前会先在田里种植大麦或水稻。不管种植的是哪种作物，农民们都会精心施肥，这种为作物提供充足养料的做法意义深远。这里人口密集，因此有条件以家庭为单位对蓼蓝进行加工，制成成品，而且这项副业成功地将家庭闲置的劳动力转化成生产力。1907 年时，虽然其种植面积减少了，但其成品仍然给农民带来了 1304610 美元的收益，其中 45% 是由德岛县的农业人口生产的。农民们还可以用这些成品换取大米或其他一些生活必需品。1907 年德岛县的水稻种植面积是 73816 英亩，产量是 1.1438 亿磅，人均占有量是 161 磅。另外还有 65665 英亩的土地被用于种植其他作物。除了耕地，这里还有 874208 英亩的山地。山地上种植的作物或被用作燃料，或被制成草木灰和绿肥；山间的流水则用来灌溉农田。地里不需要的劳动力也能找到伐木和其他有报酬的工作。

7 月 7 日我们从京都出发继续我们的旅程，这次要去的是位于京都东北方向的一个城市。驶过了大谷的一个隧道之后，我们远远地就看见了琵琶湖。我们在许多地方都看见了如图 17-26 所示的水车，它们大同小异，而且都是在不停转动着，直径大约有 12 到 16 英尺，不过最窄的只有几英寸厚。在到达琵琶湖之前，周围开始变得很狭窄了，山谷里的稻田面积较小。在地势更高一些的斜坡上有很多作物，而有梯田分布的山坡上一般都是种满了各种蔬菜的菜园，菜园的地面覆盖了厚厚一层秸秆以保护作物的根部。山坡上有些地表只剩一些树桩或杂草，表明这里的树木定期会被大规模砍伐。在火车驶过了琵琶湖的西端之后，周围又开始变得开阔起来，一眼望去都是一片稻田。在快到达八幡之前，我们穿过了一条汇入琵琶湖的小溪，小溪的两边都是 12 英尺高的防洪堤，经过草津之后，火车已经驶过了两座高架桥。一些庄稼位于高出地面 12 到 14 英寸的狭窄山脊上，农民会在那些水稻中间进行轮种。火车向东行驶了一段距离之后我们就看见了一大片桑树，这片土地被分为高低两层，较高的一层种的是一些不需要灌溉的作物，如桑树或者其他旱地作物；较低的一层则种水稻或是一些可以与水稻轮种的作物。

图 17-26　在日本山溪旁，这样的水车十分常见。

　　在与木曾川同名的车站，我们看见了四台纵向排列的由两对水车带动的水力磨粉机。这两对水车分别位于与磨粉机相对的两个方向，前后各一对，每对装在一根转轴上，它们通过水流带动磨粉机工作。

　　到达木曾川之后，我们就置身于一个日本大平原的最北端，而且还是日本最大的平原之一。这个平原宽 30 英里，向东南延伸了 40 英里，到达了尾张湾。平原耕地也被分为两级，较低的一级是稻田，

较高的一级比较低的一级高出了 2 英尺，种植的是包括桑树在内的
各种旱地作物。这里是沙质土壤，但是其水稻的产量却达到每英亩
37 蒲式耳，超出了日本的平均产量。名古屋北部有一个实验室，那
里的专家对土壤中三种主要成分作了分析，结果如表 17-4 所示：

表 17-4 稻田和旱地的氮、磷、钾含量

（单位：磅/100 万磅土壤）

		氮	磷	钾
稻田	表土	1520	769	805
	底土	810	756	888
旱地	表土	1060	686	1162
	底土	510	673	1204

平原上所施用的肥料主要是两种"紫云英"的两大亚类，其中
一种是秋季种植，另外一种是 5 月 15 日种植。第一季产量每英亩湿
重可达 16 吨之多，第二季则只有 5 到 8 吨。

在距山地十分遥远的平原上，农作物的茎主要是用作燃料，草
木灰则会被施用于农田，其施用率是每反 10 贯，即每英亩 330 磅，
这些草木灰大约价值 1.2 美元，很少施熟石灰。

爱知县位于平原，耕地面积大约相当于美国 16 个乡镇①的总面
积，其人口总数是 1752042，平均每英亩土地上有 4.7 人。在这些人
口中有 211033 个家庭从事水稻种植和桑蚕养殖为主的农业生产，平
均每个家庭拥有 1.75 英亩土地。

离开位于安城的爱知县农业实验站不久，我们跨过了高于稻田

① 美国的一个乡镇（Township）36 平方英里，一英里为 640 英亩。

河坝奔腾不休的矢作川河。在比稻田高出 1 到 2 英尺的土地上种植的通常是桑树、牛蒡或其他一些蔬菜；在从冈崎到幸田再到蒲郡的这段路上，我们经常看见一些土地种有这些作物。这三个城市的许多山上，树木基本都被砍光，道路两旁堆有用作燃料的大捆松树枝。过了位于名古屋以东 65 英里的御油①之后，我们发现周围的主要作物是桑树。然后火车就开始行驶在一个耗费大量人工才降低了坡度而平整成的梯田，上层台地比下层稻田高出 3 到 4 英尺。在过丰桥一段距离之后，我们又发现了一片相对比较平坦的土地，让人惊奇的是这里却种满了松树和草本植物，而且很明显它们都被砍伐过好几次。过了二川之后，类似的田地，略微细腻的土质，却都平整成了稻田。

舞阪半数以上的耕地种植的都是桑树，在地势较低的池塘里种植的是荷花。而在滨松稻田中间夹杂着不少方方正正的台地，高 3 到 4 英尺，种一些桑树或蔬菜。当经过天龙川冲积平原时，我们发现河床基本干涸了，半英里宽的河床上还满是粗糙的砾石。一座座乡村农舍基本都有茂密的树篱环绕，修剪整齐，高达 9 到 12 英尺，松树像伞一样撑在房屋的上方，远远望去整幅画面十分动人。

在长泉山上种植的不再是桑树而是茶树，但田里种植的还是水稻。另外我们还在这里第一次看到了烟草种植。在袋井和堀之内火车站两旁堆满了从满洲进口的豆饼，很显然它们是通过铁路运来的。我们在金谷町穿过了一条长长的隧道，之后到达了大井川河谷。继而我们又驶过了一座坐落在一条几乎干涸的宽阔河道之上、有 19 孔的长桥，在这之后便来到了静冈县。这里到处都是茶园，甚至连山坡上也都种有茶树，但在距离县城 17 英里的地方种植的却是水稻，

① 位于爱知县富川市的东海道的宿驿。

而且那些稻田地势都比较平坦，一片连着一片，一眼望不到尽头。

静冈县实验站正致力于园艺学研究，他们不仅成功地引进了一种质量更好的水果，而且还成功地改良了本土水果的质量。不管是在中国还是在日本，我们对宾馆桌子上摆放的当地产的梨子和桃子提不起兴趣，但在这里我们品尝到三种无花果，它们无论口感和味道都属上乘，其中一个大小与中等的梨子差不多。我们还吃到了三种品质优良的桃子，其中一个非常大，不仅外表看上去红红的，而且里面的果肉也透着红色，十分新鲜。如果将桃子做成罐头并且保留住它新鲜的红色，那么一定会非常畅销。另外两种桃子无论是口感还是味道都是无可挑剔的。

静冈县实验站还在研究生产橘子果酱，我们尝试了三个不同牌子的果酱，其中有两个牌子一丁点苦味都没有，完全是甜的。日本、朝鲜和中国可在广泛的山地上种植果树，之后或直接出口，或做成蜜饯和罐头出口。毋庸置疑，无论是哪种形式，都必将极大地促进园艺业的发展，可以说这三个国家的园艺业发展前途一片光明，因为这三个国家不管是气候和土壤等硬件，还是居民性情和生活习惯等软件都十分适宜发展园艺业，而且这三个国家的居民都很喜爱水果罐头，内需比较大。除此之外，大量出口水果或水果罐头能够在一定程度上增加就业机会，解决这三个国家劳动力过剩的问题，同时还能带来巨大的经济收益，增加居民收入。图 17-27是从三个不同角度拍摄的关于静冈县实验站的图片，其中较低角度拍摄到的图片中展现了极其陡峭的山坡，但山坡上却种满了橘树和其他一些果树，这些果树长势都很好，可以想象成熟之后的丰收美景。

图 17-27 静冈县实验站的建筑和土地。

桃园一般都在山地上，树之间间隔 6 英尺。桃树在种下的第三年才开始结果，之后连续 10 到 15 年都会结果。每反桃树能给果农带来 50 到 60 日元的收益，即每英亩 100 到 120 美元。桃园里施用的肥料是粪便和泥土的堆肥，施用率是每英亩 3300 磅，有时也会施用鱼肥，施用率与粪肥相同。

静冈县是日本面积较大的一个县，总面积达到 3029 平方英里，其中森林的面积达到 2090 平方英里，放牧草场和原野地的面积达到 438 平方英里，剩下 501 平方英里耕地，其中稻田的面积将近是耕地面积的一半。稻田平均每英亩的产量是 33 蒲式耳。静冈县有 1293470 人口，所以平均每英亩的耕地要养活 4 口人，人均 236 磅大米。

7 月 10 日我们从静冈县出发前往东京，一路上都能看到农民正往稻田里撒粉末状肥料，我们觉得极可能是豆饼。在穿过富士川那足有四分之一英里宽、满是卵石和沙砾的宽阔石床，但还没到达富士车站前，我们经过的是一大片地势平坦的宽阔稻田，稻田周围的山丘上种有梨树，枝条都经过修整，架在果棚上。铃川的运河河堤上长有许多野草，人们用镰刀割下之后，就会将它们当作绿肥施用于稻田里。铁轨的左边就是大片稻田，一直向东延伸，绵延 6 英里直到荒原，之后便不再是水田了，这里分布的是一大片土地种有桑树、茶树和各种蔬菜，还有一些旱稻，我们到达沼津之后，铁轨周围又出现了稻田，绵延 4 英里。不过火车驶入沼津之后首先映入我们眼帘的却是四辆满载着牛肉去往东京或横滨的卡车。

过了沼津车站，火车就开始向北行驶穿过富士山的东侧。城郊地区的地势较高，土壤呈褐色，上面还分布有一些直径有 2 英尺的大石头。道路的两旁有一些驮着绿草的马，它们将这些绿草运往稻田用作肥料。这个季节山丘因为覆盖的植被基本被砍光了，所以看上去显得光秃秃的。这里也有一大片土地种植玉米和荞麦，如图 17-28 所示，成熟之后荞麦先会被磨成粉，然后又被做成面条，通常是用筷子食用。荞麦面条极大地丰富了日常的饮食，使食物不再局限于大米和稞麦。旅客们在御殿场下了火车，然后开始攀爬富士山。前行的道路也是向东延伸的，过了几个隧道之后地势开始慢慢降低。在穿过了酒匂川的一条满是碎石的隧道之后，我们看见了一条小溪，尽管现在正处于雨季，但它还是和大多数溪流一样水流量小，这可能是因为雨季才刚刚开始，也可能是因为溪水大部分都被用于稻田灌溉，还可能是因为溪流本身流经的地区坡度较大，水流速度快而且行程也较短。火车行至山北的时候，道路的两边再次出现一片宽广的稻田，远山的梯田上满是作物，一眼望去，似乎连山顶上也种满了作物。

图 17-28　日本妇女使用筷子吃荞麦面。

海水朝着东南方向奔流，海岸边的县城名叫国府津，是个山区，种植的作物主要是蔬菜、桑树和烟草。烟草的种植面积十分广泛，向东一直延伸到大矶。在国府津与大矶的交界处大约有 1 英里的土地种植的是红薯、南瓜和黄瓜，之后便是地势平坦的广阔稻田。快到平冢的时候，稻田没有了，火车驶入一片相对平坦的沙质土地地区，沙地上偶尔也能看见巨大的砾石。山丘上满是小松树，植被覆盖率极高，有些山丘刚种下了松树苗，其间夹杂着一些桑树和桃树；山与山之间的农田种有一些茄子、红薯和旱稻。穿过了马入川①河道之后，火车便到达了藤泽，像大矶一样，这里套种的情况十分普遍，因为藤泽位于东京平原的西南方，也是一个平原，其间稻田交织成网，中间也有一些种植其他作物的农田，起到了明显的点缀作用。东京平原是日本最大的平原，整个区域包括 5 个县，可耕地的总面积达到 1739200 英亩，耕地的农户一共有 657235 户。在这些可耕地之中稻田一共有 661613 英亩，年产量大约是 19198000 蒲式耳，平均到 7194045 个男女老幼则是每人 161 磅。作为日本的首都，东京市的人口数达到了 1818655。

　　图 17-29 所示的是 7 月 17 日我们从三个不同角度拍摄的一个平原的情景，这个平原位于东京平原东部，归属于千叶县。从其中的两幅图中可以看出，尽管天气十分恶劣，但是在雨水的滋润下，还架在庄稼地里的一捆捆未脱粒的小麦仍然长出了新芽。花生、红薯和谷子是主要的旱地作物，而被水淹没的盆地则种植水稻。此时，蚕豆、油菜、小麦和大麦已经收割完了。和我们进行了交流的那家人现在正忙着打谷，他们收获的小麦质量很好，每英亩的产量是 38.5 到 41.3 蒲式耳，价值 35 到 40 美元。农民在麦田里套种土豆，每英亩土豆的产量是 352 到 361 蒲式耳，按照当时的市场价计算，它们能给农民带来 64 到 66 美元的收益。

　　前文已经提及日本人在农业生产中广泛使用秸秆的做法，这种方法在果园中使用尤甚，图 17-30 所示的是其中的两个过程。如图

———————

　　①　现名：相模川。

图17-29　东京平原上的三处风景，上两幅照片中的农田大多数
　　　　 是麦子和红薯，下方是花生。

下半部分所示，为了移植果树，果园的地表已经被翻耕过，幼苗也
已经移植好，但其根部却只有薄薄的一层土壤。图中间部分展示的
是利用秸秆的第二步，即用秸秆紧紧盖住幼苗的根部，最后再用泥
土掩盖。在此过程中，秸秆所起到的作用包括：1. 在不影响幼苗通

图 17-30　护根制作的两种方法。

过其毛细管吸收地下水的情况下，有效地保护了幼苗的根部；2. 不仅能保证土壤彻底通风而且还能加速雨水的渗透；3. 秸秆所携带的植物养料能直接被幼苗根部吸收；4. 随着秸秆的腐烂，会逐渐释放一些植物养料，秸秆在和泥土混合之后会变成一种堆肥。在图的上半部分，每一行茄子的根部都盖有一层厚厚的秸秆以保护其根部，不仅有效防止了杂草的生长，而且因为秸秆在雨水的作用下腐烂并释放出一些养料，所以在雨季的时候秸秆还能充当肥料。

在种植诸如大麦、豆类、荞麦、旱稻等旱地作物时，地里的土壤首先要用犁或者铁锹翻耕，然后在要播种的地方犁出深沟，施上肥料，用土盖好，然后播种。庄稼长出地面时候，如果需要施用第二遍肥，沿着每行庄稼再挖一条沟，施肥，然后盖上。等庄稼接近成熟，该种下一季时候，还要重新挖沟。沟的位置可以是在两垄的中间，也可以靠近某一垄庄稼，施肥盖土，就能下种了。这种种植方式能最大限度地利用植物生长期，减少浪费，地里所有的土壤都能用以生长作物。

我们有幸参观了位于东京附近的西原皇家农业实验站，当时实验站正在进行国家级的总体性和技术性的农业研究工作。整个研究部门分为农业部、农业化学部、昆虫学部、植物病理学部、烟草部、园艺学部、畜牧业部、土壤研究部和茶叶制造部，每个部门都有自己的实验室、设备和研究人员。全国41个县级实验站以及14个实验室的主要任务是收集各地在农业生产中遇到的实际问题，并在对其进行彻底地检验之后将问题上报中央实验站，在中央实验站研究并提出解决方法，之后再负责具体的实施事宜，同时还负责向各地的农民传播相关农业知识。

早在1893年前，日本政府就一直在对全国的土壤进行全面而综合的调查，专家们正在按照1：100000的比例，也即图上1.57英寸相当于实际1英里的比例尺绘制地图。图上专家们用8种不同的颜色和字母标示出土壤不同的地层，用字母标示下一级构造。依据土壤的物理构成，确定了差不多11种土壤类型，并把所在面积的大小用黑线条和点标示在不同样色上。每张图和每个用红色号码标示出来的地方都插有一张深入典型土壤底层 3 米的揭示土壤构造的剖面图。

另外，专家还在对土壤和底土进行精心的化学和物理研究。皇家农业实验站在许多领域的研究水平都是首屈一指的，在土壤研究方面更是强大。在图 17–31 中依稀可见几个浸没在水中的、装有全国各地典型土壤的圆筒，而图 17–32 所示的则是正在进行的土壤研究中所使用的部分精良设备。

图 17–31　日本东京皇家农业实验站土壤研究试验田中的一段。

研究发现，几乎所有日本的耕地土壤都呈酸性和中性，他们倾向于认为这是含有酸性含水硅酸铝的缘故。

日本地处亚洲的东海岸，从北到南跨越了 29 个纬度，日本最南端靠近中国台湾，最北端靠近库页岛，约 2300 英里，相当于北美洲从古巴中部到加拿大的北纽芬兰和温尼伯所跨越的纬度。日本的土地面积共计 175428 平方英里，还不到美国威斯康星州、爱荷华州和

图 17-32　日本东京皇家农业实验站部分土壤研究设备。

明尼苏达州三个州的土地面积之和。其中耕地只有 23698 平方英里，三个主要岛屿上的草地及牧场总面积也只有 7151 平方英里。总的算来，日本的耕地面积还不到其土地面积的 14%。

假如坡度小于 15° 的山坡也能被改造成耕地的话，那么日本四个主要岛屿的耕地面积一共能增加 15400 平方英里，大约相当于现有耕地面积的 65.4%。

1907 年，日本帝国大约有 5814362 户农户从事农业生产，虽然耕地只有 15201969 英亩，但这些耕地除了要养活这些农户，还要另外养活 3522877 户家庭。换言之，这些耕地一共要养活 51742398 口人。平均每英亩耕地要养活 3.4 口人，而平均每户农民所拥有的耕地却只有 2.6 英亩。

农民们正十分迅速地开垦土地，1907 年被改造土地的面积达到了 64448 英亩。假如这些新土地的生产力能达到正常耕地的水平，那么日本就可以在维持现有的每英亩土地养活 3.4 口人的情况下将人口数再增加 3500 万。

尽管新开垦土地的生产能力不如现有耕地，但也可以通过改善土地的管理进行弥补。如果成功的话，整个日本的粮食供给必定能翻一番，至少1亿人居住环境将得到改善，人民的生活也必将比现在更为舒适满意。

自1872年以来，日本的人口就在持续增长，其年均增长率是1.1%。假如这个增长率一直保持下去，那么不出60年日本的人口就将超过1亿。尽管如此，算上其增加的耕地面积和牧场面积，整个土地面积也足以养活这些人口。若是作物的耕作方法也能得到改进，那么日本人口还可以持续增长，一直增长到1.5亿。以上的观点只是假想，事实上，直到1906年之前的20年，日本水稻的产量只比1838年增加33%。

日本和美国一样，因为城市里制造业、商业的极大发展以及农村中每户所占土地数量太少，所以大量的人口开始从农村向城市转移。1903年，日本只有0.23%的人生活在人数不足500的村庄，79.06%的人口都是居住在人口少于1万的城镇和村庄里，剩下20.7%的人口则是居住在规模更大的城市里。但是在1894年的时候，84.36%的人口都居住在人口不足1万的城镇和村庄。只有15.64%的人口居住在总人口1万以上的城市和村镇。在这10年间，乡村人口的增长率是6.4%，而城市人口的增长率却是61.74%。

一直以来，日本都是一个农业国家，现在也还是。1906年的时候，日本的农户一共是3872105户，他们的主要工作就是务农；另外还有1581204兼业人口，占农业人口的60.21%。在中国台湾地区从事农耕的人口比例基本和日本相当，但这些人中不包括出租土地的大地主。

日本农民当中大约只有33.34%的农民耕种的是自己所有的土地。大约46.03%的农民因为自己所拥有的土地数量太少，所以还会另外租一些土地耕作。剩下的 20.63% 的就是佃户，他们耕作的土地大约占土地总面积的 44.1%。1892 年的时候能拥有 25 英亩土地的地主只占总人口的 1%，拥有 5 到 25 英亩土地的地主占到总人口的 11.7%，而剩下 87.3% 的农民占有的土地一般都不到 5 英亩。能拥有 75 英亩土地的人在日本可以被称为"大地主"，但这种情况在北海道以外的日本领土基本是不存在的，北海道是个新兴的农业地区，这种人从来还没有过。

日本农商部下管辖的农业局出版了一本名叫《日本农业》的杂志，上面公布了日本土地的租金、作物产量、赋税和费用的有关数据。表 17-5 是日本一个地主租赁土地的收入情况：

表 17-5　日本地主租赁地收入情况

（单位：美元/英亩）

	稻田	旱地
地租	27.98	13.53
赋税	7.34	1.98
成本	1.72	2.48
总成本	9.06	4.46
净收入	18.92	9.07

除了上述数据，书中还指出了不同土地的资本利润率。其中稻田的利润率是 5.6%，旱地的是 5.7%。如此一来，稻田和旱地的土地估价则分别是每英亩 338 美元和 159 美元。按照上述比例，一个拥有 10 英亩稻田和 10 英亩旱地的地主若将这些土地全部租赁出去，他一年能获得的净收入将达到 279.90 美元。

表 17-6 是一个农民每耕种 1 英亩自有的土地所能获得的收益：

表 17-6 农民耕种自有土地收益情况

（单位：美元/英亩）

	稻田	旱地
作物总收益	55.00	30.72
赋税	7.34	1.98
劳动力和其他成本	36.20	24.00
总成本	43.54	25.98
净收入	11.46	4.74

一个耕种自有的 2.5 英亩稻田和 2.5 英亩旱地的农民能获得 40.50 美元的净收入，而且这还是在扣除了劳动力价格之后的收入。如果要算上劳动力价格的话，他的总收入应该是 91 美元。

日本的佃户所耕种的土地占总耕地面积的 41%，这些佃户的收入情况如表 17-7 所示：

表 17-7 日本佃户耕种土地收入情况

（单位：美元/英亩）

	稻田		旱地
	种一茬作物	种二茬作物	
作物总收益	49.03	78.62	41.36
佃户费用	23.89	31.58	13.52
劳动力	15.78	25.79	14.69
肥料	7.82	17.30	10.22
种子	0.82	1.40	1.57
其他成本	1.69	2.82	1.66
总成本	50.00	78.89	41.66
净收入	-0.97	-0.27	-0.30

从上述数据可以看出，佃户依靠自己的劳动所赚取的收入并不足以弥补各项成本，甚至可以说有点入不敷出。假如佃户租赁了5英亩土地，并且一半种植水稻一半种植旱地作物，那么根据他采取的轮作种植的作物可以预计收入为73.00到99.73美元。这些收入代表他的劳动所得，恰好能平衡收支。

但是，平均每户日本家庭耕种的土地面积只有2.6英亩，因此平均每户佃户的收入将是37.95美元或51.86美元。表17-8是美国一个160英亩农场的收支情况，与日本现在的土地收支情况对比，从表中可以清楚地看出日美两国在这方面的差异。

表 17-8　美国农场收支情况

（单位：美元）

	稻田 80 英亩	旱地 80 英亩	总数 160 英亩
作物总收益	4400.00	2457.60	6857.60
赋税	587.20	158.40	745.60
成本	1633.60	744.80	2378.40
劳动力	1262.40	1175.20	2437.60
总成本	3488.20	2078.40	5561.60
净收入	916.80	379.20	1296.00
利润包含劳动力	2179.20	1554.40	3733.60

在美国，这160英亩的农场是归一个家庭所有，而且只需负担这个家庭。但在日本，每个家庭能耕作的土地只有2.6英亩。若是将这160英亩的土地放在日本，那么这些土地的收入将要平均分配给大约61户农户，每户平均净收入将不再是12.96美元，而到达

21. 25 美元。若算上劳动力本身的价值，3733. 60 美元的总收入将会平均分配给农户，每户的收入将超过 39. 96 美元，达到 60. 67 美元。

从这些数据中可以看出，日本农民身上所承担的经济压力十分巨大。佃户租用 1 英亩土地耕种一茬作物需要支付 23. 89 美元的地租；假如要耕种两种作物，那么就需要支付 31. 58 美元的地租；但假如租用的是旱地，那么就只需支付 13. 52 美元的地租。在这三种情况下，佃户分别支付 10. 33 美元、21. 52 美元和 13. 45 美元用于购买肥料、种子和其他开支，算上租金，则每英亩总成本分别为 34. 22 美元、53. 10 美元和 26. 97 美元，小麦的售价需要达到 1 蒲式耳/美元才能有利可图。除了这些费用，佃户还需要承担天气、虫害和枯萎病等带来的风险，他们都希望作物收获之后能收回所有成本，并相应得到 14. 81 美元、25. 52 美元和 14. 39 美元的酬劳。

不管过去还是现在，所有国家的社会负担都主要是巨额的战争支出和政府日常支出。在日本，沉重的社会负担潜在影响着土地赋税，具体来说，对旱地征收的赋税是每英亩 1. 98 美元，稻田则是每英亩 7. 34 美元，但这只是对没有建筑物的耕地所征收赋税的四分之一，160 英亩土地每年征收的赋税总额共计 300 到 1100 美元。1907 年日本政府的财政预算是 134941113 美元，平均算来，每个男人、女人和儿童要缴纳 2. 6 美元的税，每英亩土地要缴纳 8. 9 美元的税，每个家庭要缴纳 23 美元的税。假如事实真是如此，那么图 17-33 所示的场景就不足为奇了，甚至在 70 岁后，人们也还是需要辛勤劳作。

像这样的场景既让人充满希望又让人觉得可悲，50 年来这两者一直都是并肩存在的。这些年来他们一直都在不停地劳动，身体也随之变得更加强壮，心智也变得更加成熟，品味也变得更加高雅。假如生活的负担要是更重一些，他们就会更加互相体谅，正是因为彼此扶持，他们的生活变得更加幸福美满，任何困难也不再难以克服，在这种环境下生长的孩子及其下一代都将是乐观的，他们都会对国家的繁荣昌盛和经久不衰贡献自己的一份力量。

前文已经对家庭中的妇女、儿童和男人在没有农活可干的时候所承担的副业作了介绍。家庭成员所从事的副业虽然只能带来微薄的收入，但也能用来缴纳相对较高的税收和租金，并在一定程度上缓解家庭经济压力。

图 17-33　70 岁后，人们也还是需要辛勤劳作。

后记

践行文化自信　共享中国智慧

100 年前，美国学者富兰克林·金博士为了探索农业可持续发展的难题，把目光转向东方。《四千年农夫》这本主要关于中国传统农耕文化的书，出版至今百年来从未被国人关注，反倒是在欧美等西方发达国家得到高度认可。2011 年时值《四千年农夫》英文版出版一百周年，欧美日等多国农业人士开展纪念活动，中文译作首发式在浙江遂昌躬耕书院举办，时任美国农业贸易与政策研究所（IATP）所长的郝克明先生，以及中国人民大学农业与农村发展学院前院长温铁军教授在躬耕书院为《四千年农夫》中译本首发式剪彩，彼时情景皆历历在目。《四千年农夫》中译本一经出版便占据当当网 2011 年农业类畅销书榜首。如今再版，可喜可贺。

翻开《四千年农夫》，中国农耕历程恰如一部磅礴的歌诀从远古吟咏而来，许多饱含哲理的思想，在当代人的生活和农业生产中仍具有现实意义。"中国人的节都是从地里长出来的，而西方人的节都是从天上下来的。"

在漫长的传统农业社会，我们的祖先用勤劳和智慧，创造了呼应自然节律和农业生产周期的"应时"，因地、因物的"取宜"，"农为本、和为贵"的"守则"，天、地、人"和谐"等农耕哲学，其地域多样性、民族多元性、历史传承性和乡土民间性，在世界上均独树一帜，深深影响着中国的历史进程，影响着世界文明的发展。农耕文化代代薪火相传，以及在此基础上孕育的中国传统文化，活在中国人的习惯里，深植我们的血液源头，伴随着社会对现代生产方式的反思、对传统文化的呼唤、对乡情乡韵乡愁的渴望，中国农耕智慧越来越为各国所推崇、所期待，来自中国传统农耕智慧的力量，让太多所谓时尚的东西顿时显得无比渺小。我们理应向农耕文化致敬，向中国智慧致敬，向劳动人民致敬，我们有理由、有信心、也很有必要激活潜藏在血液的文化基因。

　　今日之莲都，正聚焦中国农耕文化的智慧，坚定不移地践行习近平总书记关于"绿水青山就是金山银山"战略思想，坚持美丽环境、美丽经济、美好生活"三美融合、主客共享"的工作主线，坚定推进农耕复兴、乡村再造。我们坚持把保护和传承农耕文化作为保障人民健康生活的源泉，作为维系田园风光与乡村旅游的基石，推动旅游从传统服务行业向支柱产业、发展动力的升级，推动民宿从发展现象、旅游产品向融合经济的转型，推动农业向养生农业、健康休闲产业的跨越。我们坚持从传统农耕文化中汲取智慧和力量，大力推进生态旅游名城、特色小镇、大健康主题村落"三大平台"建设。当下莲都的养生农业、乡村旅游、民宿经济的实践，正是对中国农耕文化的弘扬、对"千年农夫"智慧的传承，是本书所推崇的尊重自然、亲近土地、养护生态等思想在生态文明背景下的再现。

　　当下世界，不仅仅是农业的可持续发展，世界的可持续发展，也是更加期待"中国智慧"的时候，我们每个人需要自问的是：我们是否已经准备好了？我们将以何种方式走向世界？历史再次昭示我们，唯有文化自信，才能梦想成真。唯有中国智慧，才能创造中国方案。愿以此文会友，诚邀海内外读者来莲都共同体验农耕之美、乡建之梦。

中共丽水市委常委、莲都区委书记

《四千年农夫》翻译、出版组织者

葛学斌

2016 年 10 月 8 日